凝煉知識品味閱讀

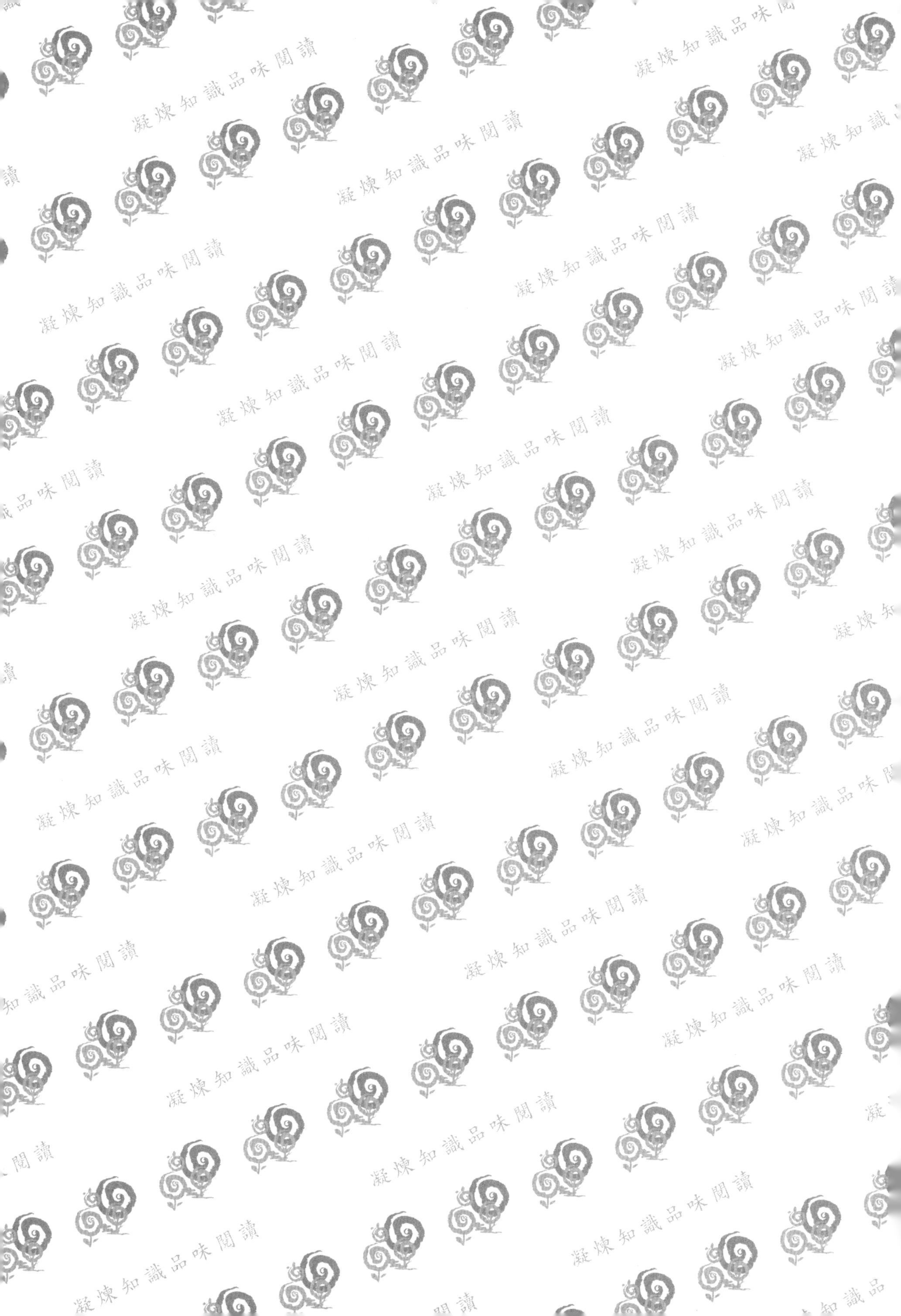
凝煉知識品味閱讀

害物整合管理原理

楊秀珠　黃莉欣
許如君　陳秋男
編著

五南圖書出版公司 印行

CONTENTS・目錄 002

CHAPTER 1

緣起

生態系統是特定時空中生物和其生存環境的總稱，包括土地、水和能源等資源。人類是生物的一部分，也是社會的一部分，關係到人民的生活、國民的生計和群眾的生命。這些問題都與生態緊密相關，在生產和生活中都涉及到生態問題，即環境資源的利用。在整體經濟中，所有國家的第一產業都是農業，因此農業是國家的基礎，也就是所謂的「農爲邦本，本固邦寧」（圖 1-1）。這就好比一個國家像一棵樹，樹根是農業，樹幹是人口，樹枝是工業，樹葉是商業，花果是藝術，種子則是文化（圖 1-2）。只有有了這些，國家才能獲得營養並茁壯成長。因此，爲了保持樹的生命力，樹根必須隨時獲得營養，國家才能實現永續發展。

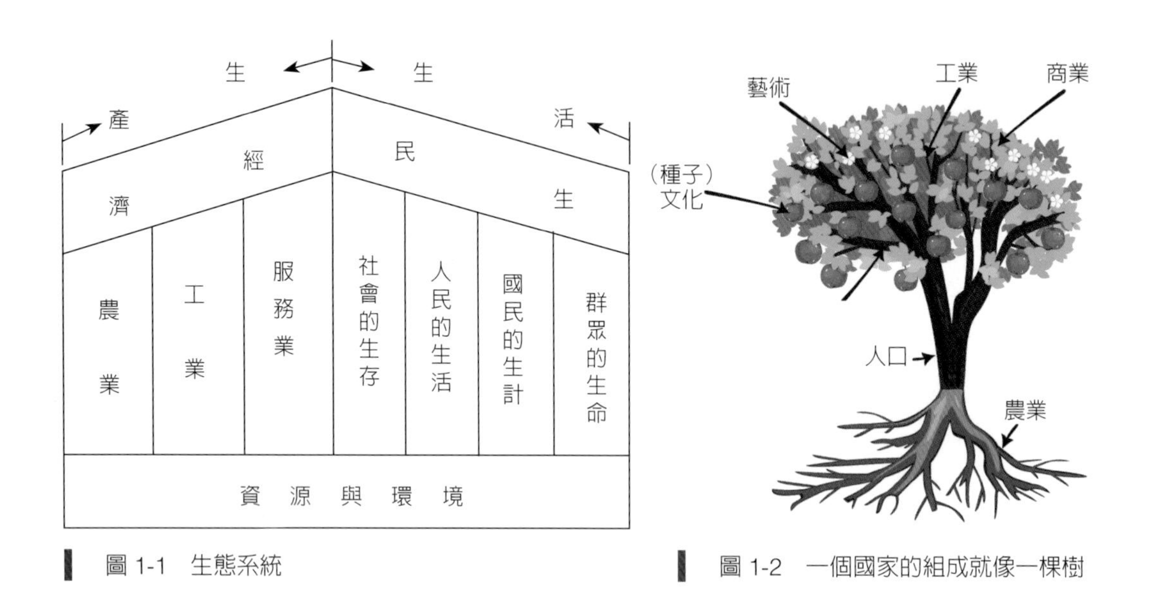

圖 1-1　生態系統

圖 1-2　一個國家的組成就像一棵樹

人類社會要永續，要包括經濟及生態的永續性，經濟包括個體經濟、農業經濟及總體經濟，永續農業政策則需建構在：(1) 優質農業（品種、品質、品牌）；(2) 安全農業；(3) 生態農業；(4) 休閒農業等四個面向。產業發展應顧及 (1) 資源可再生；(2) 環境負荷輕；(3) 能源消耗少；(4) 具天然循環性／回收再利用；(5) 無蓄積廢棄物之虞。

因此，人類社會發展的永續經濟體系，要包括：(1) 保存和增強生態系的健全；(2) 提供物質和服務：提供使人能過良好生活的必需品；(3) 提供人們有成就感的工作和自我實現的機會；(4) 建立和維持經濟公道；(5) 以可持續的方式運用資源，公道地對待人類後代子孫。永續農業強調要利用當地既有的資源、科技及投資來經營綠色農業，以維持一定的生產水準，但不影響環境品質，包括合理的水土利用、耕作制度、資源回收再利用，及以非化學農藥替代化學農藥來控制有害生物等。

其實永續經濟體系最重要的是仰賴永續的綠色農業。所謂綠色農業就是傳統農業，擴展到畜牧產業時，仍屬於綠色農業，藍色農業是水產跟海產，白色農業是微生物產業，也是目前蓬勃發展的生物科技，即所謂三色農業。

主要作物（major crop）有哪些歸類？農作物的歸類當然與資源的運用有關，第一是糧食作物，其次爲蔬菜類、果樹類、觀賞花木、特用作物；特用作物除甘蔗、茶等大面積種植且具特定目標之作物外，尙包括咖啡、香草、保健作物，屬於高價值、特殊用途的，不過目前甘蔗的重要性已降低了，而茶仍是重要外銷特用作物；此外，食用的菇類、菌蕈類及牧草，均爲臺灣重點發展之農作物。至於草皮，譬如說高爾夫球場、運動場等公共園地的草皮，在生活水平提高後日益重要；而綠肥作物及能源植物也是不可輕忽的作物。

目前植物界存在 25 萬種以上植物，以全球的交易量與重要性而言，其中最重要的主要作物共有 20 種，分屬於糧食作物、蔬菜作物與果樹作物，其中稻（rice）、小麥（wheat）、玉米（corn）、大麥（barley）、燕麥（oats）、高粱（sorghum）、小米（millet）、甘蔗（sugar cane）、黑麥（rye）均屬於禾本科作物；豆科作物有大豆（soybean）、花生（peanuts）、蠶豆（field beans）、鷹嘴豆（chick beans）、樹豆（pigeon peas）等，樹豆雖不普遍存在於各地，但在非洲、墨西哥種植很多，也是臺灣原住民的食物之一；茄科有馬鈴薯（potatoes）以及後來居上的番茄（tomato）及甜椒（sweet pepper），但仍以馬鈴薯較爲重要；其他則爲甘藷（sweet potato，旋花科）、樹薯（cassava）、甜菜（sugar beets）、香蕉（banana）、椰子（coconuts）。至於咖啡，屬於嗜好性的作物，故未列入人類賴以生存最重要的 20 種作物之中。

目前世界八大作物包括水稻、小麥、大麥、玉米、馬鈴薯和大豆等作物，再加上咖啡、棉花。依據 1988-1990 年對世界八大作物生產跟病蟲草害損失的統計資料中，提到全球水稻的種植面積、產量、病蟲草害的個別損失及整體的損失，假設未加以防治，損失高達83%，減產達60%，至於小麥、大麥、玉米、馬鈴薯及大豆，損失量爲47-83%。

表 1-1　世界八大作物生產與病蟲草害損失（1988-1990 資料）*

作物	面積（百萬公頃）	產量（公噸）	損失（%）				若無防治	
			病	蟲	草	總	損失（%）	減產（%）
水稻	150	520	15	21	16	52	83	60
小麥	231.5	595	12.4	9.3	12.3	34	52	
大麥	71.5	180.4	10.1	8.8	10.6	29	47	
玉米	129	475	10.8	14.5	13	38	60	
洋薯	17.85	275	16.4	16.1	8.9	41	73.6	
大豆	56	107	9	10.4	13	32	58.6	
棉花	34	54	10.5	15.4	11.8	38	83.5	
咖啡	11.2	6	14.9	14.9	10.3	40	69.5	

* Oerke, E-C, H-W. Dehne, F. Schonbeck and A. Weber. 1994. Crop Production and Crop Protection: Estimated losses in major food and cash crops. Elsevier 出版

有關作物的生產力，簡單的整合概念包含數個組成分（components）和因子（factors），是指在特定的環境裡，決定所需要的勞力、資本和資源，再加上科技、訊息（information）和管理，整合前五項的最佳利用均有賴管理。資源（resources）包括氣候、土地、水、生物多樣性等等，同時計入能源，資本則比較偏向資金方面，而資源與資金的最佳利用均有賴管理，所以除勞力管理、資本管理、資源管理、科技管理外，資訊訊息也需要管理。

$$生產力\ P_e = f(x, y, z, \alpha, \beta, \gamma)$$

x：勞力，y：資本，z：資源（資材、能源）

α：科技，β：訊息，γ：管理

如以式子來表示生產力，則包括眾多因素及組成分所構成。

植物要能健康，就需要植物遺傳組織的潛力，而能發揮最佳之生理反應者稱爲正常或健康植物，反之，則不是健康植物，圖 1-3 詳列了植物受脅迫而造成生長逆境的因素。學者 Cook 在 1988 年提出植物保健八大原則，分別爲：了解農田生產力（資源條件）、栽植抗逆境、抗病蟲害品系（育種、基因轉殖）、使用清潔健康的種子或種苗、維持土壤有機質、降低環境及營養壓力（stresses）、充分利用自然制衡力量（天候力量、天敵力量：含病原微生物）、施行輪作、有條件施用化學農藥（產生協力作用），明顯整合管理措施。

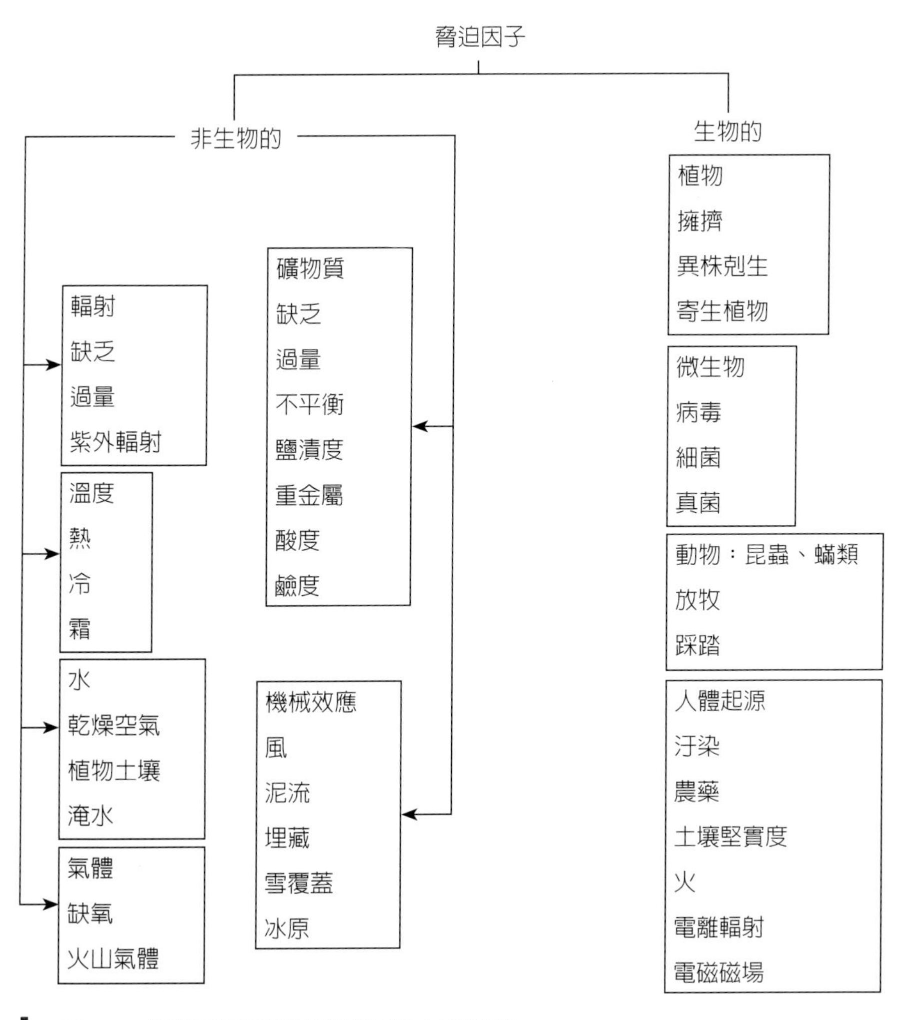

圖 1-3　作物可能遭受脅迫而造成生長的逆境

一個經濟體系要有四種形式的資源才能維持正常的運作，一爲綠色資源，包括水、土壤、空氣、礦物、石油、能源、生物及生態系統構成的生物多樣性；二爲人力資源，以勞力、智力、文化、組織型態出現；三爲金融的資本，也就是資本、資金投資跟貨幣的表現；四爲科技資本，包括基礎建設、機械設備、工具、工廠之類等。構成經濟體系的四個重要資源需要藉管理才能順利運作，而在農業生產管理上，不可只單純對病蟲害有管理概念，更需擴大到整體經濟體系範圍來進行。

農業生產需要資源投資，如人力、財力、物力、時間、科技知識等，目的是爲了自收穫的產品得到利益，以提供生活所需及賺錢。作物生產從整地、購置種子或種苗、栽植、施肥、灌水、中耕除草、病蟲害防治及銷售等均需成本，所以病蟲害防治僅係所花費的成本之一。

但病蟲害不防治或防治不當，其風險是可能全然無收穫、前功盡棄或使產量平均損失 35% 以上，所謂天地不仁，是同等對待萬物的：1/3 產量因天災而損失，1/3 產量因病蟲害而損失，栽種者則只收穫 1/3。所以病蟲害防治對既有投資及利息的保障形同保險，值不値得投保其理至明。

然而每一次病蟲害防治皆須花錢，所以合理的基本經濟考量是：無論使用任何防治工具（如化學合成農藥、抗生素、微生物農藥、套袋、誘殺器具等），均不可吃虧，也就是說，防治效果所避免的損失（即多得的收益），至少應該等於其防治費用（如藥費＋工資），否則得不償失，經濟學上稱爲益 / 本比；益 / 本比等於或大於 1，爲農民是否需要採取防治行動最基本、最簡單的防治基準考量。

臺灣植物保護的階段政策措施因年代而有不同。1960 年代爲配合增產，引進新農藥，並進行示範推廣，同時補助農民進行防治作業所需農藥，同一時期發展水稻病蟲害發生預測。1970 年代開啟大面積共同防治，包括空中噴藥、成立共同防治隊，並引進除草劑，同時開發外銷產品檢疫處理技術，以強化外銷量能。1980 年代已意識到農藥在作物上的殘留可能影響人畜與環境安全，因此加強農藥管理，包括農藥殘毒檢驗，並持續開發產品外銷檢疫處理技術。1990 年代加強用藥管理及殘留管制，爲降低農藥使用量，已減少農藥補助，並積極發展「非化學農藥」防治技術，尤其是生物防治、微生物防治與性費洛蒙應用等。

2000 年代爲強化正確診斷、對症用藥觀念，加強病蟲害診斷服務、植保資訊系統，並針對違規用藥農民進行處罰、殘留檢驗公布，同時推行「吉園圃（GAP）」品牌標章，協助消費者判識安全農產品。此時期除加速《植物防疫檢疫法》立法作業外，成立「動植物防疫檢疫局」（2023 年 8 月已升格爲農業部動植物防疫檢疫署），而害物整合管理技術也在此時期加速輔導。2000 年代後之重點包括：加強生物技術之應用（診斷鑑定、探針、育種等）、加強檢疫防疫技術之提升、加速國際檢防疫措施標準之認知與遵守、健康種苗驗證制度、加速作物整合防治管理之推廣，以及朝向臺灣良好農業規範「TGAP」與國際全球良好農業規範「Global G. A. P.」認證水準努力。當執行臺灣良好農業規範之產銷履歷制度步入軌道後，吉園圃已於 2019 年退場，而 TGAP 則持續擴大推廣。

雖然國內自 1990 年代開始積極推展害物整合管理，然因農藥具有快速發揮效果、價格便宜且節省人工、容易使用等好處，造成農民越來越依賴農藥，因此，整合管理的理念與技術一直難以推展；由於長期使用農藥易引發不良影響，如危害非目標生物、造成農產品殘留而影響食安、造成環境如水源與土壤汙染等，農藥減量議題不斷被提出討論。

爲降低農民對農藥的依賴，整合管理被視爲解決的良方之一。爲有效進行害物整合管理（integrated pest management，簡稱 IPM），害物發生前的預防、害物（病蟲草等）診斷爲首要技術，再配合合適的防除措施，適時有效降低害物發生，而將不同防除技術整合應用，秉持預防勝於治療的精神，當可達事半功倍之效，儘量在害物的發生超過經濟危害水平（economic injury level）時，再使用農藥防治，可以有效減少農藥使用。

筆記欄

CHAPTER 2

害物的定義與起源

一、害物（pest）的定義

根據國際植物保護公約（International Plant Protect Convention, IPPC）的定義，害物（pest）是指「對植物或植物產品有害之任何植物、動物或病原體之種（species）、品系（strain）、生理小種或生物型（biotype）」。簡單說，影響植物正常生長的因子均可以統稱爲害物。

以整體生態而言，影響植物正常生長的因子包括生物因子與非生物因子。

（一）生物因子

主要是寄生性和植食性生物、共生、共棲、競爭，以及植物與植物、植物與動物間的關係，包括：(1) 植物：擁擠、異株剋生、養分競爭、寄生植物等；(2) 微生物：病毒、細菌、眞菌、菌質體及線蟲等；(3) 動物：昆蟲、蟎類、軟腐動物、鳥類、鼠類、山豬、猴等；(4) 人類：汙染、農藥、火、電離輻射、電磁磁場等，其他如放牧、踩踏等均可能對植物造成傷害。

（二）非生物因子

主要爲氣候因素，其次爲環境因素。作物生長環境不佳或管理不善常導致作物不正常生長，包括：(1) 礦物質：種類、缺乏、過量、不平衡、鹽基、重金屬、酸度、鹼度；(2) 光照與輻射：缺乏、過量、紫外線輻射；(3) 溫度：熱、冷、霜等；(4) 水分：乾燥、潮溼、乾旱、淹水、汙染等；(5) 空氣：缺氧、火山氣體、汙染等；(6) 機械效應：風、泥流、埋藏、雪覆蓋、冰原及土壤堅實等。

二、害物的起源

依據康乃爾大學 Pimentel 教授的專文以及其他相關資料，害物的起源可區分爲下列十種：

（一）被人爲引進來（**introduced**）或入侵的外來種（**invasive exotic species**）

病蟲草害等生物，因爲經濟或特殊需求而被引進，或者因引進其他生物而被夾帶引進，例如銀膠菊、小花蔓澤蘭等雜草；若環境適合則能夠立足、蔓延、擴大。但因不具利用價值，往往變成有害生物，非洲大蝸牛、福壽螺爲最典型案例。

（二）引進或種植的外來植物

以目前在臺灣極受歡迎的火龍果和咖啡等作物，都不是原生的，當引進外來或新品系植物時，原有的昆蟲與微生物找到新的食物來源，就變成了害物。

（三）育成新品種，因品質優、產量高而加以推廣

高產量、高品質的新品種，受人喜愛，也受昆蟲及病原菌的青睞，被大規模種植後，由於食物來源增加而引發病蟲害大規模發生。

（四）單一品系大面積種植（monoculture）

多品系作物小面積種植時，因不同作物的病蟲害種類不同，繁殖受限制、不易擴散而危害小，但大面積種植單一品系後，病蟲害之食物來源充足，易大量擴散而造成嚴重危害，本來小面積不受關注的病蟲害就變得重要，有害生物的地位也因而提升。

（五）連作（continuous cropping）

連作導致栽培環境惡化，使害物食物來源的時間跟空間沒有停頓，造成對害物有利的條件，害物得以累積至一定數量的族群，然後族群因作物不斷供應而不斷成長，終至造成危害；若採取輪作措施，則害物的食物鏈供應中斷，可適度降低害物問題。

（六）舊品系因經濟重要性提高而擴大種植面積

舊品系因經濟重要性提高後種植面積擴大，擴大種植以後所產生的問題與單一品系大面積種植者相類似。

（七）植物產品價值提升

本來不重要或是需求量不大的植物，因爲特殊需求或特殊用途而提升價值，以致被大規模種植，因大規模種植後營造害物發生的條件。例如水蓮，原爲野生雜草，原本是不重要的植物，沒有什麼病蟲害問題，根本不會被注意，後來由於人們對其特殊的嗜好，成爲食用蔬菜後，開始經濟栽培，病蟲害問題因應產生。

（八）農藥引起的物種取代（species displacement）

物種取代爲生態中非常重要的議題。當作物發生嚴重病蟲害後，一般栽培者均會立即施用農藥，以減少產品損失，但施用農藥後重要病蟲害消失或減少，提供次要（minor）病蟲害生長與擴展空間，次要病蟲害便提升爲主要（major）病蟲害。

（九）生活水平提高，對品質、外觀的要求增高

隨著科技進步，人民的生活水平亦相對提高，而在生活水平提高之後，消費大眾對品質的要求隨之增高，導致病蟲害的被重視度與位階（pest status）亦提升，原來不重要的病蟲害，也被認定是重要的，所以重要的病蟲害名單就越來越長。

（十）原來利用的物種（species）因價值下降而被棄養或棄種，或被利用於生產而價值提高

例如膠蟲（*Kerria lacca*, kerr）是 1940 年代從泰國引入臺灣，用來提煉生產萊克膠，應用於海軍、艦隊、輪船等的塗膠，在自然膠中爲無可取代的材料，後因人工膠開發後製造容易且價格便宜，膠蟲的利用價值下降而被棄養，造成榕樹、龍眼、荔枝、芒果等作物被感染，枝條被一串串紅色的膠包住，最後導致枝條乾枯折斷，原來具經濟重要性，棄養之後就變成害蟲了。

另一例子爲玉米螟赤眼卵寄生蜂（*Trichogramma ostriniae*），會寄生在甘蔗螟和玉米螟等螟蟲的卵。爲大量培養寄生蜂，會使用外米綴蛾（*Corcyra cephalonica*）或麥蛾（*Sitotroga cerealella*）作爲寄生蜂寄生卵的材料，此時，本來爲倉庫害蟲的外米綴蛾或麥蛾轉爲變成生產寄生卵不可或缺的來源，當然就變成益蟲了。另有一種小繭蜂，會寄生在外米綴蛾的卵上，小繭蜂在野外可作生物防治用途，屬於益蟲，但是在生產外米綴蛾的卵用以養赤眼卵寄生蜂時，因小繭蜂寄生在外米綴蛾的卵，造成無法大量培養赤眼卵寄生蜂，小繭蜂就變成害蟲了。因此，害蟲是不是眞的害蟲，都是由人認定，也就是「害蟲，即非害蟲，是名害蟲」，都是人在界定它。

三、動物害物

昆蟲、蟎類、軟體動物、鳥類、鼠類、山豬、猴等均可能造成植物傷害，其中昆蟲與蟎類種類繁多，對植物的危害較爲嚴重，所以較受重視，相關的管理措施亦比較完整。然軟體動物如福壽螺已成爲作物急須防除的重點之一，鼠類、鳥類危害作物亦時有所聞，近年來山區亦可見山豬與猴的危害，成爲農友棘手的管理挑戰。

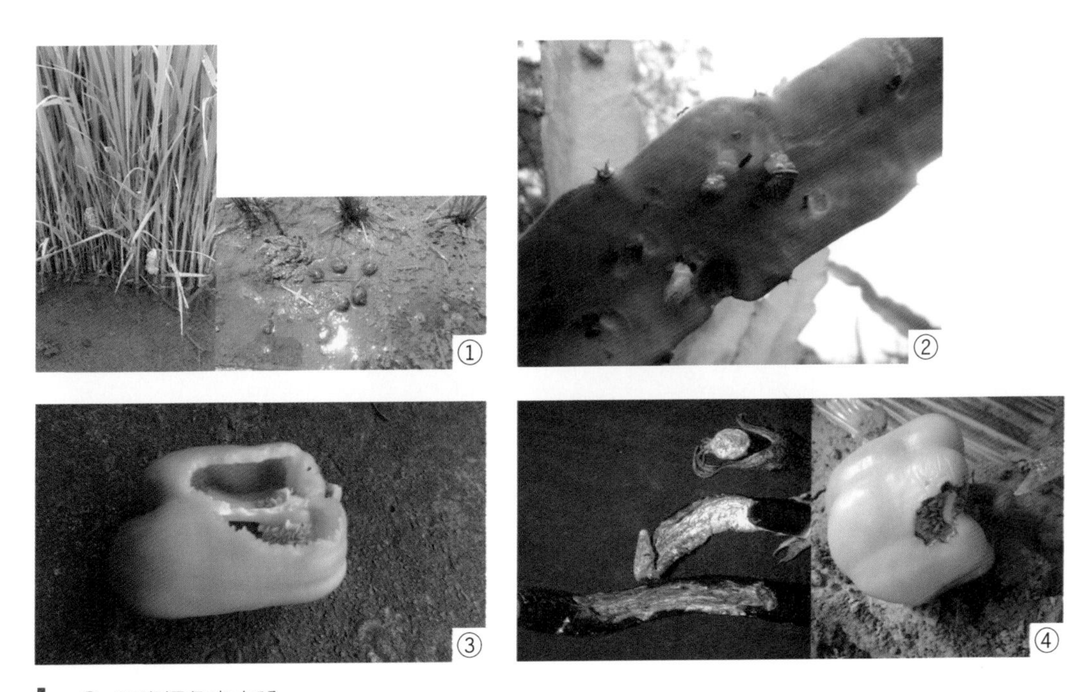

① 福壽螺危害水稻
② 扁蝸牛危害火龍果
③ 鳥害
④ 鼠害

⑤ 山豬危害香蕉（邱錦珠提供）

CHAPTER 3

重要害蟲之發生與診斷技術

昆蟲是從古生代的泥盆紀（Paleozoic Devonian）開始出現，距今已有3.5億年，在地球上的出現比鳥類還要早約 2 億年，因此昆蟲可稱得上是地球上的原住民。

長久以來，昆蟲與人類之間一直存在一種微妙的關係，互利、互剋，甚至共生。如蟑螂、蝨、蚤、蚊、蠅類等所謂都市昆蟲，是在都市中最易見到的昆蟲，除直接騷擾及傳播病媒影響人類生活或健康外，與人類息息相關的還有直接取食農作物，造成經濟損失，因而被人類灌上害蟲的名號。

不過，有些昆蟲對人類具直接經濟價值，如膠蟲的蟲膠可提供作爲塑膠的原料、蜜蜂作爲花媒及其蜂蜜產物等。有些昆蟲爲肉食性或寄生性，可捕食害蟲或寄生在害蟲體內令其死亡，有些則爲腐生性，可幫忙分解死亡的屍體，如麗蠅，這些昆蟲對人類而言，牠們是益蟲。然而，膠蟲的蟲膠不再提供作爲塑膠的原料後，被放任於野外生活，造成果樹的受害，而又被歸在害蟲之列。因此，昆蟲是害蟲或益蟲，端賴牠對人類經濟的影響情況而定（黃莉欣、蘇文瀛，2004）。

因此昆蟲在農作物田內依其行爲及角色可分危害蟲及益蟲二類，害蟲又依其危害方式可分爲直接與間接的危害；益蟲則依其功能扮演不同的角色。

一、害蟲：害蟲危害農作物的方式可分為直接及間接兩類

（一）直接危害（direct injury）

昆蟲利用口器取食或產卵管將卵產在植物組織內所造成的傷害，稱爲直接危害。

1. 口器取食危害（feeding type）：昆蟲的口器依其結構及取食方式可分爲 5 種型式，會直接取食、危害農作物者主要爲咀嚼式及刺吸式二類。
   (1) 咀嚼式（chewing type）：用於咀嚼固體食物，如蝗蟲、金龜子、天牛、象鼻蟲、黃條葉蚤、跳蟲、紋白蝶、小菜蛾、斜紋夜蛾、甜菜夜蛾等蝶蛾類幼蟲。其危害部位呈啃食狀，葉片被食後呈穿孔狀，嚴重時，僅剩葉脈（黃莉欣、蘇文瀛，2004）。葉蜂屬於膜翅目的一種，其幼蟲狀似蝶蛾類幼蟲，以取食葉片爲主，屬於植食性種類。蒼蠅、果實蠅或瓜實蠅、斑潛蠅等蠅類幼蟲的口器部分退化呈口鉤爪狀，左右不對稱，故稱之爲退化型咀嚼式口器。

(2) 刺吸式（piercing-sucking type）：此種口器可分爲二種型式。口器呈長針狀，大小顎變成四根針，下唇變成鞘，將針狀之大小顎包裹其內，該口器適於穿刺於植物組織之韌皮部或木質部內，吸收植物汁液，葉蟬、蚜蟲、粉蝨、木蝨、介殼蟲、椿象等均是。薊馬類口器具有銼與吸二種動作之取食行爲，過去以銼吸式口器稱之，現代學者將其歸在刺吸式口器，但其結構與刺吸式口器不同。此種口器的結構分爲二部分，第一部分的口針用於戳刺植物組織不具有吸取汁液的功能，第二部分具有開口，可吸取經第一部分口針戳刺後所流出的汁液。由於是利用口器戳刺植物表皮，受害部位容易出現疤痕狀，受害初期也呈現白色斑點狀，中後期則呈現褐色疤痕。此類口器也可傳播植物病毒。蟎類如葉蟎、側多食細蟎（以前稱爲茶細蟎）、根蟎也是屬於刺吸式口器危害，少部分蟎類也可以傳播植物病原菌。刺吸式口器由於吸食植物組織汁液，破壞葉綠體組織，受害部位呈現白斑狀的危害特徵，受害嚴重時枯萎、變形。可傳播植物病原菌的害蟲多屬此類口器者。

(3) 舐吮式（sponging type）：家蠅、果實蠅成蟲、瓜實蠅等蠅類成蟲口器屬之。口器由口喙、口吻、口盤三部分組成，口喙連在頭殼，口吻在口喙下方，基部較粗，端部具口盤，用以舐吮用（黃莉欣、蘇文瀛，2004）。

(4) 曲管式（siphoning type）：又稱爲虹吸式。此類口器具長條狀的食管，如吸管般地吸食汁液，不用時捲曲如鐘錶內的彈簧，如蝶、蛾類成蟲之口器（黃莉欣、蘇文瀛，2004）。

(5) 咀吸式（chewing-lapping type）：此爲咀嚼式及吸收式並用的口器。咀嚼式的構造是用以切碎食物及搬運物體、建築巢室等，取食時，利用吸收式的口器黏吸花粉、花蜜等物質縮回至食管，藉咽喉吸力將食物吸入食道內，蜜蜂、胡蜂的口器屬之（黃莉欣、蘇文瀛，2004）。

以上 5 種口器中 (1)-(2) 類的口器會直接危害植物的組織，(3)-(5) 類的口器則與植物受害無直接相關。

2. 產卵管戳刺植物或果實表皮：潛葉蛾、潛蠅類、天牛等昆蟲會將卵產在植物表皮內或樹幹內，孵化幼蟲則在表皮內鑽孔挖地道取食危害，在葉片上形成不規則的圖形，在樹幹內者，樹勢生長衰弱，最後植物枯死、造成收成減少等不利的後果

（黃莉欣、蘇文瀛，2004）。瓜實蠅及果實蠅雌蟲產卵在果實表皮內，孵化的幼蟲在果實內鑽食，造成受害果實腐爛掉落，影響產量。危害後所造成的傷口也是病原菌入侵的最佳路徑。另外，膜翅目葉蜂總科產卵管由兩對扁枝構成，外側一對稱爲「導鋸」，中間一對稱爲「產卵鋸」，像鋸子般將植物的葉部組織鋸割開來，產卵於內，故葉蜂也稱爲「鋸蜂」。

（二）間接危害（indirect injury）

因分泌物或攜帶植物病原菌造成植物生病者均爲間接危害。如蚜蟲、木蝨、粉蝨、介殼蟲等昆蟲的分泌物中含有蜜露，成爲營養成分來源而引發煤煙病。傳播植物病原者例如蚜蟲傳播木瓜輪點毒素病、胡瓜嵌紋病毒；柑桔木蝨傳播柑桔黃龍病；南黃薊馬傳播西瓜銀斑病毒與甜瓜黃斑病毒；粉蝨傳播番茄黃化捲葉病毒、南瓜捲葉病毒、瓜類褪綠黃化病毒等，此類因間接引起的傷害，稱爲間接危害（部分截自黃莉欣、蘇文瀛，2004）。

二、益蟲：對人類具經濟價值或有利益之昆蟲

（一）授粉昆蟲。訪花性昆蟲如蜜蜂、金龜子、花薊馬、麗蠅可爲檬果授粉。

（二）蠶絲衣料。如家蠶。

（三）清道夫。腐食性昆蟲以衰弱木、老朽木爲食物而促進森林中之新陳代謝，淘汰更新，如白蟻；對腐爛植物體、落葉之分解還原作用，如跳蟲、石蛃，然而跳蟲因棲息在土壤，也會以咀嚼式口器取食根際部，造成植物生長勢衰弱，亦爲害蟲；具糞食性、屍食性昆蟲，如糞金龜、麗蠅等。

（四）保護農作物者。捕食性天敵如螳螂、瓢蟲、草蛉、小黑花椿象等；寄生性天敵如小繭蜂、赤眼卵寄生蜂、平腹小蜂等（黃莉欣，2018）。

三、害蟲棲息植物部位及其危害特徵

昆蟲依其行爲、取食偏好性及棲息場所的不同，危害農作物的部位也略有差

異。害蟲對農作物的危害部位分爲根、莖（樹幹、枝條）、葉、花及果實，以下簡單介紹不同部位上的重要害蟲種類及其危害特徵（黃莉欣，2018）。

（一）危害葉部

大部分的害蟲以危害葉部爲主，依口器及取食行爲的不同，危害特徵則不相同，以下做一簡要歸納及摘述（黃莉欣，2018）：

1. 咀嚼式口器取食葉片組織之害蟲：水稻田重要咀嚼式口器害蟲以二化螟、瘤野螟最爲重要，水稻象鼻蟲及水稻水象鼻蟲則發生在部分地區，蝗蟲、稻苞蟲及稻螟蛉在慣行農法稻田裡屬偶發性的害蟲。小菜蛾、紋白蝶、大菜螟、菜心螟、斜紋夜蛾、甜菜夜蛾、擬尺蠖、紋白蝶等的幼蟲及黃條葉蚤成蟲爲十字花科蔬菜常見之重要害蟲，將葉片啃食並出現不同大小之孔洞，嚴重時僅留葉脈。果樹常見之重要害蟲如斜紋夜蛾、臺灣黃毒蛾、小白紋毒蛾等。常見咀嚼式口器之害蟲種類請參考表 3-1。

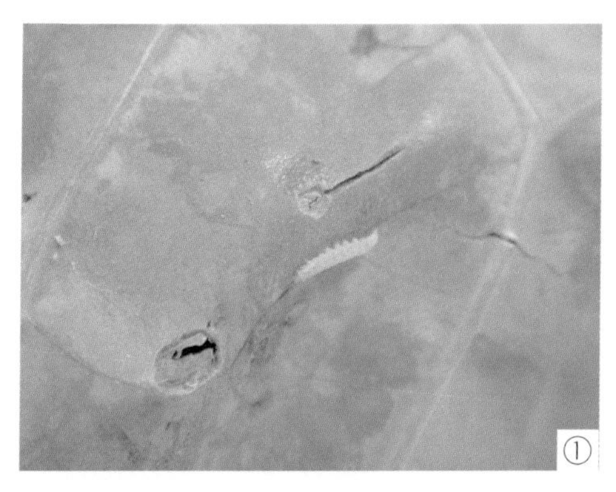

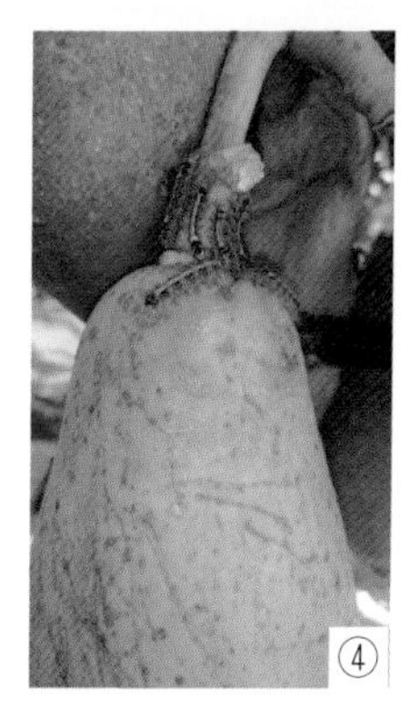

① 小菜蛾
② 黃條葉蚤危害十字花科葉片
③ 斜紋夜蛾在甜柿葉片上之卵塊與幼蟲危害狀
④ 臺灣黃毒蛾

表 3-1　常見咀嚼式口器之害蟲種類

目名	害蟲種類
彈尾目	跳蟲
直翅目	蝗蟲、螽蟖、螻蛄、蟋蟀之幼蟲及成蟲
等翅目	白蟻
鱗翅目	小菜蛾、斜紋夜蛾、甜菜夜蛾、番茄夜蛾（玉米穗蟲）、玉米螟、大菜螟、毒蛾、紋白蝶、鳳蝶、木蠹蛾、捲葉蛾、細蛾等蝶蛾類幼蟲
雙翅目	果實蠅、瓜實蠅、潛蠅類的幼蟲，屬退化咀嚼式口器
鞘翅目	瓢蟲、金龜子、金花蟲科（如葉蚤、黃條葉蚤、猿葉蟲、金花蟲類）、天牛、隱翅蟲、小蠹蟲、穀盜蟲、象鼻蟲；豆莞菁等幼蟲與成蟲
膜翅目	葉蜂科、三節葉蜂科幼蟲

2. 刺吸式口器取食葉片組織汁液之害蟲：不論是蔬菜、果樹或雜糧等農作物上之刺吸式口器害蟲，多屬重要害蟲，包括蚜蟲類（如桃蚜、棉蚜、大桔蚜）、木蝨（如柑桔木蝨、梨木蝨）、粉蝨（如銀葉粉蝨、螺旋粉蝨、棉絮粉蝨、刺粉蝨）、葉蟬（二點小綠葉蟬、臺灣黑尾葉蟬、僞黑尾葉蟬）、椿象（如黃斑椿象、角肩椿象、荔枝椿象）、介殼蟲（如粉介殼蟲、盾介殼蟲、硬介殼蟲）、薊馬（南黃薊馬、小黃薊馬、臺灣花薊馬、花薊馬）等。

   蟎類害蟲亦屬刺吸式口器之害蟲，分為會危害葉部的葉蟎、細蟎及銹蟎三類。

   (1) 葉蟎類：葉蟎屬蟎蜱目（Acarina）葉蟎總科（Tetranychoidea），危害葉片的葉蟎若蟎體色為紅色，農民會以紅蜘蛛稱之，非紅色者則稱為白蜘蛛。常見紅蜘蛛有神澤氏葉蟎（*Tetranychus kanzawai* Kishida）、赤葉蟎（*Tetranychus cinnabarinus* Boisduval）、柑桔葉蟎（*Panonychus citri* McGregor）、太平洋僞葉蟎（*Tenuipalpus pacificus* Baker），白蜘蛛如二點葉蟎（*Tetranychus urticae* Koch）。葉蟎以刺吸式口器取食葉片，受害部位呈白色斑點，嚴重時則呈紅褐色如銹斑狀（黃莉欣，2018）。

   (2) 細蟎類：細蟎科（Tarsonemidae）害蟎體型非常小，喜棲息在新梢嫩葉，被害葉片生長受阻，呈現厚化現象，且色澤轉為深綠色。如側多食細蟎（*Polyphagotarsonemus latus* Banks）、稻細蟎（*Steneotarsonemus spinki* Smiley）（黃莉欣，2018）。

⑤ 側多食細蟎危害甜椒新芽
⑥ 側多食細蟎危害甜椒果實

(3) 銹蟎類：屬蟎蜱目（Acarina）癭蟎科（Eriophyidae），體型細小，乳白色，呈紡錘狀，可危害葉片、莖部及果實，受害葉及莖呈灰褐色、變厚，嚴重時呈紅褐色（黃莉欣，2018）。

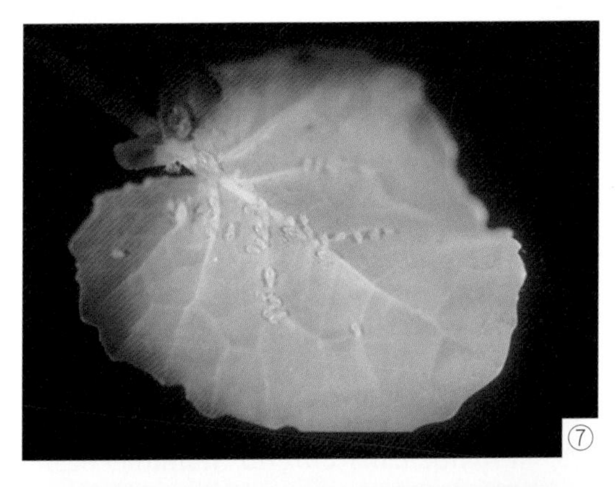

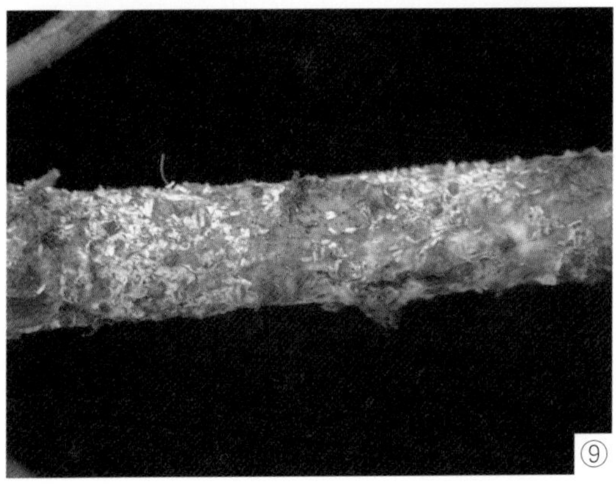

⑦ 甘藍蚜蟲
⑧ 銀葉粉蝨
⑨ 柑桔介殼蟲

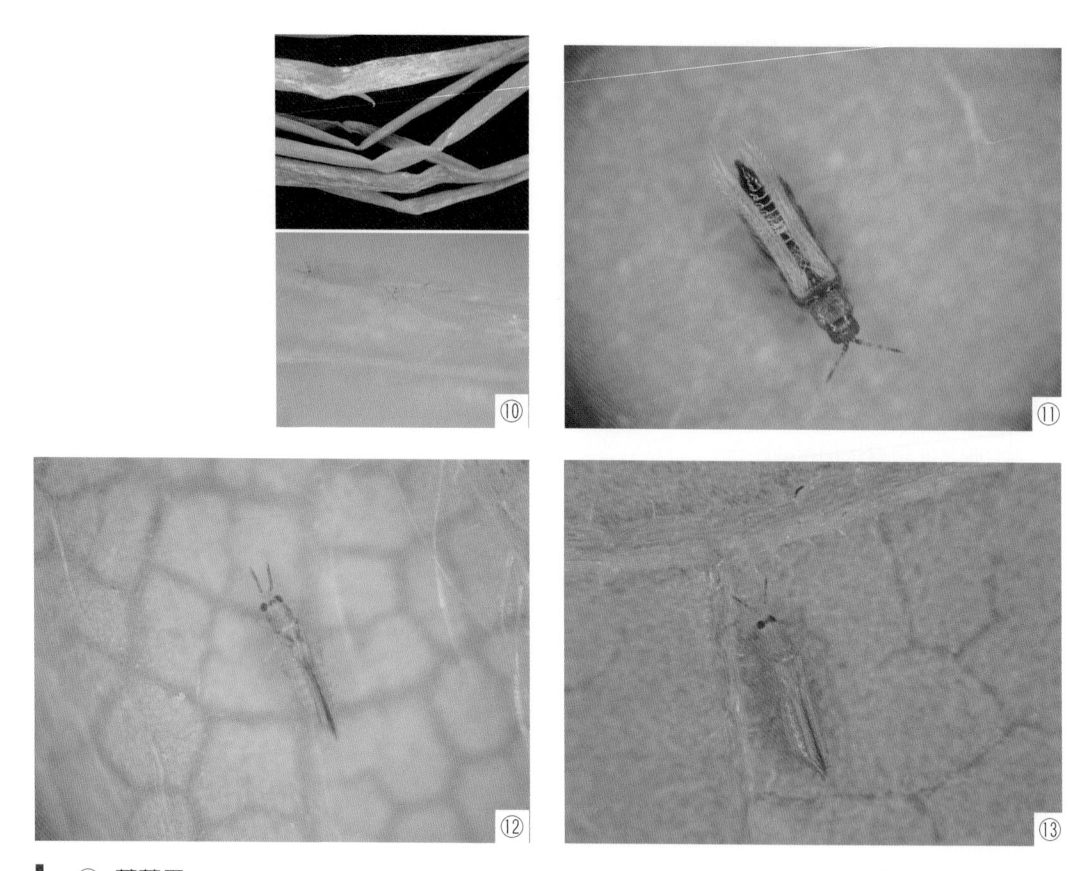

⑩ 蔥薊馬
⑪ 臺灣花薊馬雌成蟲
⑫ 小黃薊馬雌成蟲
⑬ 南黃薊馬成蟲

3. 蛀食葉肉組織：番茄斑潛蠅（*Liriomyza bryoniae* Kaltenbach）、非洲菊斑潛蠅（*Liriomyza trifolii* Burgess）、柑橘潛葉蛾（*Phyllocnistis citrella* Stainton）之幼蟲在葉肉組織內潛食，形成蜿蜒曲折的隧道，嚴重時葉片呈焦枯狀或捲曲（黃莉欣，2018）。百香果熱潛蠅（*Tropicomyia passiflorella* Shiao & Wu）爲百香果上關鍵害蟲之一，不僅可危害葉肉組織也會危害百香果果實的表皮，影響商品價值甚鉅。

⑭ 番茄斑潛蠅
⑮ 柑橘潛葉蛾

4. 捲葉蛾類：如花姬捲葉蛾（*Eucosma notanthes* Meyrick）、茶捲葉蛾（*Adoxophyes* sp.），捲葉蛾類初孵化幼蟲危害新梢、新芽或未展開的嫩葉邊緣，藏匿其中取食危害，老熟幼蟲會危害成熟葉，將葉片捲成不同形式，嚴重時葉片被取食殆盡，造成植株枯萎死亡（黃莉欣，2018）。

⑯ 茶姬捲葉蛾

5. 造蟲癭：有些木蝨、癭蚋科幼蟲、部分膜翅目與薊馬類等昆蟲與銹蟎類因吸收樹汁液，而刺激葉片上的細胞發生不正常增生或增大的結果，依蟲種的不同形成不同形狀的癭（gall），造癭昆蟲於癭內生活完成其生活史階段（黃莉欣，2018）。在不影響產量下，通常較易被忽略。

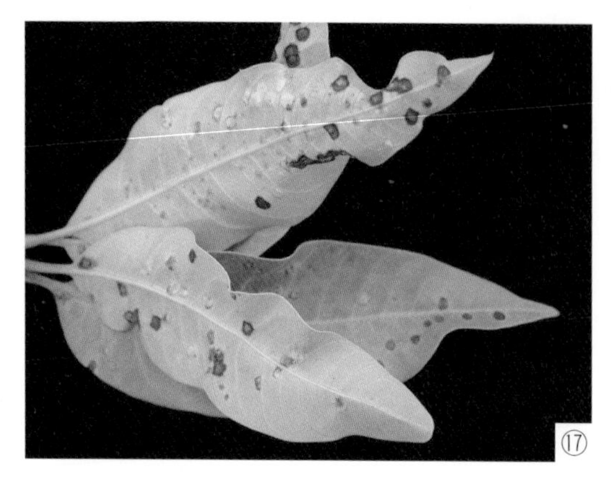

⑰ 檬果癭蚋
⑱ 荔枝癭蚋

（二）危害花部

害蟲危害花器而直接影響花卉的商品價值，間接造成落花或果實的商品價值，導致產量減少，市場價格不佳的情形。例如金龜子類及甜菜夜蛾、斜紋夜蛾等幼蟲因啃食花瓣或花蕊等部位，造成花瓣殘缺，或咬斷花蕊影響結果率；薊馬類、蚜蟲類等吸食植物汁液，造成花瓣色澤呈現不均勻，被害花蕊或子房不僅影響受粉率，也會在果實表皮上留下傷痕，甚至造成落果影響商品價值，例如柑桔、茄子果實表皮上之疤痕（黃莉欣，2018）。常見花部害蟲以薊馬及細蟎占最多數，其他害蟲則多屬偶發性。針對觀賞花卉而言，一旦花部受害蟲危害，其商品價值則更低，尤其是刺吸式口器之小型昆蟲造成花色的不佳，也是花卉植物難防治的對象。

⑲ 花薊馬危害甜椒花器

（三）危害果實

以果實爲主要產值的農作物中，果實具有較高的經濟價值，對蟲害的忍受度最低，只要遭受少數昆蟲危害，即造成嚴重的損失。例如東方果實蠅（*Bactrocera dorsalis* Hendel）、瓜實蠅（*Zeugodacus cucurbitae* Coquillett）成蟲產卵於果實內，幼蟲於果肉內鑽食危害，造成果實腐爛、落果等現象；螟蛾類幼蟲則鑽入果肉內，除造成外觀缺陷外，嚴重時果實黑化或枯乾，呈木乃伊化；椿象、介殼蟲類危害後，果實表面呈現黑斑或迸裂，影響商品價值（黃莉欣、蘇文瀛，2004）。熱潛蠅產卵在百香果果實表皮下，孵化幼蟲在果實表皮下鑽食形成隧道式的食痕。果實表皮若受薊馬取食危害後，呈現刻痕或褐疤；熱潛蠅及薊馬除造成果實外觀不佳外，也影響消費者的選購，所造成的損失主要在於降低果品市場價值，對產量影響較少。

在蟎類，以銹蟎類危害果實較為嚴重，果實受害嚴重時會出現灰褐色斑、硬化，甚至表面龜裂。如番茄刺皮癭蟎（*Aculops lycopersici* Massee）、荔枝銹蟎（*Phyllocoptruta* sp.）、柑桔銹蟎（*Phyllocoptruta oleivora* Ashmead）。柑桔葉蟎主要危害葉片，但危害果實時，會造成果實有褐色粗糙疤痕。另外，側多食細蟎亦會危害果實，造成疤痕（黃莉欣，2018）。

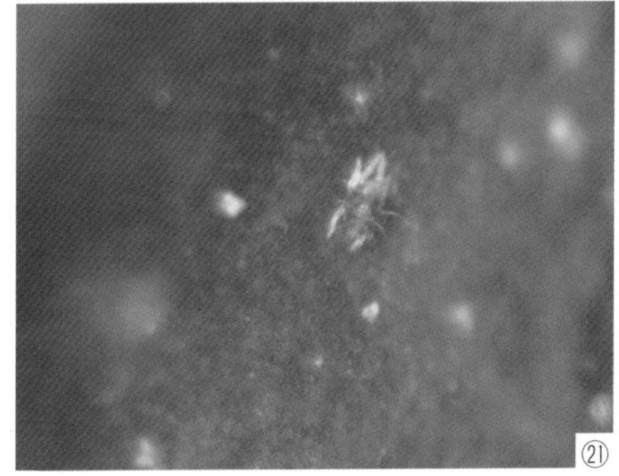

⑳ 柑桔葉蟎危害果實
㉑ 柑桔葉蟎

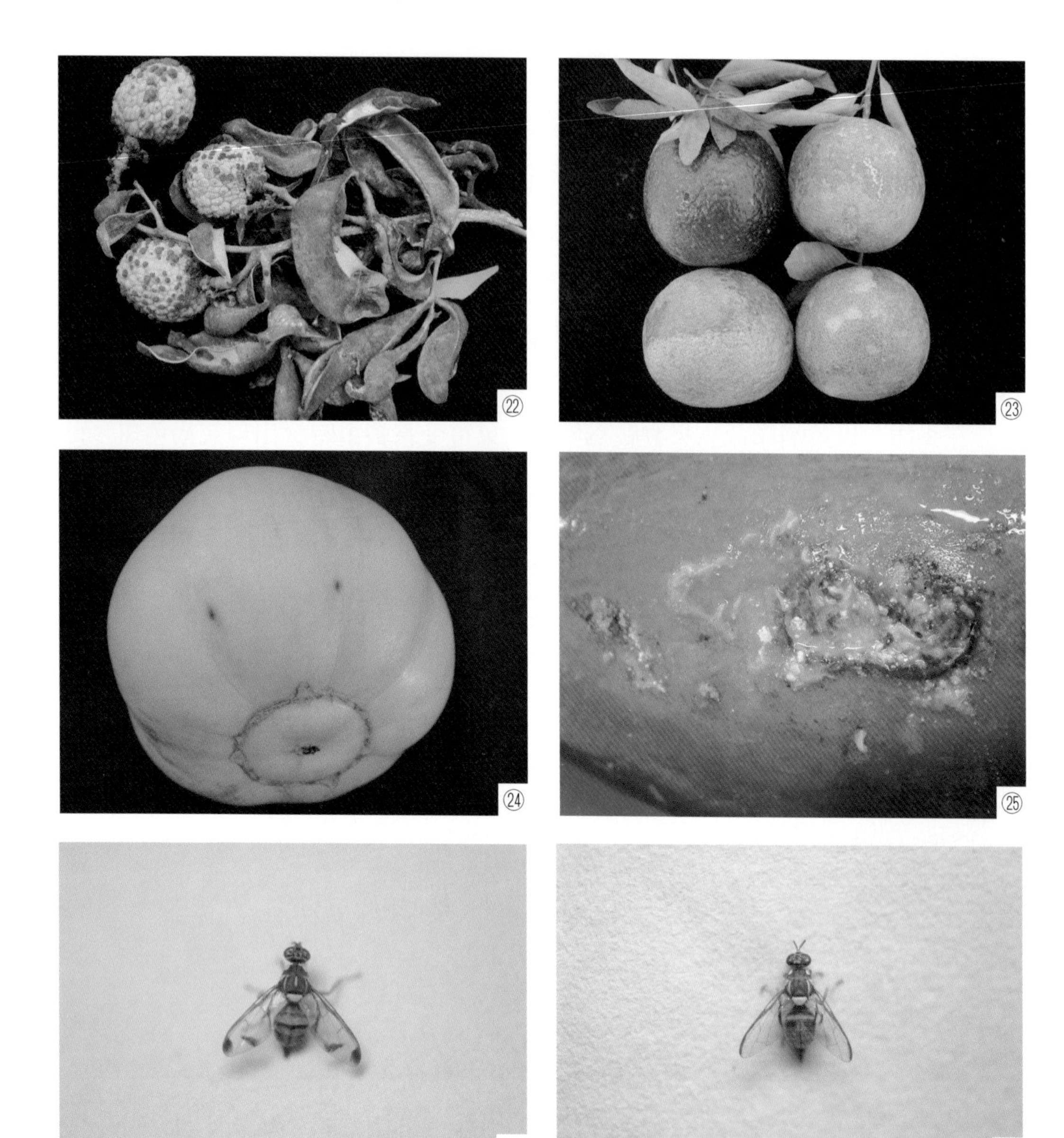

㉒ 荔枝銹蟎（腫葉病）
㉓ 柑桔銹蟎
㉔ 瓜實蠅危害美濃瓜
㉕ 受東方果實蠅危害之木瓜果實
㉖ 瓜實蠅
㉗ 果實蠅

（四）危害莖、樹幹、枝條

枝條或莖被鑽蝕危害後，易造成枝條折斷及新梢枯萎的現象，影響樹勢的生長；受害樹幹有些會形成剝皮狀，嚴重時整株枯死。簡略介紹幾種重要害蟲：

1. 桃折心蟲（*Grapholitha molesta* Busck）：危害桃、李、梅、杏、山楂等。雌蟲產卵在新梢葉尖或葉腋等處，孵化幼蟲由新梢下方 2-3 葉之葉柄與葉腋間鑽入，被害處之孔口常會流出少量膠質，導致新梢枯死。
2. 木蠹蛾：幼蟲自幼嫩枝條或葉腋處鑽入取食，主要取食木質部，侵入口處會有糞便排出，受害枝條因水分運輸受阻而枯萎，嚴重時全樹枯死。如咖啡木蠹蛾（*Zeuzera coffeae* Nietner）。

㉘ 咖啡木蠹蛾

3. 螟蛾類：如二化螟（*Chilo suppressalis* Walke）、玉米螟（*Ostrinia furnacalis* Guenée）等。雌蟲產卵在新梢葉尖或葉腋等處，孵化幼蟲由葉柄、葉腋或葉鞘間鑽入莖或枝條內蛀食，造成枝條或莖折斷，嚴重時枯死。糞便通常會自侵入口處排出。

㉙ 水稻二化螟蟲

4. 天牛類：如斑星天牛（*Anoplophora macularia* Thomson）、窄胸天牛（*Philus antennatus*

Gyll.），雌蟲產卵於樹幹基部之土面或以口器咬破樹皮產卵於樹皮下，孵化幼蟲在木質部嚙食危害，並由蟲孔處排出糞便。

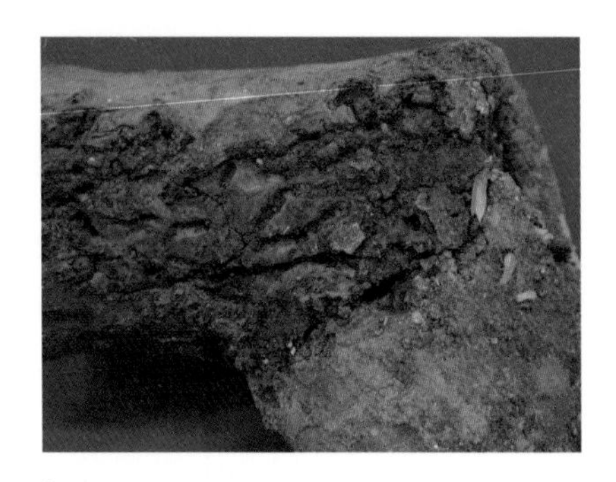
㉚ 枇杷白蟻

5. 象鼻蟲類：如椰子大象鼻蟲（*Rhynchophorus ferrugineus* Olivier）、棕櫚象鼻蟲（*Rhabdoscelus lineatocollis* Heller）。幼蟲在莖幹內鑿不規則的孔道取食莖幹內組織，被害初期不易查出，後期則因莖幹內部纖維破碎而略成腐植，從龜裂處將纖維碎片排出，危害嚴重時，常使之枯死或折斷。
6. 白蟻：在地下築巢，以土壤及其排泄物作隧道，延伸於樹幹上蛀食樹皮，嚴重時造成環狀剝皮，甚至導致植株死亡。
7. 莖潛蠅：成蟲產卵於葉背，在幼株時侵入莖內蛀食危害，造成節間縮短，植株異常矮化，如大豆莖潛蠅（*Melanagromyza sojae* Zehntner）。

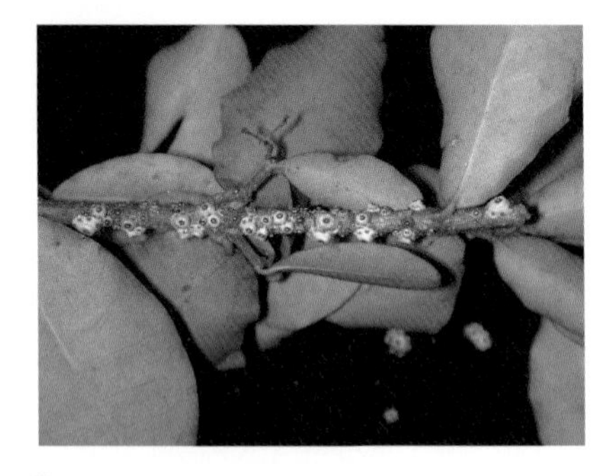
㉛ 櫻桃白蠟介殼蟲

8. 介殼蟲類：如吹綿介殼蟲（*Icerya purchasi* Maskell）、咖啡硬介殼蟲（*Saissetia coffeae* Walker）、角臘介殼蟲（*Ceroplastes pseudoceriferus* Green）、膠蟲（*Kerria lacca* Kerr.）。這類害蟲以刺吸式口器插入枝條或樹皮組織，吸取植物汁液，被害枝條上的葉片黃化而凋落，其排泄物因含有蜜露，除會招引螞蟻也會引發煤煙病，造成植物生長衰弱，嚴重時整株枯死（黃莉欣，2018）。

（五）危害根部或種球

此類昆蟲除會招引螞蟻也會取食根系或根際部位，破壞根系表皮，影響根部水分及養分的吸收，造成樹勢衰弱，嚴重時導致地上部整株枯萎；花卉球根、甘藷塊根、馬鈴薯塊莖受害則影響發芽、商品價值及產量。害蟲種類如：

1. 蟋蟀類：棲息在土中，啃食蔬菜類及草皮等根部表皮，造成地上部枯萎。

2. 蠐螬：爲金龜子的幼蟲（雞母蟲），啃食蔬菜類及草皮等根部表皮或切斷鬚根。
3. 根潛蠅：成蟲產卵於葉背組織內，剛孵化幼蟲取食葉肉，二天後沿葉柄、莖部而潛入土中，在根部表皮內取食危害，使根部褐變、腫脹、表皮破裂或腐爛，導致地上部枯萎。如大豆根潛蠅（*Ophiomyia centrosematis* de Meijere）。
4. 甘藷蟻象（*Cylas formicarius* Fabricius）：成蟲多棲息於葉蔓間，啃食塊根或葉柄，卵產於主蔓基部或塊根表皮內，孵化幼蟲即蛀入主蔓或塊根內潛行危害，被害部位留有許多蛀孔，表皮產生裂痕，藷塊呈褐色且木質化。

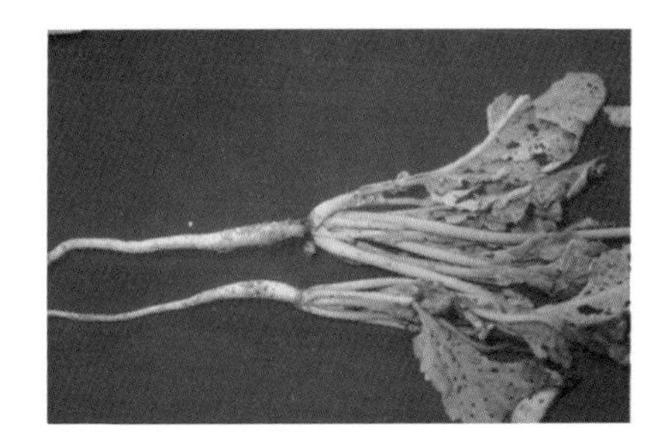
㉜ 黃條葉蚤危害蘿蔔根部

5. 黃條葉蚤（*Phyllotreta striolata* Fabricius）：卵產於根上或根附近土中，粒粒分散。幼蟲棲息土中危害根部表皮，蘿蔔根部被害時，表面可見黑色斑點，影響商品價值。成蟲不僅危害葉片，也會危害地下部如蘿蔔，危害之傷口，常引發腐敗病。
6. 根蟎：唐菖蒲、百合等球根或鱗莖受根蟎危害後，受害部位呈褐色，由表面向內部蔓延危害，使內部形成中空或腐爛，地上部無法吸收水分和養分而衰弱，如羅賓根蟎（*Rhizoglyphus robini* Claparede）、長毛根蟎（*Rhizoglyphus setosus* Manson）。

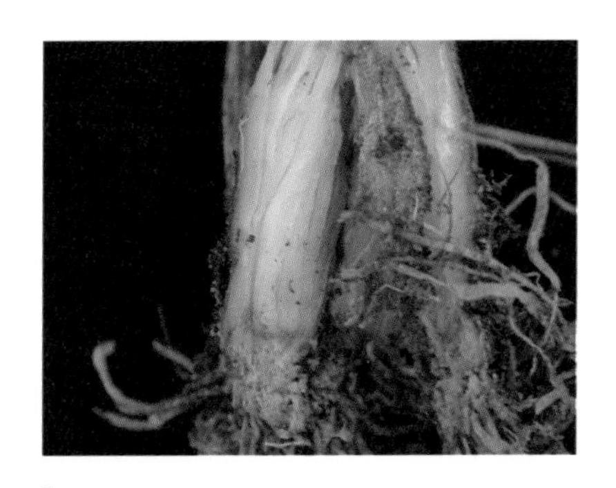
㉝ 蔥根蟎

7. 切根蟲：切根蟲包括球菜夜蛾（*Agrotis ipsilon* Hufnagel）及蕪菁夜蛾（*Agrotis segetum* Denis et Schiffermuller），其初齡幼蟲群集一處，多棲息在心葉危害，取食葉表皮。2-3 齡以後分散，潛伏於地表之陰暗處。老齡幼蟲於陰天或入夜時分出來取食，切斷幼苗，捲入穴內取食或攀登株上取食葉片（黃莉欣，2018）。
8. 跳蟲：成蟲及若蟲均棲息在土壤，喜高溫多溼的環境，以腐爛物質、菌類爲主要食物，主要取食孢子、發芽種子，也會取食根系或根際部，影響作物根系生長，導致植株衰弱。

結語

部分昆蟲因棲息在人類賴以為生的農作物上時，牠就變作害蟲，也是農業種植者所關注的對象，有些以其他昆蟲為食或協助授粉就成為益蟲。蟲害整合管理其中一環是正確診斷，針對蟲害診斷大致上可分為 5 個部分：(1) 有沒有看到蟲體；(2) 昆蟲生活史中的哪一生長期危害；(3) 被害外觀特徵；(4) 被害部位；(5) 植物種類。依此原則，將可以推測危害作物的兇手或嫌疑犯，再選擇適當的防治策略，以控制蟲害所導致的經濟損失。

CHAPTER 4

重要感染性病害之種類與病徵

植物病害根據病源的種類可分爲感染性病害（infectious disease）與非感染性病害（non-infectious disease）兩大類。感染性病害由多種生物性病原菌引起，具有傳染性，發生時在田區呈不均勻分布，可由一點或數點開始出現病徵（symptom），發生後罹病組織或病徵不可復原，並由發生點開始向周圍快速或緩慢地擴散，罹病組織上可見病原菌的菌體，稱爲徵兆（sign）。不同病原菌表現的病徵不同，常見的病徵爲變色、穿孔、壞疽或局部死亡、矮化或萎縮、萎凋、腫大、器官變形或置換、木乃伊化、習性改變、破壞器官、贅生及畸形、產生分泌物及腐敗等徵狀。病原菌單一感染時，通常產生典型的病徵，但當同一植株同時感染二種或二種以上病原菌時，可能會產生與原來不同的病徵，而環境因子不同時，相同的病原菌感染，也可能產生不同的病徵，均可能增加診斷的困難度。

感染性病害，發生之因素極爲複雜，通常環境、寄主植物及病原菌形成明顯之三角關係（圖 4-1），環境（包括溫度、溼度、土壤形態、土壤含水量、土壤 pH 值及土壤肥力等）必須適合發病，寄主植物必須是感病性品種或是處於抗性相對衰弱狀況，同時病原菌必須是具有感染力，若此三者缺一，病害的嚴重性會相對降低或甚至不會發生。反之，罹患非感染性病害之植株，往往較易罹患感染性病害。

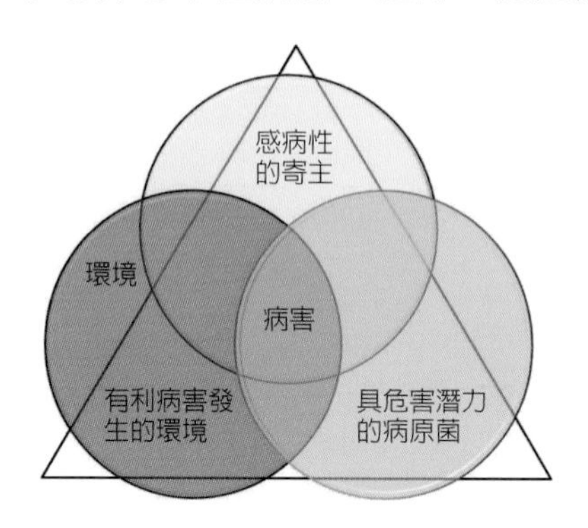

圖 4-1　感染性病害發生因素之關係

當感染性病害發生時，初期病徵呈零星分布，而後迅速蔓延、擴展，嚴重時可能整個種植區發生病害。一般不同植株的病徵不會於短期間同時出現，但若因無性繁殖苗帶病原菌時，則可能於短期間內大範圍發病。栽培環境改變時，植株上所表現之徵狀可能會有消減現象，但無法完全回復，一旦環境變惡劣或病原菌病原性增強時，病徵亦會加劇。

感染性病害的種類與病原菌可分爲病毒、細菌、眞菌、線蟲、寄生顯花植物及藻類等，主要特徵及感染時所產生的病徵詳細描述如下：

一、病毒病害（virus disease）

病毒的個體極爲微小，無法用普通光學顯微鏡觀察，必須在電子顯微鏡下才能分辨形態。病毒的構造非常簡單，由一核酸分子（去氧核醣核酸，DNA），或核醣核酸（RNA）控制遺傳特性，外圍由一個蛋白質組成的外鞘覆被以保護內部核酸。目前已發現可以感染植物的病毒約有四千種之多，按照形態大約可歸納成球形、桿形、長絲形、槍彈形及雙球形等五種，各形的病毒中又可依其大小、直徑或長短加以區分，但是對同一種病毒而言，形態與大小是固定不變。

不同的病毒因本身的特性而有不同的傳播方式，一般常見的傳播方法有：(1) 機械性接觸傳播；(2) 昆蟲媒介傳播，又可分爲永續性及非永續性傳播；(3) 線蟲媒介傳播；(4) 土壤眞菌媒介傳播；(5) 花粉媒介傳播；(6) 蟎類媒介傳播；(7) 種子帶毒傳播；(8) 無性繁殖之種苗傳播等。

植物受病毒感染時，病徵最初多出現於新生部位，而後隨植株生長可擴展至全株而呈系統性病徵，常見的病徵有黃綠嵌紋壞疽斑、畸型或捲縮、生長勢較弱等，病徵會因環境改變而減輕或隱藏，但不會消失，當環境適合時重新出現典型病徵。

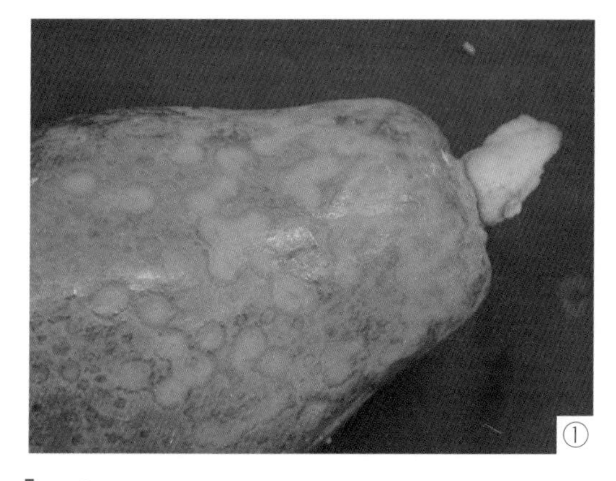

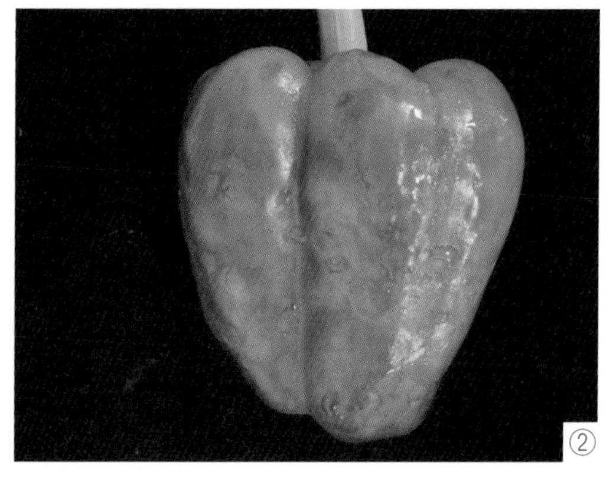

① 木瓜輪點病毒病
② 彩色甜椒病毒病

二、細菌病害（bacterial disease）

細菌爲單細胞、無眞核、分裂繁殖，可用人工培養基培養，危害植物者有桿狀、短棒狀、大小爲 1-3×0.4-0.7 μm，具或不具鞭毛，鞭毛的著生方式及數目等爲分類的依據，可用一般顯微鏡在高倍率下觀察；革蘭氏染色反應除 *Corynebacterium* 爲陽性外，其他皆爲陰性。植物病原細菌無法直接自植物表層細胞侵入植物體內，必須藉由傷口（如風雨、人、昆蟲或線蟲等因素造成）或植物的自然開口（如氣孔、水孔、皮目、葉痕或蜜管等開口）進入，傳播方式主要藉由雨水飛濺、灌溉水、種子、各種繁殖體、昆蟲、農具、人，或其他動物等因子。

植物病原細菌可分泌果膠分解酵素或纖維分解酵素，分解或破壞植物組織，亦可形成細胞外多醣體或產生毒質影響植物體內水分或養分之輸導系統，或者干擾植物生長激素之平衡，而使植物細胞異常分裂或生長等。細菌引起的病徵常見的爲葉斑、葉枯、枝枯、軟腐、萎凋、潰瘍或腫瘤等。常用於細菌病害的簡易診斷方法爲將被害莖部橫切，觀察維管束或莖部組織是否變褐色，再以手擠壓，往往可見乳白色黏性的菌液溢出，或是將被害莖已出現病徵的組織切下後，放入盛有清水的透明玻璃杯中，經數分鐘後，若可見大量病原細菌菌泥由切口處流失到水中而呈乳白色煙霧狀，即可初步判斷爲細菌引起的病害。葉片或果實病斑亦可切片用顯微鏡觀察到菌泥由病斑處流出。

（一）青枯病（bacterial wilt）

青枯病病原菌爲 *Ralstonia solanacearum* (Smith) Yabuuchi et al.，寄主範圍頗爲廣泛，可感染 200 多種植物，臺灣常見的寄主是茄科植物。本病爲危害維管束病害，受害植株因菌體阻塞維管束而阻礙水分運輸，發病初期由下位葉逐漸萎凋，之後快速萎凋而漸枯死，因植株仍呈青綠色，故稱爲「青枯病」。

青枯病病原菌是由土壤傳播的病原菌，因此，罹病組織殘存於土壤是最主要的感染來源，同時隨灌溉水快速擴散。淹水及酸性土壤均不適宜青枯病病原細菌生存。存活在土壤中的病原菌由根部的傷口侵入植株內，蔓延於維管束組織內使植株萎凋，再經由罹病株根部釋放大量病原菌到土壤中感染鄰近健康植株根部。病原菌除隨罹病植株傳播外，附著土壤之鞋子及農具亦可傳播病原菌。土壤中之根瘤線蟲所造成的傷口常促進病原菌感染而增加病害發生（楊秀珠、余思葳、黃裕銘，2012）。

③ 茄子青枯病
④ 番茄青枯病維管束中菌泥

（二）軟腐病（soft rot）

軟腐病病原菌為 *Pectobacterium carotovorum* subsp. *carotovorum*（原 *Erwinia carotovora* subsp. *carotovora*），為土壤傳播性細菌，可依附於寄主植物或殘體中而在土壤中存活極長時間。發生初期在受傷組織上形成水浸狀小病斑，且快速擴大並深入組織，感染部位逐漸軟化，罹病組織表面變褐色且會凹陷或皺縮。病斑邊緣初期有明顯界限，隨著病勢進展界限逐漸模糊不清。受害部位的組織於短時間內軟腐，主要乃因病原細菌分泌酵素將罹病組織的細胞分解所造成，受害組織大部分皆無臭味，若其他腐生細菌二次感染時，即會產生惡臭。潮溼的環境下，可加速罹病組織腐敗，最後整株植株褐腐、萎凋而死亡。

葉片被害時，初期出現水浸狀不規則形病斑，並向四周擴大，導致葉片呈黑色腐爛。溫度與溼度為影響軟腐病害發生的主要環境因子，一般而言，高溫多溼季節（25-32℃左右），尤其是颱風過境，蔬菜植物組織上往往受風害而有傷口，此時病原菌最容易由傷口侵入，加以颱風夾帶的大量雨水，更助長病害發生，故病害蔓延快速。此外，植物組織表面若有凝聚水或雨水所形成的水膜，極有利於軟腐細菌在其內繁殖，因此植物組織在缺氧環境下較在有氧氣環境下易感病。

軟腐細菌可藉不同傳播方式感染寄主植物，包括種子、種薯、種球、昆蟲、土壤、灌溉水、農具甚至空氣中懸浮粒等均可傳播本病；此外，軟腐細菌常可於寄主和非寄主作物以及田間雜草根圈土壤中存活，成爲下一期作的重要感染源，致使軟腐病害之防範更爲不易。

⑤ 山東白菜軟腐病
⑥ 彩色甜椒軟腐病

（三）斑點病（bacterial spot）

由 *Xanthomonas axonopodis* pv. *vesicatoria* (Doidge) Dye 引起之斑點病可危害葉片、葉柄、莖、花序及果實。首先在葉片上引起水浸狀小斑點，隨後逐漸擴大爲直徑 2-3 公釐之不規則形病斑，顏色由黃綠轉爲深褐色，最後變爲壞疽，中央呈灰褐色，之後穿孔。莖部受害時呈灰到黑色，圓形到長窄形病斑。果實受害時亦出現水浸狀斑點，初期周圍往往具有白色暈環，病斑擴大後，暈環消失，病斑轉爲黑褐色，呈瘡痂狀，中央凹陷，且邊緣稍有隆起。

在不適合發生條件下，葉片、芽體及根部受感染而不表現病徵，當環境適合時開始出現病徵。連續風雨的天氣，藉雨水飛濺，能迅速傳播而造成嚴重危害。病原菌殘存於種子表面及內部、土壤中未清除的罹病組織、作物及雜草根部，作爲下一季之感染源。當葉面潮溼時進行農業操作，可藉由工具、衣物傳播，亦爲一重要傳播管道。

⑦ 茄科細菌性斑點病
⑧ 甜椒幼苗細菌性斑點病

（四）侷限維管束細菌（vascular-colonizing bacteria）

病原細菌只存在於維管束，往往造成系統性病害，在臺灣發生較爲普遍的梨葉緣焦枯病及葡萄皮爾氏病，爲侷限導管細菌（xylem-limited bacteria）。

1. 柑桔黃龍病（citrus huanglongbing, HLB）

柑橘黃龍病由無法培養的韌皮部侷限細菌（phloem-limited fastidious bacteria，暫定學名爲 *Libaerobacter asiaticus*）所引起，主要經由帶病種苗傳播，生長期可經柑橘木蝨媒介傳播。

黃龍病爲系統性病害，病徵雖因柑橘品種略有差異，葉片及根部亦可偵測到病原菌，一般以十年生以上之植株較易罹病，初期病徵多出現於新梢，罹病植株上僅1-2 枝條之葉片之葉脈出現黃化現象，黃化的葉片極易落葉，造成梢枯，再長出之葉片變小、硬化而黃萎，以後黃化現象逐漸擴散至全株，樹勢衰弱後開花異常，鬚根腐爛；翌年病株開花異常，病勢加重，全葉黃化，葉片捲曲並硬化，葉脈突起，偶而破裂呈木栓化，梢枯，並造成落葉，新葉出現微量元素缺乏症狀。病株往往提早開花，果實小而畸型，果頂綠化、種子發育不良且有褐變現象，全株生育衰弱且無光澤，終至生長停止，根系亦出現腐敗現象，約 2-4 年後植株死亡。

⑨ 柑桔黃龍病病死株
⑩ 黃龍病罹病葉片革質、葉脈突出

三、真菌病害（fungal disease）

眞菌種類繁多具眞核，單細胞至多細胞，呈絲狀，並發展成爲複雜的無性及有性世代，分布廣，所引起植物病害的種類，較其他病原菌總和還多，其分類由有性世代之有無及其特性分爲四大類：

1. 藻菌類（Phycomycetes）：菌體爲原生質團或具無節菌絲，無性世代具游走孢子，有性世代爲卵孢子或接合孢子。
2. 子囊菌類（Ascomycetes）：菌體爲單細胞或菌絲，菌絲有節，無性世代具各式分生孢子但皆不具鞭毛，有性世代孢子產生於子囊內，子囊裸生或生在有孔口或無孔口的子囊殼內。
3. 擔子菌類（Basidiomycetes）：菌體由菌絲構成，菌絲多數有環釦（clamp connection），擔孢子（Basidiospore）產生在擔子梗上面。
4. 不完全菌類（半知菌類，Deuteromycetes, Fungi Imperfecti）：菌體由菌絲構成，未發現有性世代，或雖有發現，但無性世代之繁殖構造特徵明顯（楊秀珠，2004）。

眞菌病害發生時，罹病部位除出現病徵外，亦會出現菌體，菌體呈現不同形態及顏色，例如疫病可感染新梢、葉片、花器、莖基部及根部，土壤傳播病害可感染莖基部及根部，嚴重時造成植株萎凋、死亡，病原菌可藉土壤及灌溉水等傳播；地上部病害主要感染植株之莖、葉、花及果實，產生不同形態、不同顏色的病斑，嚴重時造成落葉、落花及落果等病徵，病原菌可藉風、雨水、霧水、昆蟲及人員與機具等傳播。

（一）疫病（phytophthora blight）

疫病病原菌爲藻菌類 *Phytophthora* 屬引起，新梢、葉部、花器染病時，初期出現水浸狀之灰綠色或灰褐色病斑，花瓣上則爲褪色斑點，病斑迅速輻射狀擴展，並轉爲灰褐色，中心往往因腐敗而破裂，患部與健部相連之組織沒有明顯界線，罹病組織不會被水解，亦無惡臭。若溼度過高，病斑會繼續擴展，病斑上會長出白色透明之黴狀物，鏡檢時可見疫病菌之菌絲與游走孢子囊。

莖基部或主根受害時，莖基部稍微縊縮，罹病組織呈淡褐色，腐敗但未被水解，組織偶而乾裂崩潰，有特殊之霉腥味道。根部受害時可引起根腐病，受害輕微時，地上部不會出現明顯病徵，嚴重時地上部顯現黃化、萎凋、生長衰弱，甚至有死亡之情形。果實任一生長時期均可罹病，被害時初期產生水浸狀病斑，以後病斑逐漸擴大，罹病組織軟化，病健組織無明顯界線，嚴重時果實呈水浸狀腐爛，遇溼度高時，果實外表布滿白色菌絲，並易落果。

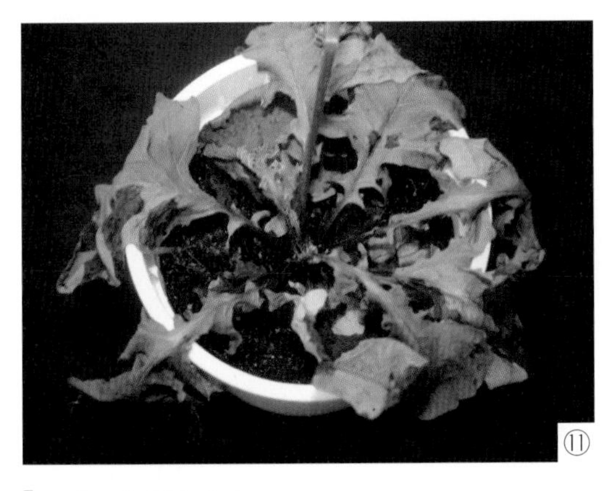

⑪ 非洲菊疫病
⑫ 甜椒果實疫病

（二）露菌病（downy mildew）

露菌病病原菌爲藻菌類、卵菌綱、露菌目、露菌科之絕對寄生菌。病原菌多由葉片下表面的氣孔侵入、感染，初期在葉片產生白色至淡黃色不規則形的褪色斑點，並轉爲黃色，以後病斑逐漸擴大呈褐色病斑，病斑擴展因受葉脈限制而形成角斑，爲露菌病極爲典型之病徵。溼度高時於葉片下表面出現白色黴狀物，爲病原菌的菌絲及游走孢子囊。嚴重時多數病斑互相癒合而形成大病斑，病斑部因組織受損、養分吸收受阻而乾枯，甚至組織變薄如紙，罹病組織下表皮亦出現壞疽現象。雖嚴重罹病，但甚少發生落葉現象。

幼苗期罹病時，多由下位葉開始出現病徵，由於組織較爲幼嫩，往往造成葉片黃化甚至掉落。莖、花梗及果莢被害時，則產生膨脹的病斑。苗期及生育後期因植株枝葉較密，通風不良，溼度高最易發病，尤其溼度高、霧氣重、露水重及綿綿細雨季節爲露菌病發生的最佳時機。病原菌以卵孢子形態殘存於殘體上，作爲下一期作的初次感染源，至於罹病後產生的大量游走孢子囊及游走孢子，則爲第二次感染源，可藉由風、雨水等傳播（楊秀珠，2011）。

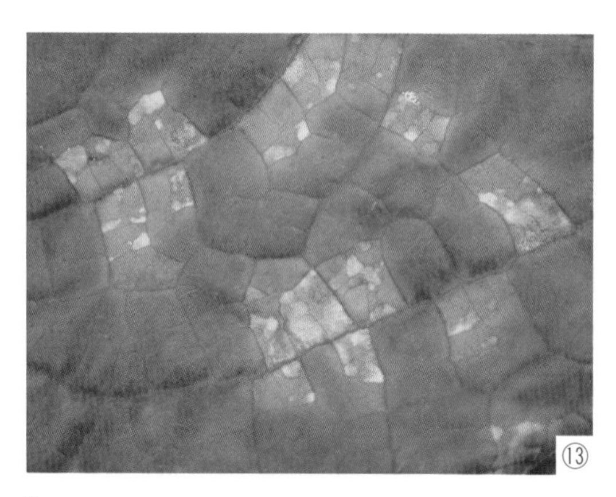

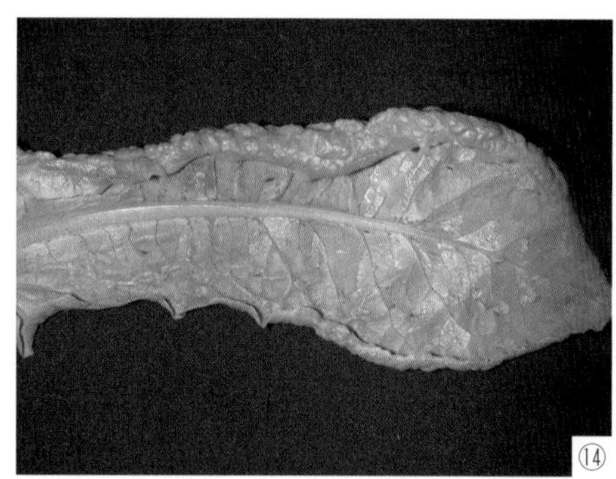

⑬ 胡瓜疫病病斑呈角斑
⑭ 萵苣露菌病葉背菌體

（三）白粉病（powdery mildew）

病原菌可感染葉片、葉柄、枝條、果實及花等部位，初期產生灰白粉狀斑點，以後病斑逐漸擴大，病健部分無明顯界限，後期多數病斑互相連結而成不規則形大塊斑，若病斑布滿全葉，影響光合作用甚鉅，終使葉片枯死。病斑上之白色粉末狀物爲病原菌的菌絲與分生孢子，藉風傳播。於春、秋兩季日間近午時間溼度低、夜間溼度高時發生嚴重，因此，設施栽培時往往發生嚴重，部分地區甚至週年發生。光線不足的環境亦利於白粉病發生。發病適溫爲 21-25℃，在相對溼度高之環境下，分生孢子於 2 小時之內即可發芽，4 天後即再產孢。

⑮ 玫瑰白粉病
⑯ 草莓白粉病

（四）煤病（sooty mold）

煤病病原菌爲多犯性，可感染多種作物，危害部位包括葉片、枝條、樹幹及果實。有性世代屬子囊菌，而無性世代產生分生孢子，爲病害之主要感染源。煤病病原菌以昆蟲分泌之蜜露爲營養來源，受昆蟲（介殼蟲、蚜蟲、葉蟬或其他分泌蜜露的小昆蟲等）危害的園區較易發生，因此在臺灣雖全年均會發生，但以乾旱季節較易發生，疏於管理、通風不良園區往往發生嚴重。分生孢子分布於空氣中，遇植物組織表面之昆蟲分泌物後發芽並生長成菌絲，之後菌絲形成黑色、紙質、疏鬆易碎、易剝離脫落之塊斑，覆蓋在植物組織表皮上，菌絲不會侵入植物組織，但植物組織因無法接受充分的日光照射而光合作用受阻，導致植株生長不佳，樹勢衰弱。果實受害時，果皮上出現黑色塊狀汙斑或條狀之淚斑，沿果梗向下擴展，嚴重時影響果實之商品價值。昆蟲亦可攜帶煤病菌之分生孢子而散播至其他健康組織。

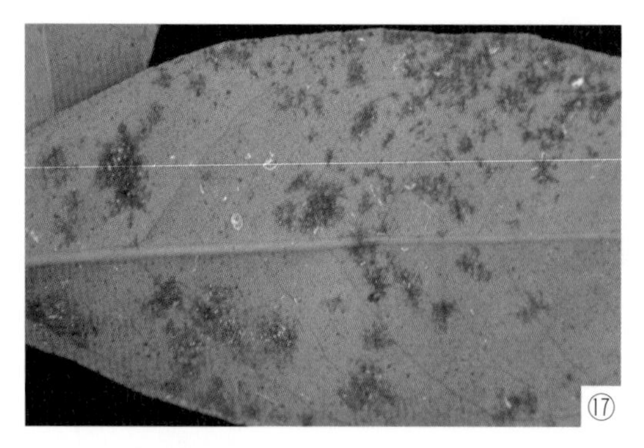

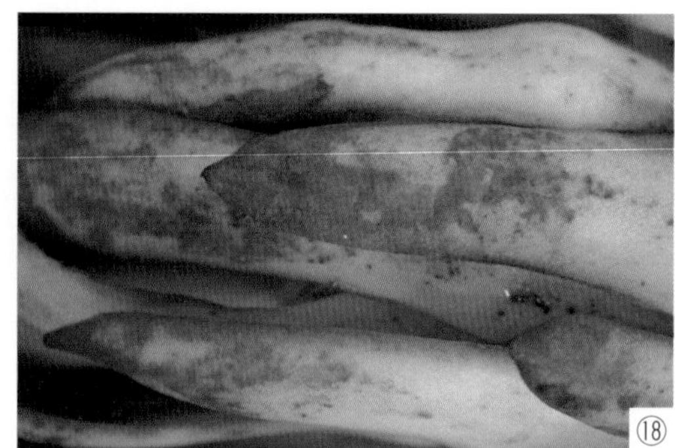

⑰ 柑桔煤病
⑱ 火龍果煤病

（五）菌核病（sclerotinia rot）

菌核病病原菌為子囊菌綱、盤菌類、柔膜菌目、菌核菌科眞菌。本病主要發生於冬春低溫（15.5-21℃）多溼季節，連續下雨溼度高時，或霧氣重時最容易發生。危害葉片及莖部時，最初在葉片或莖上產生水浸狀軟化之小病斑，以後病斑向四周蔓延，罹病組織同時出現褐化、軟腐現象，導致葉片萎凋、脫落，後期病斑轉為黑色，罹病組織常覆蓋白色菌絲，溼度高時可見灰色黴狀物出現於罹病組織，為病原菌無性世代之分生孢子；後期罹病組織上產生白色菌核，並轉為褐色或黑色，散布於病株周圍之土壤，為重要的感染源。嚴重時整株腐爛而死。果實被感染時，病勢進展與葉片相同，後期受害果實呈黑色乾枯狀。病原菌以菌絲或菌核存活。菌核於適當時期可產生子囊盤並放射出子囊孢子，亦可直接長出菌絲，成為第一次感染源，環境條件適合時，感染至出現病徵約需 4 天。莖部被害後期可見莖部萎凋、中空，其內布滿黑色菌核。在田間很少發生株間傳播，幾可視為單循環病害。

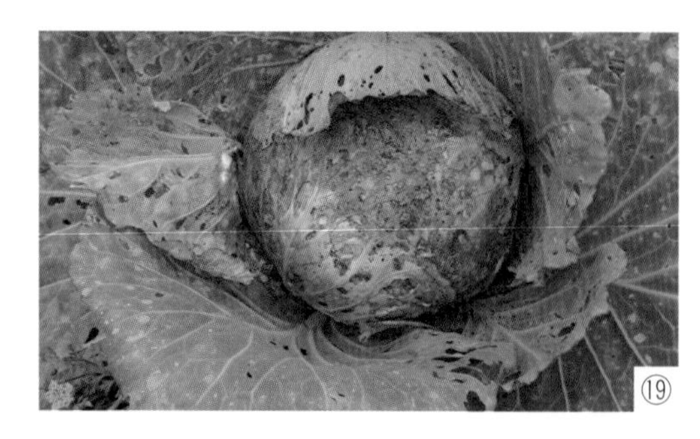

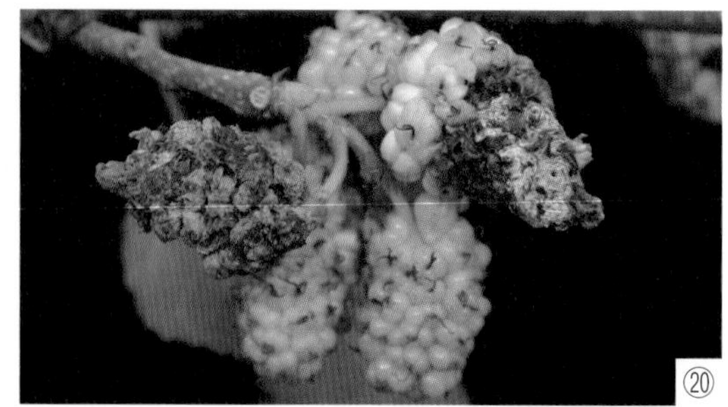

⑲ 甘藍菌核病
⑳ 桑椹菌核病

（六）炭疽病（anthracnose）

炭疽病於臺灣可週年發生，但以高溫、高溼季節發生較爲嚴重，屬潛伏感染病害，病原菌於萌芽期、開花結幼果期感染，至成熟期始表現病徵。

幼果被害時，在果實上產生圓形、褐色略爲凹陷之病斑，嚴重時造成落果。若發生潛伏感染時，幼果期未出現明顯病徵，至果實成熟期開始出現病徵，初期果實表面出現圓形針尖狀小斑點，以後逐漸擴大，病斑處向下凹陷，其上著生黑色顆粒，爲病原菌之分生孢子盤，因受光照影響而成輪紋狀，多數病斑可互相癒合而成不規則形，嚴重時果實表面布滿病斑甚至腐爛，遇高溼度時，病斑處產生桔紅色黏狀之分生孢子堆。

葉片受害時，初期葉片上產生圓形褪色小斑點，以後病斑逐漸擴大，病斑顏色亦逐漸加深，後期病斑呈褐色，病斑上可見黑褐色至黑色小顆粒，爲病原菌之分生孢子盤，遇高溼度時可溢出粉紅色至桔紅色黏狀物，爲病原菌之分生孢子；多數病斑可互相癒合而成不規則形之大病斑，嚴重時造成葉片乾枯（楊秀珠，1999）。

本病以分生孢子爲主要感染源，可藉風、雨水等傳播，並可在受害枝條、葉片、落果等存活，成爲下一期作之初次感染源。植株生育初期由於組織健康而抗性強，幾乎不見本病之發生，但植株較大、通風不良或栽培管理失當時較易發現本病之發生，此時病原菌可由葉緣之自然開口或傷口侵入，呈褐色斑點，並向內擴大，造成病斑附近組織變黃，嚴重時易使葉片脫落。

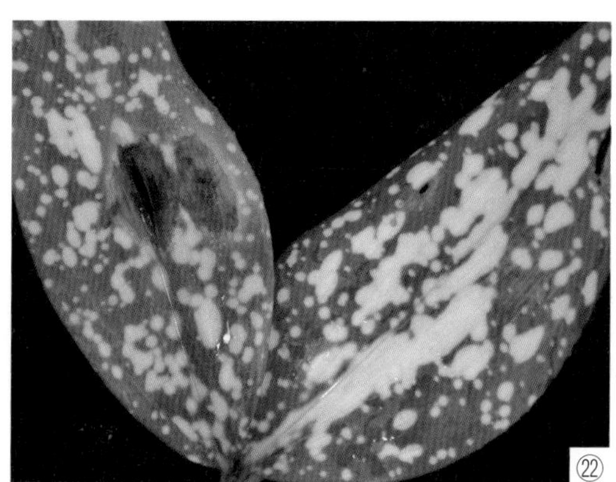

㉑ 檬果炭疽病
㉒ 星點木炭疽病

（七）灰黴病（botrytis blight）

灰黴病在低溫高溼季節發生相當普遍，花苞罹病時產生褪色斑，以後逐漸擴大，使花色不均勻，花朵不對稱。嚴重時花朵提前萎凋，溼度高時易形成花腐，其上布滿灰色粉末，為病原菌之分生孢子，乃重要之感染源。

病原菌可感染葉片及幼嫩果實或豆莢，產生和花苞受害時相同病徵。病原菌同時可感染莖部，初期在莖上幼嫩組織或草木植物近地際部分產生水浸狀褪色斑點，病斑逐漸向四周及向上蔓延，病斑顏色亦漸加深呈褐色，病健部分組織無明顯界線，嚴重時罹病組織呈褐色腐爛，植株亦因水分運輸受阻而呈萎凋狀，溼度高時莖上之病斑部布滿灰色粉末，為病原菌之分生孢子，分生孢子可藉風、水及人為操作傳播，故一旦罹病後病勢迅速擴展（楊秀珠，1999）。

㉓ 草莓灰黴病
㉔ 玫瑰灰黴病

（八）立枯病（damping off）

立枯病主要由立枯絲核菌所引起，發生於幼苗期時又稱猝倒病，在高溫高溼的環境下成株亦會被害。苗床期之種子受感染而腐爛無法發芽，或是芽點受害而枯死；初生幼苗受感染後，近地際莖基部產生褐色、水浸狀病斑，之後因水分吸收受阻而萎凋、倒伏終致死亡。苗床後期感染，在土壤表面或表土層中的莖部組織變黑褐色，脫水萎縮、變細，全株生育不良，地際部分受害組織明顯可見皺縮現象，最後組織受害瓦解僅留表皮組織，嚴重時縱裂呈絲狀。

病原菌可以菌絲或菌核存活於土壤中，種子播種或幼苗種植後，鄰近土壤中菌絲或菌核發芽，以菌絲狀態侵入植株根部、葉部或植株的任何組織而造成感染，表土溼度越大，感染及傳播速度越快。畦面排水不良或驟雨炎熱之氣候，高溫高溼有助於病害擴展及蔓延。病原菌可以形成褐色菌核，耐乾旱，可長期存活於土壤中，並可隨灌溉水傳播。

㉕ 洋桔梗立枯病
㉖ 甘藍立枯病

（九）萎凋病（fusarial wilt）

本病因被害植株黃化、萎凋而得名，多發生於高溫高溼季節，尤以夏季颱風過後最爲嚴重，若因豪雨、排水不良而造成土壤長時間浸水時，往往全園罹病而枯死，低溫季節則較少發生，爲臺灣發生極爲普遍且影響農業之重要病害之一。

發生初期葉片褪色如缺水狀，以後葉片黃化並稍呈萎凋狀，但萎凋現象往往可於晚間復原，一段時間後萎凋不再復原，整株植株逐漸轉爲褐色，罹病植株近地際部分之組織表皮呈現黑褐色、壞死現象，剝視維管束組織有褐化現象，縱切植株莖部，可見維管束呈褐色並向上延伸，若僅部分維管束受害，則可見半側萎凋或植株兩側生長不對稱現象；嚴重時根部腐爛，整株呈褐色枯死。

若罹病後環境不適合發病，病勢進展受阻而不表現典型病斑，此時植株出現黃化及矮化現象，之後若遇適合病原菌繁殖之環境條件，則病勢持續擴展而出現典型

㉗ 菊花萎凋病初期病徵
㉘ 蝴蝶蘭萎凋病引起之黃葉

病徵。香蕉、蘭花常會造成葉片黃化後萎凋、落葉，一般又稱黃葉病。

（十）白絹病（southern blight）

白絹病多發生於高溫季節，植株自幼苗期至成熟期任一生長期皆可受害。酸性砂土或含氮較低的土壤較易發病。病原菌由近地際部分侵入植株，感染初期僅最下位葉萎凋及黃化，並逐漸向上位葉片擴展，並在植株地際部分表面出現白色絹狀菌絲呈輻射狀向四周擴展，受害葉片亦逐漸轉為黃褐色，之後菌絲叢上形成灰白色至黃褐色小菌核，大小約 1 公釐，最後全株萎凋、枯死，莖基部外圍組織可見褐化、腐爛；罹病植株之地下根系可見白色菌絲束纏繞，以莖基部為中心之土壤表面及植株上均可見白色絹狀菌絲束成放射狀擴展，蔓延至地面並產生黃褐色至褐色菌核。成熟之菌核可存活於土壤中極長時間，藉水、病土、罹病組織、工具或混在種子之菌核而傳播。

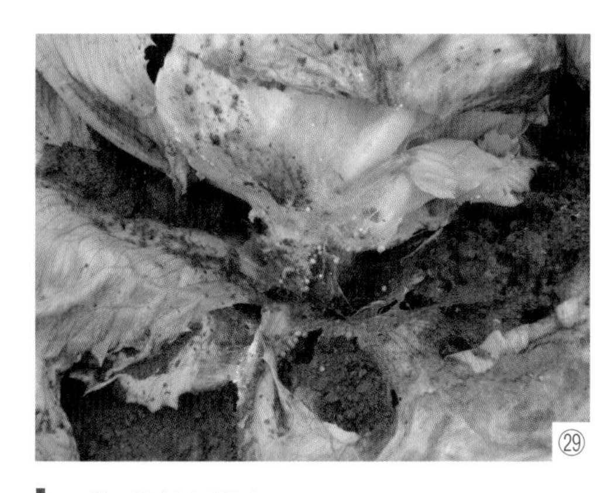

㉙ 萵苣白絹病
㉚ 胡蘿蔔白絹病

（十一）白紋羽病（white root rot）

白紋羽病寄主範圍極廣，可危害多種植物，主要危害根系。幼根受害時，可見白色或灰白色網狀菌絲纏繞其上，菌絲並向上蔓延，嚴重時侵害至主根。根部受害後表皮腐爛，木質部腐朽，菌絲可自表皮侵入皮層，致使根部死亡，若接觸空氣時，則白色菌絲轉爲褐色至黑色。當病原菌到達根冠時，白色菌絲塊可露出土面而在根之下表皮呈扇狀生長。嚴重時病原菌蔓延至莖基部，造成莖部呈褐色壞死。罹病初期，因受水分與養分輸送影響，樹勢衰弱，生長延緩，葉片變小，之後葉片黃化、落葉，終致整株乾枯而死。本病發生初期僅部分枝條開始出現葉片黃化現象，

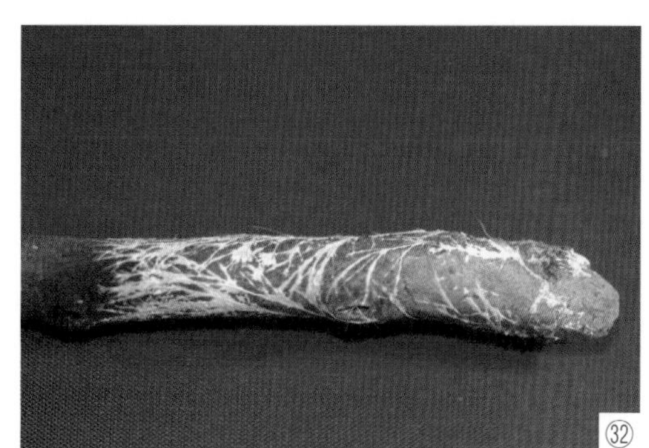

㉛ 釋迦白紋羽病
㉜ 白紋羽病病原菌菌絲呈放射狀

但病原菌可藉根系接觸而傳播至其他根系，導致全株罹病、死亡，亦可藉根系接觸傳播至鄰近植株。病原菌可以菌絲、菌索形態存活於病株、罹病植株殘體及土壤中，成爲重要之感染源，而罹病植株則爲遠距離傳播之重要管道。

（十二）銹病（rust）

初期葉片上表面出現黃色斑點，葉背呈現多數小突起，之後表皮破裂並出現黃色粉狀之夏孢子堆，嚴重時布滿全葉，有些植物會發生在葉片下表面。夏孢子堆大小依寄主或病原菌種類不同而稍有差異，約爲 0.1-0.2 公釐之間，後期黃色夏孢子堆轉爲紅褐色、褐色或黑褐色，並有痣狀物產生，爲病原菌之冬孢子堆。發病嚴重時提早落葉，木本植物會影響植株第二年的生育，草本植物則影響植株生長勢。夏孢子或冬孢子爲本病之主要感染源，藉風傳播。

㉝ 玉米銹病
㉞ 桃銹病

（十三）褐根病（brown root rot）

褐根病是由擔子菌門、刺革菌綱之 *Phellinus noxius* (Corner) Cunningham 所引起的根部病害，主要感染樹木的根部，可侵染、破壞韌皮部及維管束等水分、養分輸導組織，造成褐變、壞死，植株因而喪失水分、養分之傳輸或吸收功能，導致全株黃化、萎凋，終致死亡。此外，褐根病病原菌亦爲木材腐朽菌，菌絲可分泌纖維及木質素分解酵素，分解木質素、纖維素，使材質白化、腐朽。

發病初期葉片變黃、變小，變得稀疏及有落葉等異常現象，黃化與綠色葉片同時存在於植株，罹病植株之生長勢逐漸衰弱。發生中期，局部或全株的葉片生長衰弱、黃化和萎凋，末端枝條枯死，植株輕微落葉，根部及莖基部有黃色至黑褐色菌絲面。莖部表皮剝開，組織表皮呈不規則黃褐色網紋；根部組織腐枯、崩解，根部的菌絲面常與泥沙結合而不明顯。

褐根病發生後期，由於菌絲不斷生長、蔓延，感染部位亦隨之逐漸擴大，絕大部分的罹病植株嚴重落葉，全株乾枯無葉，僅剩枯枝，莖基部有黑褐色菌絲面，剝開莖部表皮，組織表皮呈不規則黃褐色網紋菌絲。由於根部腐敗無法輸送水分，嚴重時全株萎凋、枯死，最後植株根部及地際部分因已白化、腐朽，失去木質部的堅強支撐力，極易於強風吹襲及豪雨後倒伏，引發公共危險之風險極高。

㉟ 褐根病罹病後擴散至鄰近綠籬
㊱ 褐根病罹病老樹莖基部出現菌絲面

四、線蟲病害（nematode disease）

引起植物病害的病原線蟲爲較小的圓形動物，體長約爲 1-5 公釐，兩側對稱、不具分節，胴體無色或半透明，典型的形態爲蠕蟲形，少數種類爲雌雄異型；部分營固著性寄生線蟲之雌蟲呈梨形、檸檬形、腎臟型等。口腔中之口針呈中空狀，是植物寄生性線蟲藉以穿刺植物細胞的利器，同時也用於進食。線蟲可行內寄生及外寄生，危害地上部的線蟲有葉芽線蟲，危害地下部線蟲則有根瘤線蟲及根腐線蟲。

根系受害後，受害部位往往呈現瘤腫或腐爛狀，導致受害植株之根系減少、腐爛斷裂而造成殘根外，同時亦會造成根系腫大、增生及捲曲等異常生長。除根瘤線蟲已危害多種作物而造成嚴重損失，松材線蟲則成爲森林極爲重要且難以防除之病害。

（一）根瘤線蟲（nematode root knot, *Meloidogyne* spp.）

根瘤線蟲危害根系時，可於根系上形成大小不一的腫瘤，往往呈現念珠狀，若根尖受害則可能不出現腫瘤。根瘤於根瘤線蟲產卵後開始腐敗，導致根系殘敗或停滯生長等現象。

地上部病徵表現受土壤中線蟲的密度與發生時間的長短影響；受害植株常因水分、養分及微量元素吸收不足，而出現葉片萎凋、黃化、缺乏微量元素、植株矮化等現象。根系較少的作物受害後往往因固著力不夠而容易倒伏。若與其他土壤傳播性病害複合感染時，植株會在苗期或發育期快速死亡。根瘤線蟲危害植物地上部情形並不多見，若危害莖葉時，受害葉片出現壞疽狀突起，並於此處產卵，導致葉片黃化及落葉。毯蘭類寄主受害時，除根系嚴重結瘤外，並於根部鄰近的莖上形成腫瘤。

㊲ 根瘤線蟲危害茄子根系
㊳ 受害根系上之根瘤線蟲蟲體

（二）松材線蟲（pine wood nematode, *Bursaphelenchus xylophilus*）

於 1984 年造成臺灣北部地區低海拔山區黑松和琉球松的大量死亡，至 2003 年已蔓延至臺灣中部，並擴及原生種臺灣二葉松，造成以松樹爲主的森林生態系之平衡受到嚴重破壞，林下植物因失去松樹樹冠的保護而死亡。松材線蟲以松斑天牛為媒介昆蟲，被感染的松樹，一般潛伏期為 2-6 週，期間罹病松樹的外表和健康松樹並無兩樣，但內部松脂的分泌逐漸減少，終至停止分泌；同時松樹的呼吸率增加，蒸散作用及水分輸導受阻，致使針葉因失水而出現外表病徵。受感染的松樹迅速枯死，赤褐色的松針依然掛在枝條上，為本病最大的特徵。

㊴ 雪松松材線蟲
㊵ 五葉松藉松斑天牛傳播松材線蟲

五、顯花植物（phanerogarus）

顯花植物本身具維管束，能開花結種子，具葉綠素，寄生在其他顯花植物上，可明顯區分其根、莖，並藉由吸器侵入寄主植物吸取養分，其中旋狀花科（Convolvulaceae）之菟絲子 *Cuscuta* 為攀生黃色植物，屬外國種，在臺灣普遍可見。

㊶ 菟絲子寄生於蟛蜞菊

六、藻類寄生（藻斑病，algal leaf spot）

藻類在臺灣相當普偏，因具有葉綠素或其他色素，可行光合作用製造養分，可寄生於寄主植物或形成共生關係，已知寄生在植物而明顯危害者有 *Cephaleuros* 屬之數種，臺灣已報告者有 *C. virescens*。寄主範圍極爲廣泛，如蓮霧、檬果、茶之藻斑病等，在高溫、高溼條件下於葉片上形成直徑 5 公釐左右之突起圓斑，斑點顏色隨藻類種類及寄主等而有不同。

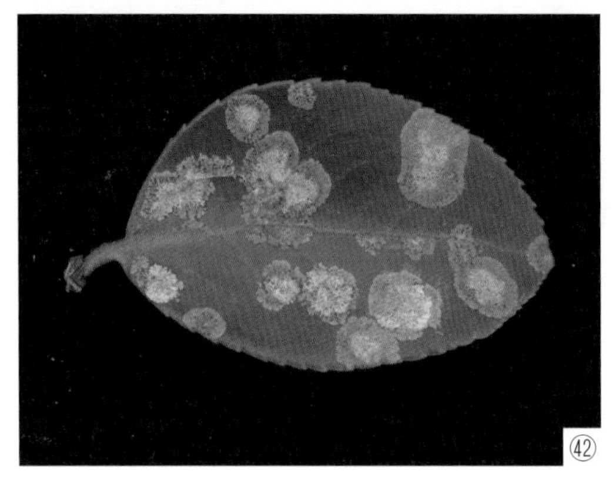

㊷ 茶藻類寄生之藻斑病
㊸ 柑桔藻類寄生之藻斑病

CHAPTER 5

重要雜草種類與影響

一、雜草定義

凡是無利用價値、妨礙主要作物（或次作物）生育的植物，亦即生長在不該生長的地方的植物，或是在特定時空中，凡是危害農作物生產、環境品質、景觀等對人類有害的植物，均可稱爲雜草。

二、雜草的特點

雜草造成作物栽培過程中之困擾，亦爲農友欲除之而後快之植物。雜草的特點：(1) 繁殖及蔓延快速；(2) 具有生育強勁的營養繁殖莖；(3) 多重繁殖方式；(4) 可產生大量種子；(5) 種子經長期休眠仍具發芽力；(6) 適應環境範圍極爲廣泛；(7) 利用競爭優勢以各種方式四處散布；(8) 可藉灌溉水、栽培介質、動物攜帶及風等快速擴散至其他地區；(9) 整地時，藉農機具切割而蔓延至全區，甚至行遠距離傳播。

三、雜草對農業生產與環境的影響

雜草雖對農業生產具負面影響，但對人類及生態環境確有益處。

（一）雜草對農業生產之負面影響

1. 與作物競爭所需的水分、養分與光照，導致產量降低

一般雜草於生長旺盛時期，常導致作物對水分、養分的利用率降低，因雜草生長導致光照不足而影響作物生長，生產成本隨之提高，特別是幼齡期果樹或春季開花期至果實肥大期的競爭最顯著，乾旱地區或旱季尤其嚴重。

2. 植物相剋作用

植物在代謝過程中釋放有毒物質以抑制本身或其鄰近植物之種子發芽、根系生長、植株發育、開花及結果，此種現象稱之爲植物相剋作用（allelopathy），世界性危害嚴重之雜草如 quackgrass（*Agropyron repens, Elymus repens*）、香附子和強生草等，已證實具有顯著之相剋潛勢，紫花霍香薊、野莧等雜草含有影響作物萌芽及胚軸生長之成分。而常用之覆蓋植物如山珠兒豆、營多藤亦已證實具有分泌有毒物質而可能危害其他植物生長。

3. 雜草成為害蟲之潛伏場所及病原菌、害蟲的中間寄主

雜草可作爲病原菌或昆蟲之寄主，提供繁殖庇護場所，促進病蟲害的散布，或經由微氣侯的改變，使作物易於遭受危害。

4. 園區內雜草生長過旺，易藏匿蛇鼠等有害動物

園區因雜草生長過旺而藏匿蛇鼠等有害動物，除會造成作物根部之傷害外，亦會影響作物生長、產量與品質，同時會造成園區施肥、修剪和採收等操作之不便，亦可能危及操作人員的安全，甚至影響園區的美觀，而阻礙觀光果園之發展。

5. 降低農產品品質

穀類混有雜草種子，會顯著降低作物品質；因養分供應減少而影響品質，甚至乳牛因食用牧地雜草野蒜（wild garlic），乳品即產生不良氣味，降低牛奶品質。

6. 增加農業生產成本

田區雜草叢生時會造成農業生產成本增加的原因如下：(1) 因防治雜草費用提高，增加生產成本；(2) 增加肥料消耗：雜草與作物競爭土壤養分，使作物養分不足；(3) 管理時，需花費大量管理費用與勞力；(4) 阻塞灌溉排水溝增加灌溉費用：如布袋蓮於灌溉溝渠大量繁殖，造成渠道阻塞，因而增加大筆清除費用；(5) 妨礙農機操作及降低工作效率。

7. 降低土地利用價值

雜草叢生，除影響外觀外，土壤養分被消耗，土地利用前須費時、費工清除，土地利用價值亦隨之降低。

8. 傷害家禽與家畜

家禽、家畜取食雜草中有毒草種，可致病或死亡。如刺莧植株含皂素，牛隻食用過量可能發生臌脹症。

9. 影響排灌水

布袋蓮生長於溝渠內，影響水道通暢而排水不易；互花米草生長於海岸及澤沼區，亦會影響鄰近區域的快速排水。

10. 影響人類健康

美國豬草引起花粉熱，銀膠菊除引起過敏外，表面之微毛含有對肝臟有毒物質，均會直接或間接影響人類健康。

（二）雜草對人類及生態環境之益處

1. 涵養水源、增強地力、覆蓋地表與水土保持：雜草如百喜草、假儉草等覆蓋表土，可減少園區表土之雨水沖刷與侵蝕，同時可緩衝土壤之日夜溫差，兼具調節微氣候和水土保育之特殊功能。
2. 雜草的根系穿入土壤，能疏鬆表土，改善土壤結構。
3. 可作爲土壤有機肥來源：雜草根系老化、腐爛，可增加土壤有機質含量，透過根系可以使土壤養分循環利用，即「養草肥田」的觀念。除根系外，雜草植株於田間腐爛後亦可作爲土壤有機質的來源。又例如滿江紅（azolla）能固定空氣中游離氮素，若種植於水稻田中，可提高土壤肥力，增加稻穀產量。
4. 草食性動物的飼料來源：雜草可作爲牲畜飼料，適當條件下，田區可提供放牧。
5. 可當成野菜或開發成清香藥草：部分雜草具醫藥療效，如節節花、滿天星、咸豐草、丁香蓼、水丁香、通天草等，而水蓮菜、水芹菜等原爲雜草，目前經人工栽培後，已成爲受歡迎之葉菜，而一條根目前是金門重要藥材之一。
6. 作爲綠肥作物：豆科雜草根部根瘤菌可固定空氣中氮素，亦可作爲綠肥作物。
7. 作爲判斷土壤肥分及結構的指標。例如苔蘚植物生長於潮溼、酸性且營養物質含量低的土壤，芥菜生長於乾燥、磷含量高的沙質土壤，酢漿草生長於低鈣、高鎂土壤；而車前草出現時，則表示所生長的土壤爲壓實、肥力低、黏土重的酸性土壤。
8. 具綠化環境、降低氣溫，減少溫室效應之功能。

除此之外，雜草還有下列不容忽視的功能：分別爲提供綠色的視覺享受；開發成生物農藥如除蟲菊等；具有耐逆境與抗病蟲草的遺傳資源；增加土壤有機碳庫貯量；提供對農田生態系動態平衡有益昆蟲之棲息地；以及在耕作制度中雜草多樣化可明顯降低病源族群。

四、雜草分類

依據雜草生長環境、土壤水分之特性區分時，可分爲水田雜草及旱地雜草；依據生活史的差別可區分爲一年生、越冬二年生及多年生雜草；若依據雜草的萌芽及生長適溫的差異，可區分爲暖季草、冷季草及可全年生長的雜草。

（一）根據生活史的長短分類

可分爲三類：

1. 一年生雜草：在一年內完成整個生活史的雜草，此類雜草一般以種子爲主要繁殖器官。低海拔一年生雜草如馬唐草、牛筋草、紫花霍香薊、咸豐草、野莧及碎米莎草等，中海拔一年生雜草如鵝兒腸、早熟禾、大扁雀麥、臺北水苦蕒、小酸模等。依生長季節又可分爲兩類：(1) 夏季一年生：春天發芽生長，夏秋結實後死亡；(2) 冬季一年生：秋冬發芽生長，翌年春夏結實後死亡。
2. 越冬二年生雜草：整個生活史超過一年但少於兩年的雜草，大多以種子繁殖爲主。
3. 多年生雜草：生活史超過兩年的雜草，多數利用營養器官如塊根、塊莖、地下莖及走莖等繁殖，有些亦可利用種子繁殖。低海拔者如狗牙根、香附子、紫花酢漿草等，高海拔者如圓葉錦葵、金錢薄荷等；由於塊莖多生長於土壤中，耕犁或接觸型藥劑均無法達成全面根除之效果，屬防治不易之雜草，是以疏於管理的果園，多年生雜草往往有增多的趨勢。

此外，田間觀察發現，蔓性植物有日益增加趨勢，如細梗絡石、三角葉西番蓮、牽牛花、小花蔓澤蘭等易攀附於植株，影響果樹正常發育，且造成園區管理之困擾，由於此類植物莖節易生根或萌發新芽體，防治效果皆不盡理想，爲防治不易之雜草。

（二）依據形態分類

依據形態分類，雜草可分爲三種：

1. 禾本科雜草：爲禾草，葉脈平行，葉形細長，莖具有節，莖桿的橫切面爲圓形或扁圓形。
2. 闊葉雜草：一般多指雙子葉雜草，葉形寬闊、葉脈網狀具葉柄，根系有主根。
3. 莎草科雜草：爲莎草，葉脈平行，葉形細長，莖不具節，莖桿橫切面爲三角形，根系有主根且多具塊狀或鱗狀根。

五、臺灣農田主要雜草

臺灣農田與耕地雜草至少有500種以上，分屬於超過90科植物，常見與對農田影響較大者分別描述於下：

（一）雙子葉植物

雙子葉雜草分別包含多科植物：

1. 菊科：白花霍香薊、紫花霍香薊、鬼針草、咸豐草、鱧腸、昭和草、野茼蒿、加拿大蓬、小米菊、小花蔓澤蘭、兔兒草、粗毛小米菊、黃瓜菜、鼠麴草、鼠麴舅、黃鵪菜等。
2. 蓼科：火炭母草、早苗蓼、扛板歸、節花路蓼、酸模、大羊蹄、旱辣蓼等。
3. 莧科：節節花、長梗滿天星、滿天星、野莧、刺莧、鳥莧、土牛膝、青葙等。
4. 玄參科：母草、通泉草、鋸葉定經草、心葉母草等。
5. 十字花科：小葉碎米薺、小團扇薺（獨行菜）、山芥菜、細葉碎米薺、薺菜。
6. 酢漿草科：紫花酢漿草、黃花酢漿草。
7. 旋花科：牽牛花、馬蹄金。馬蹄金，目前已人工繁殖而成爲草生栽培之草種之一。
8. 茄科：苦藏、龍葵。

此外，小葉灰藋（藜科）、馬齒莧（馬齒莧科）、尖瓣花（桔梗科）、車前草（車前草科）、鴨舌草（雨久花科）、水丁香（柳葉菜科）、多花水莧菜（千屈菜科）、大飛揚草（大戟科）、平伏莖白花菜（山柑科）、菁芳草（石竹科）亦均爲雙子葉雜草。

（二）單子葉植物

1. 禾本科：看麥娘、狗牙根、芒稷（紅腳稗草）、稗草、牛筋草、龍瓜茅、馬唐草、白茅、畔茅、大黍、舖地黍、毛穎雀稗、雙穗雀稗、早熟禾、強生草、刺殼草、互花米草等。
2. 莎草科：球花蒿草、碎米莎草、香附子、木虱草、水蜈蚣、螢藺、雲林莞草等。

（三）蕨類植物

滿江紅、田字草、腎蕨、槐葉蘋、海金沙等。

六、臺灣農地常見雜草用途

用途	雜草名稱
景觀野花	旱辣蓼、紫花霍香薊、白花霍香薊、黃瓜菜、大花咸豐草、黃花酢漿草、紫花酢漿草、紅毛草、孟仁草、馬纓丹、長穗木、龍船花等
野菜	小葉灰藋、薺菜、小葉碎米薺、細葉碎米薺、龍葵、昭和草、鼠麴草、鼠麴舅、鴨舌草、馬齒莧、野莧、刺莧等
草坪	狗牙根、兩耳草、馬蹄金、山土豆、鐵線草、馬唐草、鯽魚草、鼠尾粟等
藥草	苦藏（感冒、喉痛、咳嗽）、鬼針草（清熱解毒、散瘀消腫）、兔兒草（消炎、解熱、鎮痛）、車前草（清熱利尿、祛痰止咳）等
牧草	狗尾草、狼尾草、巴拉草、秀狗尾草、象草、天竺草、五節芒、盤固拉草等禾本科雜草
綠肥	葛藤、田菁、山珠豆、野生大豆等豆科雜草
染料	鱧腸、蒲公英、龍船花等
指示植物	布袋蓮、車前草、酢漿草、苔蘚植物等

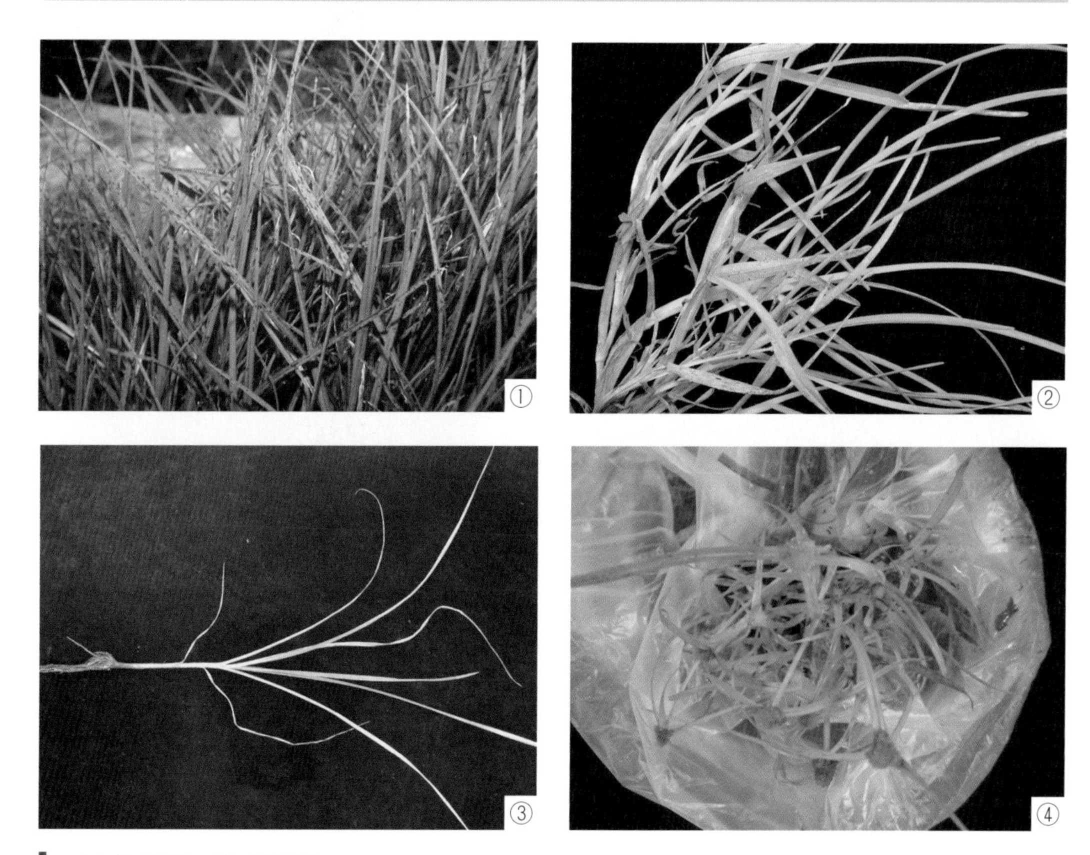

① 狗牙根 ② 早熟禾
③ 香附子 ④ 短葉水蜈蚣

⑤ 牛筋草（袁秋英提供）
⑥ 馬唐草（袁秋英提供）
⑦ 香蒲
⑧ 碎米莎草（袁秋英提供）
⑨ 大扁雀麥（袁秋英提供）
⑩ 野莧

⑪ 青莧
⑫ 馬齒莧
⑬ 紫花霍香薊（袁秋英提供）
⑭ 銀膠菊
⑮ 瓶爾小草
⑯ 咸豐草（袁秋英提供）

⑰ 紫花酢漿草（袁秋英提供）
⑱ 馬蹄金
⑲ 布袋蓮
⑳ 鵝兒腸（袁秋英提供）
㉑ 小酸模（袁秋英提供）
㉒ 臺北水苦藚（袁秋英提供）

㉓ 果園覆蓋禾本科雜草
㉔ 小花蔓澤蘭

筆記欄

CHAPTER 6

非感染性病害（生理症）之種類與發生

植物病害根據病源的種類可分爲感染性病害（infectious disease）與非感染性病害（non-infectious disease）兩大類。非感染性病害，是由人爲管理不當及環境因素不適而造成植物不正常生長；不適宜溫度如高溫或低溫、光照不良、颱風豪雨、久旱不雨、地震等，可影響植物生理系統的正常功能表現而出現一定程度的傷害，一般又稱生理症。除自然因素外，人爲管理不當包括肥培管理不當的肥傷或缺肥、水分管理失調、農藥使用不當造成之藥害、環境汙染如空氣、水質與土壤汙染等，其他如盲目開墾、過度獵取生物資源、工業汙染以及農業管理措施不當等，均可能造成植物不正常生長，尤其是現代農業中，過度使用化學物質而汙染耕地，並引起生物多樣性下降，更助長病害發生。生理症發生時均勻分布，大面積同時或特殊部位發生，不具感染性、不會擴散，通常可以藉由改變環境條件而預防，或於不利因素消失時可回復正常生長，但當植物出現生理症時，往往影響當季的農產品品質，產量可能會降低，甚至引發感染性病害。

當植物生長於適宜之環境時，植物與環境維持良好的互動關係，當環境改變時，植物往往可內部自行調適而維持正常生長，但若環境之改變爲持續性或劇變，則植物往往無法調適而引起生長及功能之不正常，並於短時間內迅速出現徵狀時，統稱爲傷害（injury）或稱急性病害（acute disease）；經由長時間之環境改變而造成之不正常，則稱爲慢性病害（chronic disease）。慢性病害之發生極爲複雜，可能由單一環境因子所引起，亦可能是由數種環境因子所引起，因此診斷相當困難。

一、急性病害或傷害

植物生長環境劇變或栽培管理上的失誤均可導致植物不正常，因發生突然，且立即造成傷害，一旦產生症狀後無法療癒，僅能藉此獲得經驗而防患未然，但一般不利因素消除後，可逐漸恢復正常，故稱爲傷害（injury），或急性病害（acute disease）。

（一）環境劇變引起的生理性傷害

氣候因素造成溫度、溼度劇變，天然災害如颱風、水患等造成瞬間傷害，藥劑使用不當、施肥不當以及水、空氣汙染或公害等均會造成植物的傷害。由於傷害於短時間內發生，且強度超過正常植株之忍受範圍，植株出現受害狀，輕微受害時，當不利環境消失，可逐漸恢復正常，但受害嚴重時，則無法恢復。

（二）農業生態環境引起之生理症

引起生理症的農業生態環境因素包括土壤、溫度、水分及光照等，土壤因素包括酸鹼（pH）值、水分、通氣性、堅實度等，溫度因素則須考量高溫、低溫，水分過多或過少的失調現象、光照不足或強光等。至於農業管理措施，如耕作制度、種植密度、施肥、田間管理等亦會影響植物的健康。當植物生長的環境長期超過植物可以忍受的範圍時，植株出現受害狀。

日燒爲近年來高溫時期常發生之生理症。日燒主要發生在強烈陽光照射而灼燒植株表皮細胞，症狀只出現在植物組織向陽面上。發生初期受害部褪色，稍微皺縮，偶而可見向下凹陷現象，呈灰白色或微黃色。之後受害部分組織失水、變薄、近革質，半透明，組織壞死發硬繃緊，易破裂，受害部分與健康部分往往無明顯界線。後期受害部易爲病原菌感染而發生感染性病害，或因腐生菌生長而腐爛。植物組織上有露水或水滴、快速生長期水量供應不足、連續陰雨天後突然出現烈陽，以及土壤黏重低窪積水狀況下易發生。此外，冬季的低溫與水分失調會造成植物傷害；而夏季午後雷陣雨亦會傷害植物。

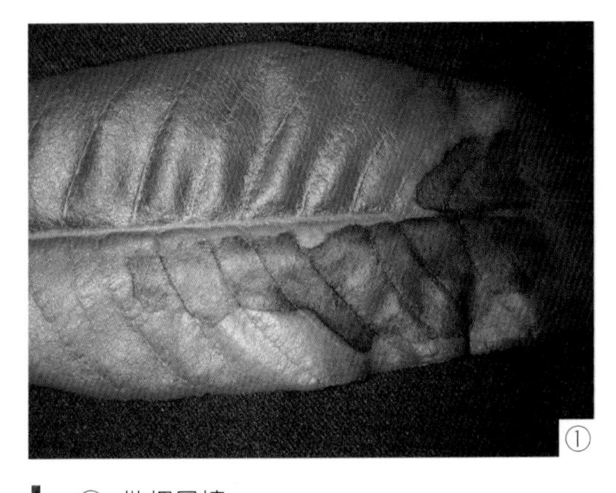

① 枇杷日燒
② 十字花科蔬菜日燒

③ 芋頭高溫日燒造成葉片破裂
④ 茶葉於強光照射下發生日燒現象
⑤ 彩色甜椒果實於向陽面發生日燒
⑥ 番石榴低溫寒害
⑦ 番茄於冬季長時間低溫時全株呈紫色

⑧ 番茄在低於可忍受之低溫環境下，葉片出現水浸狀斑點後，葉片萎凋
⑨ 枇杷果實霜害
⑩ 枇杷葉片霜害
⑪ 土壤水分供應失調甜柿葉片黃化
⑫ 芒果因水分急劇變化而裂果

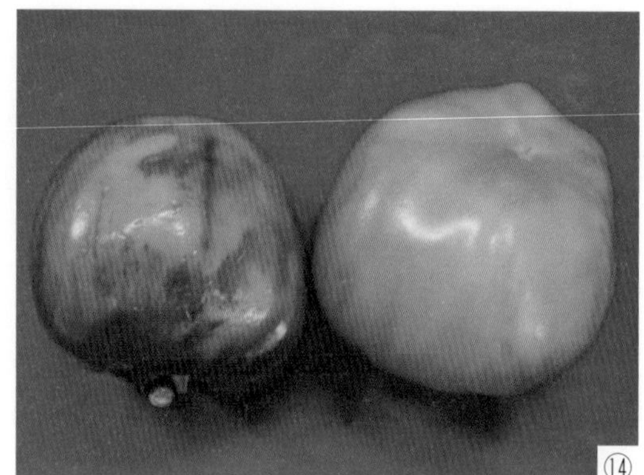

⑬ 荔枝肥傷
⑭ 番茄肥傷

（三）空氣汙染（air pollution）

受空氣汙染危害的田區會短時間、全面性出現受害狀況，一般多由葉尖或葉緣開始發生，並向內側葉肉組織擴散。二氧化硫危害時，植物組織褪色如被漂白一般；氟危害時，葉片邊緣或尖端出現深褐色並向內部進展，亦可由土中吸收而受害；泥粉、燃燒物灰渣、灰塵飄散於空氣中時，可在植物表面覆蓋顆粒狀沉澱物，進而影響葉片之光合作用。

⑮ 唐昌蒲空氣汙染
⑯ 甜椒葉片表面覆蓋懸浮顆粒

（四）藥害（phytotoxicity）

藥害的發生與藥劑種類、濃度、施用時間與施用技術有關，所產生之徵狀非常複雜，大致可分爲葉片上產生斑點、葉緣焦枯、黃化、萎凋及徒長或生長受抑制等不正常生長狀況；除草劑造成之藥害，多爲葉片畸型或植株生長不正常，接觸性除草劑會造成接觸部位畸型，而生長調節型殺草劑造成之症狀出現於全株，尤以新生長部分最明顯。至於殺菌劑、殺蟲劑或藥劑混合所引發之藥害，發生時間整齊，一般在噴藥後全面發生，或噴藥量較多處發生，嚴重者在施藥後數小時發生，若爲果實受害，一般有方向性。

⑰ 葡萄 2,4-D 藥害
⑱ 葡萄波爾多液藥害
⑲ 香蕉藥害
⑳ 芒果因生長調節劑使用不當之藥害

㉑ 柿子重複施藥引起藥害
㉒ 柿子施藥不當之藥害
㉓ 大蒜除草劑藥害
㉔ 大蒜施藥不當引起之藥害
㉕ 番茄亞磷酸藥害
㉖ 彩色甜椒除草劑藥害

（五）生理障礙（disorders）

植物的必要元素一旦缺乏，生長必受限制，甚至組織受破壞，因此病原菌容易入侵而罹病；或因生長組織內代謝作用受阻而產生低分子量的有機酸，或代謝物質流出體外引起昆蟲或地下害蟲的侵害及繁殖，進而引發病蟲害；反之，若植株生長健康，未發生生理症，病害及蟲害亦相對減少。在施用肥料時，若能同時考慮土壤性質、環境氣候因子及肥料成分，依實際需要的肥料種類及用量以最佳比率施用，促使植物產量及品質達最高點，且將病蟲害降至最低點，藉以降低成本及減少農藥施用的危險性，將可收取最高利潤，總之，養分達平衡時，植物最抗病。表 6-1 分別說明營養失調（包括缺乏與過多）所產生之症狀。

表 6-1　常見之植物生理障礙

症狀	
1. 營養缺乏	
1.1. 於植物體內不易移動之元素，症狀多由新葉開始出現	
1.1.1. 由嫩葉頂端變形並延伸至葉基部，以後生長點或頂芽壞死	
1.1.1.1. 頂芽新葉變成鉤狀，葉緣波浪狀、紅黃色，並由植株頂端及四周開始乾枯，最後莖頂端部分乾枯	缺鈣
1.1.1.2. 頂芽葉片由基部變淡綠色，葉片扭曲變脆，生長點枯死，新葉褪色，部分枝條節間縮短，表皮龜裂呈橫裂紋、維管束曲摺或橫斷裂，斷裂處呈十字開裂，授粉不良、花苞畸型、果實畸型	缺硼
1.1.2. 生長點仍維持生長，莖頂端部分不會枯死	
1.1.2.1. 幼苗葉片變黃或簇生、新葉黃白化，葉脈間黃化產生壞死斑後枯萎	缺鋅
1.1.2.2. 頂芽新葉枯萎、捲曲，變褐色，不易抽梢、枝條軟化、葉片尖端凋萎，葉片彎曲呈杯狀	缺銅
1.1.2.3. 新葉黃化、白化或出現褐色斑點，但葉片不會枯萎	
a. 葉肉組織或纖維質部分出現淡綠或灰白條斑，後轉為褐色小斑點，葉脈仍維持綠色	缺錳
b. 一般不會出現枯死斑點	
(a) 新葉葉肉組織變黃並延伸至葉脈、全葉淡黃色，無褪色斑或條斑	缺硫
(b) 新葉黃白化，葉脈初期仍維持綠色，後期全葉黃白化	缺鐵
1.2 於植物體內易移動之元素，缺乏症狀由成熟老葉開始出現	
1.2.1. 下位葉變黃並出現黃色斑點，以後轉為褐色斑點，葉脈仍維持綠色，但葉片不乾枯	

症狀	原因
1.2.1.1. 下位葉出現黃斑，葉脈白色，以後葉片呈酒杯狀向上捲曲	缺鉬
1.2.1.2. 下位葉葉脈間葉肉組織由葉緣開始出現黃化，葉脈仍保持綠色，並向上延伸，以後斑點轉為紅色斑點，嚴重時黃化部位壞疽，落葉	缺鎂
1.2.1.3. 葉片變黃或出現褐斑，最後組織壞死，葉片呈褐色斑點	
a. 葉片初期呈暗綠色，之後葉尖及葉緣先黃化或褐化後枯死，莖部變纖細，老葉出現白色或黃色斑點，後期斑點壞疽	缺鉀
b. 葉片增厚，葉脈間出現木紋狀之細微黃斑，以後褐變，葉片明顯變小，葉片黃化，壞疽，根生長不良	缺氯
1.2.2. 植株呈暗綠或淡綠色，由下位開始乾透而逐漸枯萎，莖部纖細	
1.2.2.1. 由下位葉向上依次變淡綠色，由內向葉緣逐漸黃化後轉為淡褐色乾透，葉片無壞疽斑、枯萎、脫落。植株矮化、新葉變小、老葉黃化	缺氮
1.2.2.2. 植物由暗綠色轉為紫色或紅色，下位葉變黃或乾透，呈綠褐色或黑色，後期出現紅色斑點或紫色斑點，並壞疽	缺磷
2. 營養過多：肥料過多會造成肥傷，又稱「鹽害」	
2.1. 植株生長受阻，並出現異常現象	
2.1.1. 葉色濃綠、莖葉軟弱、徒長、抗病、抗寒、抗旱性降低	氮過多
2.1.2. 葉緣焦枯、土壤易變酸	硫過多
2.1.3. 成熟葉開始出現症狀，葉尖及葉緣黃化後，全葉黃化，並落葉，生長被抑制	硼過多
2.1.4. 葉尖有水浸狀小斑點、葉緣色澤較淡之後產生褐色壞疽斑點	鋅過多
2.1.5. 易生毒害而產生異常性落葉	錳過多
2.1.6. 根部伸長受阻、葉肉組織色澤較淡呈條紋狀	銅過多
2.2. 抑制其他元素吸收，導致其他元素之缺乏症	
2.2.1. 分生組織旺盛使植株矮小、早熟易減產、葉片肥厚，易引起鋅、銅及鐵缺乏症狀，下位葉出現紅色斑點	磷過多
2.2.2. 葉尖焦枯，易造成鈣、鎂缺乏症狀	鉀過多
2.2.3. 土壤易成中性或鹼性，引起微量元素不足（鐵、錳、鋅），葉肉顏色變淡，葉尖出現紅色斑點或條紋斑出現	鈣過多
2.2.4. 葉尖萎凋、淡色，葉基部色澤正常，引起鉀肥吸收力降低及硼、錳缺乏	鎂過多
2.2.5. 易引起錳、磷缺乏	鐵過多

（參考自楊秀珠，2012）

㉗ 彩色甜椒缺氮
㉘ 百合缺氮
㉙ 杭菊缺磷
㉚ 草莓缺磷
㉛ 彩色甜椒缺鎂
㉜ 葡萄缺鎂

㉝ 柑桔缺鎂
㉞ 百合缺鐵
㉟ 彩色甜椒缺鈣
㊱ 番茄缺鈣
㊲ 山東白菜缺鈣
㊳ 甘藍缺鈣

㊴ 玫瑰缺鈣
㊵ 洋桔梗缺硼
㊶ 番石榴缺硼
㊷ 十字花科缺硼
㊸ 印度棗缺硼
㊹ 芒果缺硼

㊺ 酪梨缺硼
㊻ 十字花科缺硼
㊼ 玫瑰缺鋅
㊽ 彩色甜椒缺鋅
㊾ 彩色甜椒氮肥過高
㊿ 胡瓜氮肥過高

⑤1 土壤鹽基過高

筆記欄

CHAPTER 7

害物防治技術——非藥劑防治技術

當病蟲草害發生時，爲避免作物受干擾而影響品質或產量時，往往必須加以防治，防爲預防，是在害物入侵前的管理措施，讓害物不會發生或輕微發生；治爲治療（又稱干預），是害物入侵後的處理措施，使害物不會危害作物或減少因害物發生所造成的損失。不論預防或治療，目標均是將害物趕盡殺絕，以減少作物之損失。常用的防治技術極多，包括檢疫與隔離、耕作防治、物理防治、遺傳因子應用、強化作物抗性、交互保護與誘導抗病性、生物防治與藥劑防治。

一、檢疫（法規管理）與隔離（quarantine and isolation）

自國外引進新品種或進口蔬果時，爲確保引進之種苗、植體與種子爲健康、未受害物感染，則須以法規進行必要之管控。由此可知，法規管理主要爲杜絕害物由境外移入，爲阻止害物（病、蟲、草、動物等）由已發生地區傳播至另一未發生之地區，在國際間主要藉檢疫而達成此一目的，而在國內之栽種地，爲避免害物轉移，則須加強隔離措施。一般可採行的方法包括：(1) 由國外引進種子、種苗與植體時加強檢疫，避免由國外引進害物；(2) 產地檢驗：由具檢疫經驗之專業人員赴產地，進行檢疫措施，確認欲引進之植體爲健康之植體後進口；(3) 隔離栽培：植體進入國內後，於特定地點隔離栽培或觀察一段時間，確認爲健康植體後進行栽植或進入市場；(4) 選用健康的種苗及不帶害物的種子；(5) 種苗檢查：以生化技術檢測種子、種苗、部分植體、砧木及接穗之帶菌情形，當健康種苗無法獲得時，亦可經由生物技術或物理方法處理，去除病源；(6) 預防雜草種子夾雜於穀物或種子中入侵；(7) 採取檢疫處理措施，如施用熏蒸劑或低溫處理一段時間，將植體上的害物殺死，並經檢疫認證或官方出具檢疫證明。

二、耕作防治（cultural control）

耕作防治（cultural control）是以生態管理爲基礎，爲利用和改進耕作栽培技術，控制病蟲害的發生與發展，藉以避免作物遭受生物及非生物危害的方法。耕作防治之應用爲一極高深之學問，是防患未然的措施，一般必須在種植之前或者害物造成症狀初發生時應用，可發揮極佳的防治效果，否則藉由此方法而減少一害物危害之同時，可能誘導另一害物大規模的影響；亦可能於害物防除之同時，產量已然減少，因此，多種技術整合應用是必要的。常見之方法如下：

（一）建立輪作（rotation）或間作（intercropping）種植模式

因不同作物之營養需求不同，輪作可避免連作障礙而促進植株生長，同時因害物種類不同，可減少病蟲害發生，特別是土壤傳播性病害及線蟲之影響；間作則是在主要作物旁種植其他作物，或將不同作物以一定方式混合種植，利用不同作物達成害物阻隔效果，可以減少害物大規模擴散及侵襲。

（二）合宜之栽種與管理

1. 種植、播種前之土壤處理：種植、播種前先深耕曝晒土壤，精耕細耙，增加土壤通透性，降低病蟲草源數量，減少初次侵染源；同時增加土壤之排水性，避免根系因浸水受傷，因而增加病原菌侵入機會。
2. 選種健康、優質種子、種苗與繁殖體：健康種苗爲未受病原菌（包括病毒、眞菌、細菌及線蟲等）及蟲害感染、營養平衡、生長勢旺盛的種苗。選種健康且優質的種子或種苗，播種或種植後可快速生長，且因無病蟲害侵襲而能杜絕病蟲害發生。
3. 品種選擇：選擇抗病、抗逆性強，適應性廣的優質、高產量品種。
4. 選擇適當之種植時機、注意播種及種植深度，促進植株快速生長，同時避免密植植物，避免因光照不足與營養競爭而影響生長。
5. 苗床管理：調整播種期、採用適當之育苗方法及苗床管理，增進種苗健康度。
6. 加強環境與栽培介質管理，強化植株生長勢。

（三）合適之灌溉供水方式

利用植物對水分逆境之忍受度差異而進行最佳水分管理，促使作物正常生長，因此可依田區之地理與氣候環境，建立合宜之排灌水系統，除充分供應作物生長所需之水分外，同時避免田區積水而影響作物生長；若於移植前數週保持田區連續淹水，可相當程度去除病蟲草而減少種植後之危害，然旱田種植期間避免大面積淹灌，可因水分供應少而降低雜草發生，同時避免土壤傳播性病原菌藉水傳播。噴灌與滴灌是較節省水資源的灌溉方式。

（四）合理化施肥

化學肥料的養分多爲速效性及可溶性，可立即被作物吸收利用，肥效較直接、迅速，而且價格相對較低，養分含量較高且成分變異較小，作物生長所需的量相對較少，較有機質肥料相對有競爭力。而土壤中的有機質可以使泥土鬆軟、通氣、排水，可改善土壤的結構物理特性，而增加土壤保水與緩衝能力，亦可貯存及緩慢釋放植物所需之營養元素，更可吸附及交換植物營養元素，提高肥料緩效性；此外，土壤中的有機質可提供土壤有益微生物之活動，抵抗病原菌的生長，透過合理化施肥技術，可兼具化學與有機肥料的效用，並且降低成本、節省資源，同時維持生態平衡與環境品質，並兼顧農業生產與環境保護，促使農業永續發展。

合理化施肥需要把握四要領，分別爲：(1) 施用作物眞正需要的養分；(2) 施用正確的肥料和用量；(3) 施用在正確的位置；(4) 在正確的時間內施用。合理化施肥分爲三步驟：(1) 種植前規劃基肥的施用，充分了解農地與土壤的基本資料，配合作物的營養需求，考慮肥料的來源與成分，配合產量預估，推算肥料需求量；(2) 監測作物的生長勢，評估經濟效益；(3) 依據田間作物生長狀況擬定追肥的施用模式，如圖 7-1 所示。

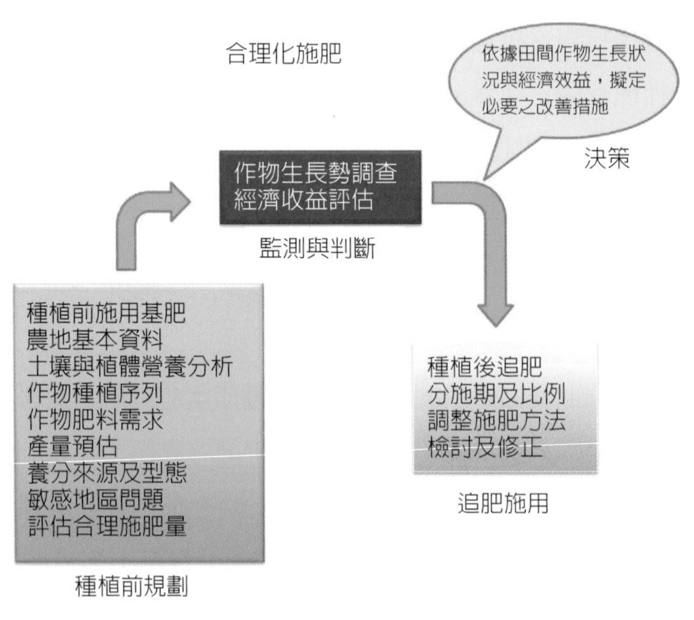

圖 7-1 合理化施肥之作業流程

（五）田園衛生（sanitation）

影響田間衛生的因素包括作物、植物廢棄物、資材廢棄物、雜草、工作人員及環境與器具。注重田間衛生，澈底執行清園工作、田間汙染物之管理、農業廢棄物之管理與利用等。而適當之雜草防治可減少寄主植物而降低病源及減少媒介昆蟲之棲息所，一般亦可藉由密植而降低雜草繁殖。工作人員與用具之清潔維護和害物傳播有極密切之相關性，若未加強衛生與清潔管理，害物藉人爲傳播的機率增高，然所有應用之管理方式均需符合經濟性及低毒性之要求。此外，貯藏空間之衛生維護與採收後農產品之耗損有極密切關係，亦須加強管理，管理重點爲：(1) 注意環境衛生，保持乾淨；(2) 定期清倉，減少汙染源；(3) 定期消毒，減少病原菌；(4) 改變貯藏條件，包括溫度、溼度及空氣成分；(5) 避免不同時間採收之作物放於同一空間；(6) 避免不同作物貯放於同一空間。此外，避免將感染源引入田間爲另一重點。田間衛生重要之操作模式如圖 7-2 所示。

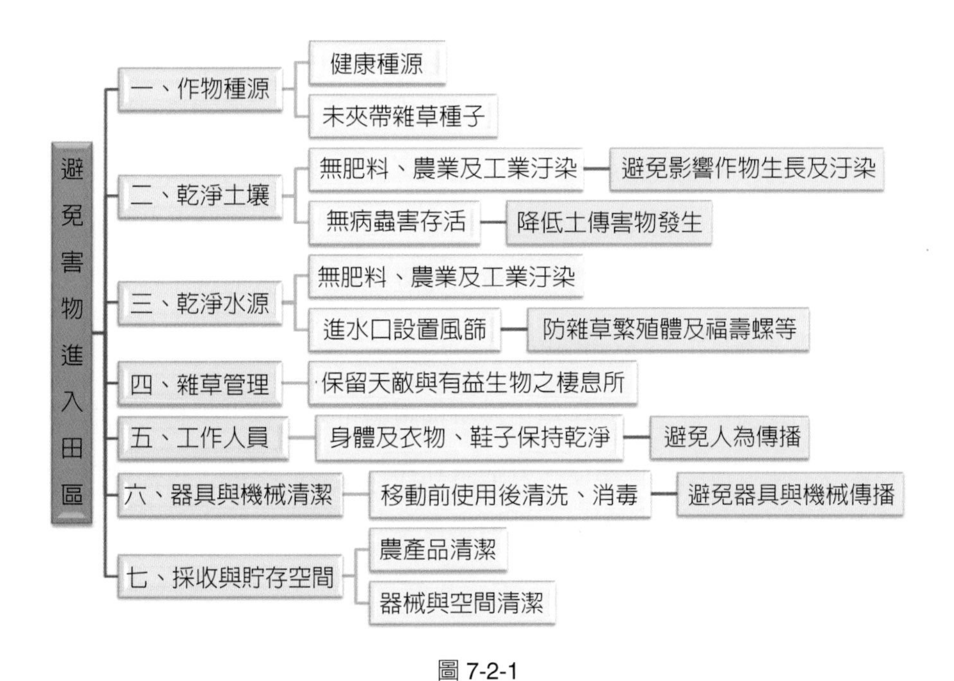

圖 7-2-1

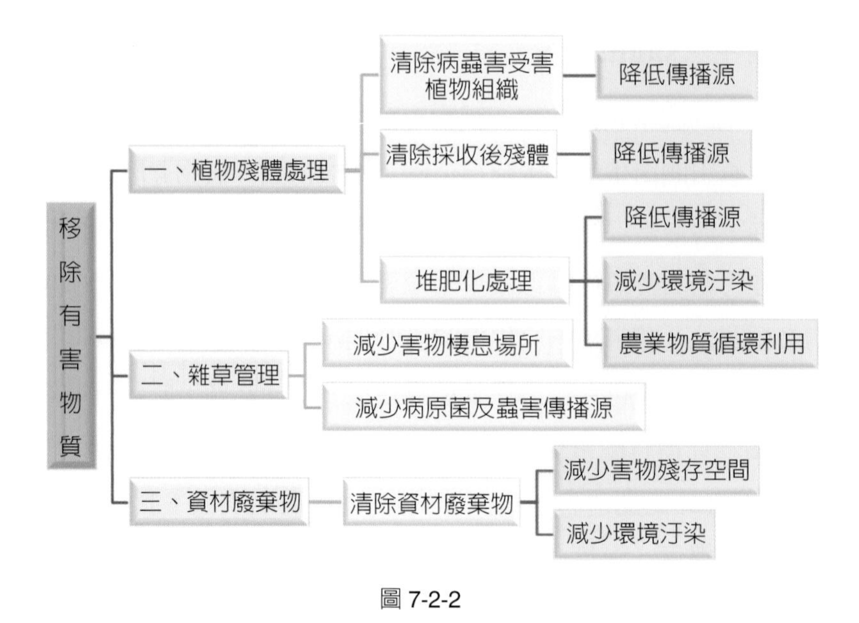

圖 7-2-2

圖 7-2　田間衛生之操作模式。圖 7-2-1 避免害物進入田區；圖 7-2-2 移除有害物質。

（六）應用陷阱植物（trap crop）

所謂陷阱植物是指一種植物可以吸引農作物上的害物，特別是昆蟲，進而保護其鄰近作物免於受該種類害物危害。陷阱植物可種植於田區的周圍，亦可與作物間作而發揮保護作用。例如在鄰近草莓田區種植芥菜或苜蓿，可降低草莓植株受害。當陷阱植物成功地誘引害物後，應立即清除而避免害物再次危害作物。

（七）種植覆蓋植物（cover crop）

在田區種植快速生長之植物，將土壤全面覆蓋可避免雜草生長，同時保持土壤的水分與養分，並可適度降低溫度、營造有利作物生長的環境，覆蓋植物腐爛後並可供應纖維質及少量營養成分，促進作物生長。

（八）應用忌避植物（repellent crop）

忌避植物是指含有特定成分而可抑制細菌、眞菌生長或具殺菌作用，甚至對病毒亦具抑制作用，或是散出異味致害蟲不喜歡接近的植物，此類植物若與作物間作或混種，可減少病蟲害發生，稱爲「忌避作物」。像茴香、蝦夷蔥、薄荷、一串紅、波斯菊、香茅草、除蟲菊、艾草、萬壽菊、迷迭香、苦楝樹等，均被認爲是昆蟲之忌避植物。數種蔬菜混合種植時，除儘量選擇共容外，亦可選種忌避作物。

（九）拮抗植物（**antagonistic plants**）

利用孔雀草、萬壽菊及天人菊等植物可分泌毒殺線蟲的物質，種植於線蟲發生的田區而達到降低線蟲密度；或者在休耕期種植，整地前將全植株翻犂至土壤中，除可降低線蟲密度，並可提供養分及纖維質，改善土壤質地而更利於耕種。當此類植物特別是萬壽菊生長過於旺盛而影響作物生長時，可適當割除並晒乾、收藏，於整地時加入土壤中作爲線蟲防除及有機肥用。

（十）應用指示作物（**indicator plant**）

作物發生病蟲害時，會因受害狀不明顯而不易被發現，因而延誤最佳防治時機，此時可採用受害狀較明顯之作物作爲指示作物，以利早期發現，即時防治。例如在冬季種植豆科植物或於山區種植甜柿時，發生灰黴病不易即時發現，可在附近種植花色鮮麗之開花植物，當花朵罹患灰黴病時，可預測環境利於灰黴病發生，可提醒栽種者適時詳細觀察栽種的作物是否發生灰黴病而即時加以防治。又可於設施外放置盆栽蔬菜植株數盆，當此盆栽蔬菜發生病蟲害時，可預測設施內之植株被害風險提高，避免頻繁進出設施而得以適時加強防患措施。

（十一）生物燻蒸（**biofumigation**）

生物燻蒸是將新鮮的植物植體埋入土壤中而產生氣態活性物質及提高土壤溫度，可殺滅土壤中害物，較合成燻蒸劑毒性低且在環境中的持久性較長，若將植體切碎後加入土壤中浸水，可加速其效果。常見用於生物燻蒸的植物種類及作用如下：

1. 利用新鮮十字花科植物組織（如：芥菜、甘藍、蘿蔔、花椰菜等）中含有葡萄糖異硫氰酸鹽（glucosinolates）可轉化爲異硫氰酸酯（isothiocyanates），可防除土壤病害、蟲害與雜草，若無法利用新鮮植體，用菜籽粕亦可發揮相同效果。
2. 孔雀草（marigold）、萬壽菊含有 α - terthienyl 及 5-(e-butens-1-ynyl)-2,2'-bithienyl 兩種物質，可殺死線蟲。
3. 蓖麻粕（castor pomace）含有蓖麻毒素（ricin），可降低南方根瘤線蟲行動能力。

4. 蔥科植物含有硫化物，可用於殺滅害物。
5. 茄科植物含有皀素亦可發揮防除害物效果。
6. 多種覆蓋作物包括禾本科及菊科均可用於生物熏蒸。

除抑制土壤中的害物外，生物熏蒸尚可改善土壤理化性質、增加保水能力、增加土壤有機質和改善土壤微生物相，但生物熏蒸的效用取決於作物種類、栽培環境（如：土壤形態和氣候）以及拌入土壤的時機和方法，若能配合太陽能消毒，則效果更佳。

（十二）推—拉策略（push-pull strategies）

田區內種植（間作或覆蓋）忌避植物，將害蟲驅趕至田區外圍，或吸引天敵捕食或寄生害蟲，同時在田區外圍種植陷阱植物，將害蟲誘引出田區，藉由害蟲的視覺和化學氣味感受性達到推拉的效果，改變害蟲和天敵族群的分布及豐富度，以減少對農作物的危害。

總之，耕作防治爲害物整合管理極重要之防治措施，使用之技術彙整於圖7-3。

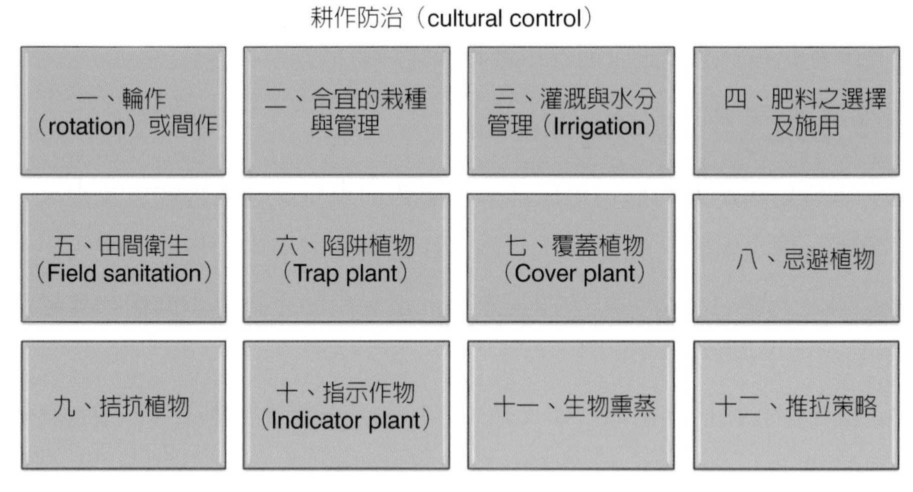

圖 7-3　耕作防治常用之技術

三、物理防治（physical control）

（一）溫度處理

利用溫度處理達到防除害物的方法可分爲低溫處理與高溫處理。低溫處理主要以低溫貯藏或冷凍處理，降低呼吸作用延長農產品保存期，同時降低病蟲害發生率。

高溫處理一般爲土壤處理、種子處理以及果實處理。

1. 溫湯浸種：以溫湯處理種子進行種子消毒，可降低種子傳播病害或降低發生率。亦可以溫湯處理採收後果實，降低病害發生。
2. 土壤消毒：依據發生之病蟲種類設定不同溫度進行土壤消毒，常用之溫度爲60℃維持 30 分鐘，可殺滅大部分土壤傳播病原菌，但須避免過於高溫或維持時間過長而將土壤中所有微生物包括有益菌均殺滅，目前亦有採用熱水澆灌方式進行介質消毒。乾熱消毒時則須於 80℃下維持 15 分鐘以上。以火烤土壤殺滅地表之病蟲草害，或燒毀罹病蟲害之植物組織，可達到消滅害物之目的。若將土壤澆灌、維持潮溼後覆蓋塑膠布，藉太陽能之高溫殺滅土壤中的病蟲草害。
3. 果實蒸熱處理：燻蒸、蒸熱處理防除檢疫害蟲，外銷果品防除果實蠅即採用此方法。

（二）環境管控

環境管控主要調整溫度、溼度、光照與通風，使適合作物生長及避免生理性傷害。由於水分及溼度易影響病蟲害發生，常應用於環境管控。控制水分與溼度以達防除害物的目的，採用而成功的案例有：

1. 避免黃昏至夜間供水降低溼度，減少灰黴病發生，近午時段噴霧抑制孢子擴散可降低白粉病發生。
2. 噴霧增加空氣溼度以降低蟲害發生，高溫季節同時可降溫而促進作物生長。

（三）套袋

果實套袋避免病害蟲危害。除避免蟲害外，蟲害造成的傷口往往成爲病原菌侵入果實的管道；亦可在病原菌侵入前套袋，阻隔病原菌侵入而降低病害發生。

（四）覆蓋（cover）、敷蓋（mulch）

1. 畦面覆蓋、敷蓋：以植物資材、有機肥如葉片、碎葉、碎枝、稻殼、稻草、雜草、廢棄植體、堆肥、廄肥等等覆蓋在畦面土壤上，避免水分流失與防止雜草生長之田間操作稱爲敷蓋（mulching）；而利用其他資材覆蓋畦面一般統稱爲覆蓋（cover），常用的資材有塑膠布、抑草蓆等，有機栽培農民亦有採用報紙或紙箱等覆蓋。若以化學資材覆蓋，冬季可用暗色塑膠布，藉吸熱而提高土壤溫度，夏季則用淡色塑膠布，可適度反射熱而降低土壤溫度，或舊飼料袋覆蓋地面亦可達到效果。
2. 於強光照射區域設置遮光網，降低日燒發生，或在光照較強部位以石灰或高嶺土等資材塗布果實表面以防止日燒等。
3. 畦面覆蓋銀灰色塑膠布，藉反光作用驅趕害蟲而降低病毒病發生。

（五）阻隔

1. 設置防蟲網，阻隔害蟲危害。一般均認爲防蟲網孔目越小防蟲效果越佳，然防蟲網網目過小時，易造成通風不良、溫度高而不利生長，因此，依據種植作物易發生的蟲害種類選用合適的防蟲網，可達較佳防治效果。若防蟲網覆蓋不夠緊密或破損，會成爲害蟲進入的管道，宜加強管理。
2. 安裝濾網：在水稻田或水生作物田區進水口安裝過濾網，除可阻隔雜物進入田區外，同時可以阻隔雜草種子與福壽螺等軟體動物，大幅度降低作物受害度。
3. 設置阻隔物：枝幹設置阻隔可以防治爬行的昆蟲。以 20-30 公分寬的塑膠布摺疊後將樹幹圍繞，再用繩子或彈簧綁紮固定，將塑膠布下方摺疊處展開，可以阻斷下方害蟲往上爬越。柑桔窄胸天牛易於蟲孔、樹皮裂縫、凹處及分叉處產卵，可於樹幹基部架設木板，窄胸天牛成蟲將卵產在木板時，再將有卵的木板攜出園區加以妥善處理。以保特瓶套於樹幹上或葡萄枝藤，可防止蝸牛等軟體動物從地面爬到樹上取食葉片或果實。
4. 電網：多數果樹種植於山坡地，於造林地爲鄰，加以近年來提倡野生動物保育，以致猴子危害時有所聞，往往造成果農嚴重損失，山區蔬菜田亦頻傳受害。嚴重受害園區會在園區外圍架設電網，以防止猴子入侵。

5. 纏繞魚網：天牛類害蟲都喜在莖基部 100 公分以下產卵，利用魚網將莖基部纏繞，可以阻止斑星天牛成蟲在莖基部產卵，降低危害率（圖 7-4）。田間應用結果發現可同時防止蝸牛。

圖 7-4　柑桔類植株莖基部纏繞魚網，阻隔天牛危害

（六）設施栽培

設施的選擇取決於地點、種植作物種類對光照、溫度、溼度等需求。

設施栽培有其優點，包括：颱風或豪雨季節可減少損失、具有保溫或遮蔭作用而可調節產期、提高農產品品質、阻隔昆蟲減少殺蟲劑施用，產品較安全，亦較有機會行有機栽培，但設施栽培亦有缺點，包括：成本高、土壤鹽分易累積、輪作的作物種類受限、易積熱且通風較差而易引發生理障礙、光照強度受限而影響作物生長（易徒長）、溼度較高而易引發病害、發生蟲害時易嚴重擴散。因此，設施栽培對植保工作的要求分別爲：(1) 設施農業利於病蟲害發生，須建立快速防治技術；(2) 設施農業以生產安全農產品爲主要目的，須有合理使用農用資材之理念；(3) 設施農業多爲連續性生產，須要求環境安全無汙染；(4) 設施農業種苗產品流通多，檢疫與預防之要求應較嚴謹。

（七）誘引

可用色板及燈光誘引，亦可使用黏蟲膠塗布而誘殺害蟲。

1. 色板誘引：利用昆蟲對顏色的偏好殺昆蟲。黃色黏板誘殺斑潛蠅、蚜蟲、粉蝨等小型昆蟲，藍色黏板誘殺薊馬等，此外尚有不同顏色色板誘殺不同種類昆蟲。
2. 燈光誘引：使用誘蟲燈，利用昆蟲趨光性誘引害蟲，但不同害蟲對光波的感受性不同，應用時必須針對防治目標對象選擇合適的波長，於田區架設以誘引成蟲，降低產卵率。

（八）驅趕

1. 聲波：水稻穀粒及果實接近成熟期最大的困擾之一爲鳥類危害，農民多會製造一些聲響嚇走鳥類，包括利用鞭炮、金屬敲擊及高音頻聲波等。在園區設置多個趕鳥器，設定不同的音頻及時間間隔，可一定的程度驅趕鳥類（圖 7-5），但同時也是製造噪音，較適合應用於山區或空曠地區人口較不密集區域。

圖 7-5　利用不同聲波驅趕鳥類

2. 光波：昆蟲的感光器爲單眼及複眼，對光的強度有一定的適應範圍，因此會有正趨光性與負趨光性，而不同昆蟲對光的強度及光質亦有不同的趨性。利用對特定波長黃光之趨性，可促使該類昆蟲遠離，而發揮驅趕效果，如在集貨場及設施入口處架設黃光夜照，亦可有效防止昆蟲入侵（圖 7-6）。目前在荔枝果園架設綠光於夜間照射，可明顯降低荔枝細蛾的密度。

圖 7-6　利用黃光驅使昆蟲遠離

（九）油劑

礦物油及其他油劑均爲廣效接觸性防治資材，且於高溫下易發生藥害，必須小心謹愼使用。油劑之殺蟲效果爲物理窒息作用，能在蟲體上形成油膜，封閉蟲體氣孔而發揮快速觸殺功用，有效防治昆蟲之成蟲、幼蟲及卵，對生命週期短、容易對化學農藥產生抗藥問題的紅蜘蛛、介殼蟲、蚜蟲、木蝨、粉蝨等有顯著效果。而其殺菌效果爲干擾眞菌呼吸作用而使病原體窒息、干擾病原體對寄主植物的附著、阻礙病原菌侵入植物的管道、抑制孢子萌發和感染，對多種眞菌防治效果良好。

（十）矽藻土與二氧化矽

矽藻土中含有二氧化矽，二氧化矽尖銳之顆粒與蟲體接觸時，利用磨擦破壞蟲體組織而致死。此外，二氧化矽具有高吸收性，可造成昆蟲脫水而死。

（十一）移除受害組織與雜草

以機械修剪、砍除受害植株組織降低病蟲害感染源，以人工捕捉害蟲、摘除罹病組織，以器械或手工拔除雜草等均可達到防除病蟲草害之效果。

（十二）放射線處理產生不孕昆蟲而抑制害蟲族群增加

爲防除果實蠅，曾利用鈷 60 照射處理，產生不孕雄蟲，藉由大量釋放人工飼養的不孕雄蟲降低田間雌蟲的生殖潛能，使其族群快速逐代降低，而達到滅絕之目的。然因不孕昆蟲技術具高度選擇性，只對標的昆蟲有效，且耗費成本極高，多仍限於果實蠅防治。

物理防治常用之技術彙整於圖 7-7。

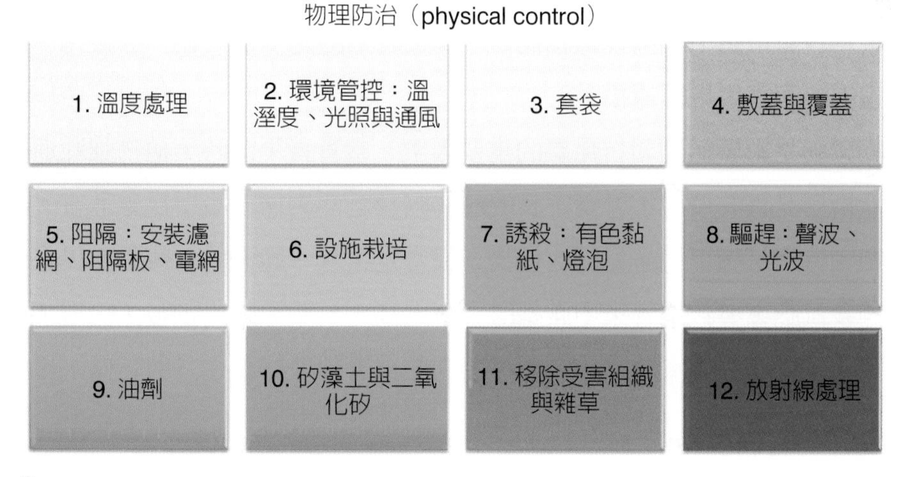

圖 7-7　物理防治常用之技術

四、遺傳因子（genetic factor）與生物技術應用（bio-technique application）

應用遺傳因子培育抗病蟲草害的種苗，可經由傳統應用遺傳育種而得，例如臺中 15 號葉用豌豆爲臺中改良場培育之抗白粉病品種；或藉由基因轉殖而培育抗病蟲害品種，如抗輪點病毒木瓜；至於不同種或品種間之抗感性不同亦可作爲害物防除用，如菜豆生長、結莢快，但易得角斑病而不易得炭疽病，萊豆種植至結莢期長，豆莢易得炭疽病，但不易得角斑病，若將二者間作於同一田區，二者不易互相感染，並可延長產期，降低生產成本。因應氣候變遷與極端氣候，選育抗逆境品種，亦爲不可或缺的技術考量。當抗性品種不可得時，以生物技術測定種子、種苗、部分植體、砧木及接穗之帶菌情形，或者利用組織培養，亦可獲得健康植株。

五、強化作物抗性（crop resistance）

當無法育成抗性品種時，可以利用嫁接技術，以抗病性強之品種作砧木，栽培品種作接穗，以獲得較具抗性之植株，目前已採用的作物有絲瓜根砧嫁接苦瓜防治萎凋病、茄子根砧嫁接番茄防治青枯病、抗病根砧嫁接以防治菜豆萎凋病、朝天椒根砧嫁接彩色甜椒防治細菌性莖腐病等。嫁接時須嚴選健康之砧木與接穗，避免於嫁接過程中，病害大規模傳播。

植物營養是影響植物對抗昆蟲的重要因素。當營養平衡時，植物強壯而具有活力，更能抵禦昆蟲的侵害，營養不良的植物因缺乏活力而易吸引昆蟲危害，過度施肥的植物，特別是施用過多氮肥的植物，通常是柔軟、脆弱的，較易爲昆蟲取食，而施用過多氮肥會導致維管束中胺基酸濃度過高，易刺激害蟲刺吸，除增加危害度外，進而造成煤病發生。此外，合理平衡的肥培管理使作物生長勢旺盛，更能使組織強化，對病害的抗性同時提升。

六、交互保護（cross protection）與誘導抗病性（induced resistance）

（一）交互保護作用

交互保護作用之現象於 1929 年首先由 Mckinney 氏發現，當植物受一病毒感染後，對同類型病毒感染具有免疫力，利用此現象，利用弱病原性之病原菌先行接種於作物上，可產生輕微之病徵、過敏性反應或無明顯病徵，一旦強病原性之病原菌出現時，則無法再感染該植株，藉此避免植株受強病原性之病原菌再次感染，而達到防治的目的。

（二）誘導抗病性

於植株生長過程中，將化學藥品等物質施用於植株上，可刺激植株產生抗病性而減少病害之發生，依介導物質與途徑不同又分爲系統抗病性與誘導系統性抗病：(1) 系統性抗病（systemic acquired resistance, SAR）：誘發植物的主動防禦反應系統，使植物獲得橫式抗病性，主要由水楊酸（salicylic acid, SA）介導；(2) 誘導系統性抗病（induced systemic resistance, ISR）：由機械傷害或非致病性根圈細菌的交互作用等刺激而誘發抗病性，主要由茉莉酸（jasmonic acid, JA）與乙烯（ethylene）所介導。常用之誘導抗病性物質爲亞磷酸、矽酸鹽類、甲殼素及離層酸等。

1. 亞磷酸（phosphorous acid）

亞磷酸爲強酸性，必須與氫氧化鉀中和後使用，主要用於防除藻菌類之疫病、腐霉病、露菌病及白銹病。亞磷酸施用後，可被植物葉片吸收而運送至植物體內，或由根系吸收而累積於根系中。當病原菌入侵時，病原菌可被亞磷酸鹽侵襲而被控制住，同時啟動防禦系統產生植物抗禦素（phytoalexins）酚化物及其他抗病物質與累積，可直接攻擊病原菌，並會發出警訊呼籲其他尚未受侵襲的細胞啟動防禦系統，繼而使多醣類增加額外的蛋白質以加強細胞壁，病原菌因而被植物體的反應所壓制或殺死。

2. 矽酸鹽類（silicates）

矽酸（$Si(OH)_4$）爲主要植物吸收型態，由根部以擴散和質流方式吸收，在植物體內以矽膠（不定形 $SiO_2 \cdot nH_2O$）沉積在細胞壁成爲矽化細胞，累積在角質層及上表皮細胞，藉由物理屏障方式阻止病原菌入侵、危害，亦可快速於眞菌侵入釘或昆蟲刺吸處沉積形成乳突（papilla），防止病蟲害危害。植物可累積矽者，植體矽含量>1%，除矽膠外，亦可以其他形式包括矽酸、膠體矽酸或有機矽化合物存在於植物體內。除物理屏障方式阻止病蟲害外，亦可誘導產生系統性抗病（systemic acquired resistance, SAR）。

3. 甲殼素（幾丁多醣）（chitin）

甲殼素爲幾丁質之代謝產物，爲節省使用成本，可以直接施用含幾丁質資材，若施用於土壤，亦可考量施用蝦蟹殼粉。甲殼素之功效與優點如下：(1) 增加土壤中有益微生物，抑制有害微生物；(2) 誘導幾丁酵素產生而分解卵殼，抑制根瘤線蟲繁殖，改善連作障礙；(3) 使土壤形成團粒，改善土壤通氣性、排水性和保肥力，促進根系生長；(4) 活化植物幾丁多醣酵素，誘導植物抗毒素（phytoalexin）產生，提高作物抗病性；(5) 增加果蔬產品中的鈣，提升品質；(6) 增進植物吸收微量元素的能力，提升品質；(7) 可在植體外表形成保護膜而作爲蔬果保鮮劑。

4. 離層酸（abscisic acid, ABA）

離層酸又稱逆境荷爾蒙，主要的功效爲：(1) 誘導、啟動植物 150 多種抗逆境基因；(2) 提高植物對逆境的調節和適應能力；(3) 促進種子發芽、幼苗生長，提高作物產量與品質；(4) 提高酵素的活性，增強植株對非生物性逆境如乾旱、高鹽、低溫的耐受力；(5) 土壤乾旱環境下，誘導葉片的氣孔不均勻關閉，減少水分蒸散，提高植物抗旱能力；(6) 高鹽分壓力下，誘導植物增強細胞膜滲透調節能力，降低細胞內鈉離子含量，提高 PEP（磷酸烯醇式丙酮酸）酸化酶活性，增強植株耐鹽能力。

5. 鈣（calcium）

鈣對於植物之功效爲：(1) 強化細胞壁：果膠酸與鈣結合後使植物細胞壁變強

韌，維持細胞壁的形狀與活力，同時對抗病害；(2) 抵抗各種逆境能力增強：植物吸收大量鈣後，碰到低溫、乾燥或病原菌入侵時，可立即反應；(3) 將碳水化合物輸送到果實：植物在生育中期至成熟期，需要吸收大量鈣，並將所吸收同化的養分輸送、累積至果實；(4) 促進根伸長：鈣爲植物分裂組織特別是根尖部分生長不可或缺的元素，當鈣不足時，根尖、幼葉和莖尖會因細胞形成受阻而出現扭曲現象；(5) 活化酵素，促進細胞活動。

土壤中鈣的吸收與輸送易受下列因素影響：(1) 鈣在植物組織中不會移動，所以必須依靠蒸散作用，將植物根部自土壤溶液吸收的鈣輸送至新生需鈣的組織；(2) 高溼度或低溫環境因水分蒸散作用降低易造成缺鈣現象，特別是嫩葉和果實易發生；(3) 肥料溶液中鈣濃度低於 40-60 ppm 時可能出現缺鈣；(4) 若土壤中氮、鉀、鎂或鈉的含量過高時，亦可能影響鈣的吸收；(5) 土壤的酸鹼度亦會影響鈣吸收。

七、生物防治（biological control）

生物防治是利用自然界中的捕食性、寄生性、病原菌等天敵，將有害生物的族群壓制在較低的密度下而不致危害作物，也就是利用生態系食物鏈中「一物剋一物」的自然現象，利用自然界生物平衡力量達成防治病蟲草害的目的。亦可解釋爲以生物爲工具，利用生態系統中各種生物之間相互依存、相互制約的生態學現象和某些生物學特性，以達到防治作物病蟲草害之目的。利用有益生物及其天然的代謝產物和基因產品等抑制或消滅有害生物，不汙染環境，不影響人類健康，是較安全的害物防治方法，包括釋放天敵與生物農藥。一般化學農藥會在施用後數分鐘至數小時內殺滅目標有害生物，但生物防治卻需要數天到數週時間抑制有害生物族群，且防治效果較不穩定，因此較不易爲農民所接受。然而，當生物防治之生物族群一旦成功建立之後，會成爲生態體系的一部分，達成生態平衡後會變得相對穩定，而持續發揮防除效果。

（一）天敵（natural enemies）

天敵是指在自然界中某種動物專門捕食或危害另一種動物，前者即爲後者的天敵。天敵可分爲捕食性天敵及寄生性天敵。

1. 捕食性天敵：

(1) 基徵草蛉：捕食蟎類、蚜蟲、粉蝨、介殼蟲、木蝨及多種鱗翅目、鞘翅目、同翅目之初齡幼蟲及卵與多種小型昆蟲，為多功能的天敵昆蟲。

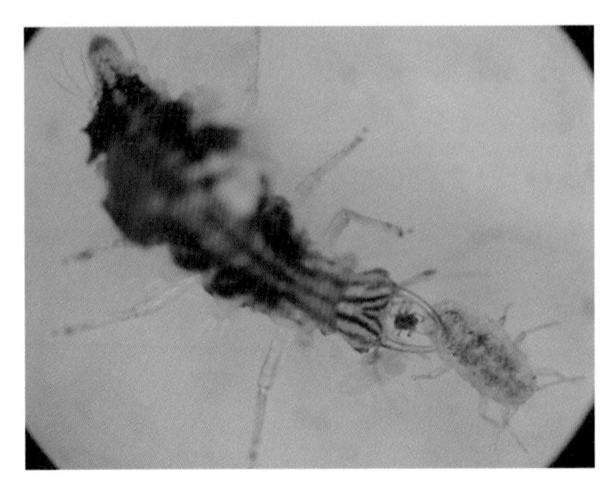

圖 7-8　基徵草蛉

(2) 黃斑粗喙椿象：捕食鱗翅目、鞘翅目、膜翅目、半翅目等 40 種以上幼蟲。

(3) 捕食性椿象：小黑花椿象與盲椿象均善於捕食小型害蟲，其個體雖小但活力甚強。小黑花椿象捕食薊馬、蚜蟲、粉蝨、紅蜘蛛等，盲椿象則對薊馬、粉蝨、蚜蟲效果最好。

(4) 瓢蟲：為半翅目天敵，以蚜蟲、介殼蟲作為食物，捕食蚜蟲之效果極佳，經常應用於生物防治。

圖 7-9　六條瓢蟲

(5) 螳螂：具有捕食量大、捕食時間長、捕食範圍廣等優點。幼蟲及成蟲均能捕食害蟲。

(6) 捕植蟎：臺灣原生的溫氏捕植蟎和長毛捕植蟎可用於防除神澤氏葉蟎和二點葉蟎，自國外引進捕食能力強大的智利捕植蟎亦可有效防除葉蟎。

2. 寄生性天敵：臺灣已推廣應用而發揮成效者爲：小繭蜂（*Apanteles plutellae* Kurdjumov）及絨繭蜂（*Cotesia plutella* Kurdjumov）防治小菜蛾；赤眼卵寄生蜂防治亞洲玉米螟；釉小蜂防治紅胸葉蟲；平腹小蜂防除荔枝椿象等。

圖 7-10　平腹小蜂

應用天敵防治害蟲的方法分爲三階段：(1) 引入：田區尚無天敵昆蟲時，須引入外來天敵，降低原有害蟲族群，並創造天然的抑制及平衡機制；(2) 保育：引入天敵後，須提供更多的棲地，以及限制廣效性農藥的使用以保護天敵；(3) 增補：飼養並釋放以補充並維持族群數量。因此，建立天敵銀行（banker plants）系統是必要的。

所謂天敵銀行系統（banker plants），有人稱爲載體作物，是利用非作物植物飼養及攜帶天敵的寄主或獵物，再利用天敵的寄主或獵物飼養和釋放天敵。這些天敵銀行就像是「銀行家」（banker），連續不斷地供應「貨幣」（天敵），使天敵從「銀行家」植物上擴散到有害蟲的作物上而防治害蟲。例如在番茄園區釋放菸盲椿，並種植胡麻提供菸盲椿棲息及繁殖場所。

圖 7-11　菸盲椿

圖 7-12　番茄田釋放菸盲椿並以胡麻作為天敵銀行

（二）生物農藥

包括天然素材、微生物製劑及生化製劑。由於天然素材與微生物製劑之施用方法與化學藥劑相同，而目前生化製劑多爲化學配製，於第八章詳細說明。

CHAPTER 8

害物防治技術——藥劑防治技術

依據《農藥管理法》，農藥分成成品農藥及農藥原體。所謂成品農藥是指下列各項目之藥品或生物製劑：(1) 用於防除農林作物或其產物之有害生物者；(2) 用於調節農林作物生長或影響其生理作用者；(3) 用於調節有益昆蟲生長者；以及 (4) 其他經中央主管機關公告，列爲保護植物之用者，簡單地說，農藥就是保護農林作物免受病蟲草鼠及其他生物危害的物質。農藥原體是指用以加工製成成品農藥所需之有效成分原料，但經中央主管機關公告可直接供使用者，視爲成品農藥。農藥依來源可分爲礦物源農藥、生物源農藥及化學農藥。礦物源農藥的來源爲天然礦物的無機化合物及石油，如石灰硫磺、礦物油等；生物源農藥指植物源農藥、動物源農藥（生化製劑、費洛蒙）及微生物製劑；化學農藥則爲應用化學方法所製造而成。

一、化學農藥（chemical pesticides）種類與用途

化學農藥依其化學結構不同而有不同的特性，亦由於結構上的差異而影響其對防治對象的作用機制，同時影響其毒性、於動植物體內之代謝途徑、於環境中的殘留與對生態環境的影響。化學農藥因便宜、取得容易且簡單易用，故廣爲農民所樂用，但一般之使用方法均爲稀釋後噴施，作爲病害防治、蟲害防治與雜草防除，事實上化學農藥用於防治有害生物尚可進行種子處理如粉衣、浸種之用，亦可作爲溫室消毒與土壤及栽培介質消毒之用。農藥依防除對象則可分爲殺蟲劑、殺菌劑、除草劑、殺蟎劑、殺鼠劑、植物生長調節劑及殺線蟲劑。由於種類繁多，無法一一詳述，僅針對殺蟲劑、殺菌劑、除草劑及生長調節劑作較詳細之說明。

（一）殺蟲劑

用於防除昆蟲及其他節肢動物，常用的殺蟲劑爲：(1) 有機磷類（organophosphates, IRAC 1B）：陶斯松、毆殺松、芬殺松等；(2) 胺基甲酸鹽類（carbamate, IRAC 1A）：納乃得、加保利、丁基加保扶等；(3) 合成除蟲菊類（pyrethroid, IRAC 3）：百滅寧、賽滅寧、賽洛寧、芬化利等；(4) 昆蟲生長調節劑（insect growth regulator, IGR）：二福隆（IRAC 15）、六伏隆（IRAC 15）、百利普芬（IRAC 7C）、比芬諾等；(5) 沙蠶毒素類（IRAC 14）：免速達、培丹等；(6)

抗生素類：密滅汀、阿巴汀（IRAC 6）、賜諾殺（IRAC 5）等；(7) 新尼古丁類殺蟲劑（neonicotinoides, IRAC 4A）：益達胺、亞滅培、達特南、賽速安等；(8) 油劑：目前以礦物油爲多。

（二）殺菌劑

用於防除眞菌或細菌病害，包括無機殺菌劑及有機殺菌劑。無機殺菌劑主要爲石灰硫磺與波爾多液。常見有機殺菌劑爲：(1) 有機硫黃劑（FRAC M3）：富爾邦、錳乃浦及鋅錳乃浦等；(2) 氯腈類（FRAC M5）：四氯異苯腈；(3) 苯併咪唑類（FRAC 1, B1）：免賴得、貝芬替、腐絕等；(4) 含氮雜環類（FRAC 2, E3）：依普同、撲滅寧、免克寧等；(5) 銅劑類（FRAC M1）：快得寧（有機銅），氫氧化銅、無水硫酸銅等；(6) 抗生素類：嘉賜黴素、鏈黴素、維利黴素、四環黴素等；(7) 有機磷劑（FRAC 6, F2）：丙基喜樂松、護粒松、脫克松等；(8) 醯基苯胺系（phenylamides, FRAC 4, A1）：滅達樂、滅普寧等；(9) 苯基苯醯胺類（FRAC 7, C2）：福多寧、嘉保信；(10) 二甲醯亞胺類（FRAC 2, E3）：依普同、撲滅寧（2, E3）等；(11) 三唑類殺菌劑（FRAC 3, G1）：三泰芬、待克利、菲克利、護矽得等；(12) 丙烯酸酯類（Strobilurin, FRAC 11, C3）：亞托敏、百克敏、三氟敏、克收欣等；(13) 苯基吡咯類（Phenylpyrroles, FRAC 12, E2）：護汰寧等；(14) 苯胺嘧啶類（anilinopyrimidines, FRAC 9, D1）：賽普洛、滅派林、派美尼等。

（三）除草劑

用於防除雜草之藥劑，依特性與應用方法分爲：(1) 選擇性與非選擇性；(2) 接觸性與系統性；(3) 短效性與長效性；(4) 施用時期：萌前施用、萌後施用等。若依施用之雜草生長時期，則可分爲休眠繁殖體、萌前與萌後除草劑。常用之除草劑爲：(1) 氯乙醯銨類（HRAC K3）：丁基拉草；(2) 吡啶羧酸類（HRAC O）：二，四 - 地、氟氯比；(3) 芳氧苯氧丙酸酯類（HRAC A）：伏寄普、快伏草；(4) 聯吡啶類（HRAC D）：巴拉刈；(5) 硫代胺基甲鹽類（HRAC N）：殺丹；(6) 二硝基苯胺類（HRAC K1）：施得圃；(7) 聯苯醚類（HRAC E）：復氯芬；(8) 甘胺酸類（glycine）：嘉磷塞（HRAC G）、固殺草（GRAC H）；(9) 環己烷雙酮類（HRAC A）：剋草同、得殺草；(10) 硫醯脲類（sulfonylorea, HRAC B）：百速隆；(11) 三嗪類（triazine, HRAC C1）：草殺淨；(12) 尿素類（urea, HRAC C2）：達有龍；(13) 其他類：苯併噻二嗪酮類（HRAC C3）的本達隆、樂滅草、咪唑啉酮（HRAC B）的依滅草、快克草等。

（四）植物生長調節劑

指由人工合成的、可以調控植物生長發育的化學物質，在植物生產中可以促進插枝生根、調控開花時間、塑造理想株型等作用。常用之植物生長調節劑有：(1) 生長素類（auxins）：NAA、IBA、番茄生長素等；(2) 細胞分裂素類（cytokinin, CTKs）；(3) 勃激素類（gibberellin, GAs）：GA_3、GA_4、GA_7；(4) 乙烯類（ethylene）：益收生長素；(5) 離層酸（abscisic acid, ABA）；(6) 茉莉酸類（jasmonic acid）；(7) 油菜素內酯類（brassicnolide）：芸苔素；(8) 水楊酸類（salicylic acid）。

二、生物農藥（bio-pesticides）的種類與用途

生物農藥是指由天然的物質如動物、植物、微生物及其所衍生的產品，包括微生物製劑（微生物農藥）、天然素材農藥及生化製劑。生物農藥因來自生物，對人畜較為安全而無毒害，亦較不會危及鳥類等動物及其他非目標生物，對生態環境亦較安全。生物農藥的作用機制及防除效果可簡單以表 8-1 表示。

表 8-1　生物農藥的作用機制與防除效果

作用	作用機制	防除效果
競爭作用	生物農藥的微生物和病原微生物競爭營養基質。	預防大於治療
寄生作用	昆蟲因受病原微生物（如黑殭菌）的寄生、感染而死亡。	治療
捕食作用	真菌可捕食線蟲，而部分線蟲可以真菌為食物。	治療
誘殺作用	利用昆蟲傳遞訊息的化學物質（性費洛蒙）或誘引劑等誘殺害蟲。	預防及治療
超寄生	病原菌被其他微生物（如木黴菌）所寄生而死亡。	治療
抗生作用	微生物產生的代謝產物（如鏈黴素）抑制病原微生物。	預防大於治療
誘導抗性	本身並無殺菌作用，但可誘發植體產生防禦機制。	預防

作用	作用機制	防除效果
物理作用	植物油類可破壞細胞壁，造成病原菌死亡。	治療
毒性	對害物直接產生毒害作用。	治療

（一）天然素材農藥（植物源農藥）

天然素材農藥是指不以化學方法精製或再加以合成的天然產物，一般多為水劑，易受陽光或微生物的作用後分解，所以半衰期短，殘留降解快，對環境的汙染較少，大量使用時，一般較不會產生藥害；天然素材亦可能因含有其他營養成分，而可促進植株生長，常見者有：菸鹼（尼古丁，nicotine）、除蟲菊精（pyrethrins）、魚藤精（rotenone）、印楝素（azadirachtin）、藜蘆鹼（sabadilla, vertrine）、皂素（saponins）等，以及以中草藥提煉純化的資材。天然素材雖較無化學農藥殘留的疑慮，但仍有其缺點，包括：(1) 多數天然素材因化合物結構複雜，不易合成或合成成本太高；(2) 活性成分易分解，成分複雜，不易標準化；(3) 大多數植物源農藥因藥效發揮較慢，導致有些農民朋友認為所使用的資材沒有防除效果；(4) 發揮藥效所須噴施的次數較多，殘效期短，不易為農民接受；(5) 由於植物的分布存在地域性，在加工場地的選擇上受到的限制因素多；(6) 植物的採集具有季節性，不易全年穩定生產；(7) 受植物生長狀況影響，有效成分較不穩定，可能影響防治效果；(8) 含其他未知成分。

部分天然素材可防除病蟲草害，並具備低毒性、無環境危害及免定殘留容許量等高安全性特質，農委會於 1997 年 7 月 18 日修正公布增訂為不列管農藥，期間因產學研業界對該類天然素材產品的誤解及認知落差，經過數次會議及公聽會持續溝通，並排除食品類（例如咖啡渣、醋、辣椒及大蒜等）後，農委會於 2015 年 8 月 14 日發布了「免登記植物保護資材申請程序及審核原則」，並將該類天然素材定名為「免登記植物保護資材」。依各程序完成登錄的產品相關資訊均刊載於行政院農業委員會動植物防疫檢疫局網站，而經公告的免登記植物保護資材，不適用《農藥管理法》之規定，但其標示、宣傳或廣告，不得有虛偽或誇張之情事。截至 2023 年 7 月，已公告免登記植物保護資材的成分共計 21 種，包括：甲殼素（甲殼素鹽酸鹽）、大型褐藻萃取物、苦楝油、矽藻土、次氯酸鹽類、碳酸氫鈉、苦茶粕（皂素）、無患子（皂素）、脂肪酸鹽類（皂鹽類）、二氧化矽、碳酸鈣、高嶺石、中性化亞磷酸、矽酸鉀、柑桔精油（D- 檸檬烯）、木醋液、竹醋液及其他植物源乾餾醋液、壬酸／壬酸胺（鹽類）、幾丁質、磷酸鐵、肉桂精油（肉桂醛）、澳洲茶樹精油（資料來源：動植物防疫檢疫署）。

（二）微生物製劑

用於防治農作物病害、蟲害、雜草，或誘發農作物產生抗性的微生物，或由其代謝產物所製成的產品，來源包括眞菌、細菌、病毒、原生動物、線蟲等。至 2023 年臺灣已登記使用之微生物製劑如表 8-2 所示。

微生物製劑無化學農藥殘留問題，具有專一性及多項優點，但仍有數點缺點，而不易爲農民所接受，分別將其優、缺點描述如表 8-3：

表 8-2　臺灣已登記之微生物製劑種類與防治對象 *

種類	不同菌系	防治對象
庫斯蘇力菌	ABTS-351	十字花科紋白蝶、蔬菜鱗翅目害蟲
	E-911	十字花科小菜蛾
	SA-11	十字花科小菜蛾、玉米玉米螟、茼蒿夜蛾類
	SA-12	十字花科小菜蛾、紋白蝶、菜心螟、擬尺蠖、玉米玉米螟
	EG-2371	十字花科小菜蛾、玉米玉米螟
	EG-7841	甘藍小菜蛾
鮎澤蘇力菌	701	小菜蛾、玉米玉米螟、蔬菜夜蛾類
	NB-200	番茄甜菜夜蛾、番茄夜蛾類
	GC-91	玉米玉米螟、甘藍小菜蛾
	ABTS-1857	甘藍小菜蛾
核多角體病毒		蔥甜菜夜蛾
白殭菌		十字花科小菜蛾
枯草桿菌	WG6-14	水田秧苗徒長病
	Y1336	水稻紋枯病、甘藍根瘤病、豆菜類白粉病、瓜類露菌病、檬果蒂腐病、蓮霧番荔枝果腐病、檬果蒂腐病、蘭科黃葉病
	KHY8	水稻稻熱病、檬果炭疽病及細菌性黑斑病、果樹炭疽病

種類	不同菌系	防治對象
蕈狀芽孢桿菌	AGB01	蘭黃葉病、水稻紋枯病
貝萊斯芽孢桿菌	BF	水稻白葉枯病、十字花科黑腐病、柿及草莓灰黴病、檬果細菌性果斑病
	BACY	番茄細菌性斑點病
純白鏈黴菌		果樹疫病
液化澱粉芽孢桿菌	PMB01	青枯病（茄科、胡蘆科）、萎凋病（蔬菜、花木）
	CL3	灰黴病（草莓、蔬菜、花木）
	Ba-BPD1	灰黴病（草莓、蔬菜、花木）
	YCMA1	十字花科蔬菜等黑斑病及葉斑病、柑桔潰瘍病等
	QST713	萵苣露菌病、十字花科露菌病等
	Tcba05	菜豆萎凋病、萎凋病
木黴菌	綠木黴菌 R42	苗立枯病
	蓋棘木黴菌 ICC 080/012	疫病
	棘孢木黴菌	
	蓋姆斯木黴菌	

* 資料來源：動植物防疫檢疫署

表 8-3　微生物製劑的優、缺點

優點	缺點
1. 低毒性，對人、動物、植物較無危險性。	1. 防治效果較化學農藥慢，且施用次數較多。
2. 較不會產生抗藥性。	2. 藥效較短。
3. 具有專一性，安全性高。	3. 價格較貴。
4. 不會有殘留的問題。	4. 防治的害物種類有限，使用上容易受到限制。
5. 對病蟲害專一性強，不殺害害蟲之天敵和有益生物，能保護生態平衡。	5. 大量生產較困難。
6. 低毒性、傷害環境風險低，可以避免對環境造成影響。	6. 防治效果易受環境因素的影響。
7. 較容易登記上市。	7. 不易與化學農藥混合使用。
8. 可保存遺傳資源，為可以重複利用的資源。	8. 使用技術門檻與成本通常較高。
9. 噴灑農藥的時候，比較不會損害身體健康。	9. 生產規模小，產品品種單一。

（三）生化製劑

生物所分泌的化學物質，用以傳遞訊息者統稱爲化學傳訊素（semiochemicals），化學傳訊素又可分爲二類：一類是不同種生物個體間的傳訊素，稱爲異體作用素（allelochemicals）；另一類爲同種生物個體間的傳訊素，稱爲費洛蒙（pheromone）。費洛蒙是一種由成熟的生物個體所分泌至體外的化學物質，可被同種的其他個體接收，而引發某些特殊的反應，包括特定的行爲或發育過程，利用此一特性，昆蟲的費洛蒙常用於特定的害蟲防治。

昆蟲費洛蒙依照作用方式可分爲四種：(1) 警戒費洛蒙（alarm pheromone）：昆蟲爲了達到防禦或逃避敵害的目的而分泌的費洛蒙，如蜜蜂、螞蟻、薊馬及蚜蟲的警戒費洛蒙；(2) 聚集費洛蒙（aggregating pheromone）：昆蟲爲了群聚生活而分泌的費洛蒙，如玉米象、穀蠹、松甲蟲等的聚集費洛蒙；(3) 聚集或蹤跡費洛蒙（recruiting or trail following pheromone）：昆蟲爲增加搜尋食物的機會而分泌的費洛蒙，如蜜蜂及螞蟻的招募費洛蒙；(4) 性費洛蒙（sex pheromone）：雌蟲所產生及釋放的一種或者多種化學物質，能夠引誘及刺激雄性，使之互相交尾而達到傳宗接代的目的。當然現在所知道的性費洛蒙不只限於雌蟲，雄蟲亦可能產生，但是重要農業蟲害當中的鱗翅目的蛾類，仍然是以雌蛾產生性費洛蒙爲最多。

目前可以利用有機化學合成方式製造人工性費洛蒙，用於防治農業害蟲，故稱爲生化製劑。性費洛蒙具無毒性、種別專一性、微量（0.1 mg-50 g/ha）即有效、安全性高、經濟、有效、不汙染環境的優點，是對環境友善的植物保護資材。臺灣發展、應用較爲普遍之性費洛蒙有楊桃花姬捲葉蛾、斜紋夜蛾及甜菜夜蛾、甘藷蟻象、茶姬捲葉蛾、小菜蛾及薊馬警戒費洛蒙等。在田間應用主要有三種方法，分別爲偵測法、大量誘殺法及交配干擾法。

1. 偵測法：應用性費洛蒙可偵測到極低的棲群，特別是監測入侵的害蟲及害蟲的活動，同時可應用監測結果推測預期的棲群密度，提供適時用藥的資訊。若以性費洛蒙誘集配合卵塊的調查或其他監測方法，可提早防患蟲害猖獗，尤其是在利於蟲害發生的氣候條件下應用，往往事半功倍。
2. 大量誘殺法：當蟲害已經發生時，利用性費洛蒙大面積懸掛，大量誘殺成蟲可有效降低成蟲密度而預防蟲害大發生，防治效果極佳，若於初期發生時即時誘殺，更可讓防治效果發揮至極限。

3. 交配干擾法：性費洛蒙大量分散於環境中，可使雄蟲失去方向感，因擾亂交配而減少產卵率，且不影響非標的昆蟲的棲群，當害蟲之食性單純，遷移能力不強，棲群密度較低時，效果較佳。

（四）其他誘引劑

1. 滅雄處理：於果園內外懸掛含毒甲基丁香油誘殺器可誘殺東方果實蠅雄蟲，藉降低自然界中的雄蟲數，減少雌蟲的交尾的機率，以達到降低族群的目的，因主要是誘引東方果實蠅的雄蟲，通常又稱之為性誘引劑。
2. 食物誘殺（蛋白質水解物）：果實蠅類雌成蟲在卵成熟前，須攝取高蛋白的物質才能使卵發育完成，利用蛋白質水解物加上較無味道之農藥進行調製，可以有效誘引成蟲前來取食，進而殺死雌蟲及雄蟲。目前以商品化之酵母錠加水稀釋後懸掛於果園，雖未添加殺蟲劑，仍可達極佳之誘殺效果。

三、農藥施用的作業流程

農藥施用可分為施用前、施用時與施用後等三階段作業流程。施用前之作業流程主要為藥劑選擇與施藥器械之選用、校準，施用時之作業流程為如何精準施藥以發揮藥效與注意事項，施用後之作業流程則為施藥紀錄與藥劑及器械貯存，同時施用人員的安全亦為考量重點。

（一）農藥施用前之作業流程

1. 正確診斷，確認欲防治的害物對象：施用農藥前務必正確診斷，確認田間發生的害物種類，方可有效防除，而正確診斷的過程須包括：(1) 詳知栽培環境與作物生長勢：作物種類、生長狀況、栽培條件與作物生長之環境條件均會影響害物之發生與受害度。栽培環境包括溫度、溼度、通風及土壤之物理及化學性質，栽培管理方式包括種植時間、施用肥料之種類、施用量與施用次數、除草方法、排灌水及施用藥劑之種類、施用量與施用次數等。(2) 保存可供害物診斷之詳細資料與圖鑑，作爲診斷的依據。(3) 依據環境條件與害物發生狀況，正確診斷，確定施藥目標害物，限於環境因素或受害狀況而不足以正確診斷時，接受專家指導較易達到對症用藥目的。

2. 藥劑選擇

(1) 藥劑種類與作用機制：不論殺蟲劑、殺菌劑或除草劑，不同種類的藥劑具有不同的作用機制，亦各有特定的防治對象，藥劑防治前需先具備藥劑的基本常識，方可在使用時發揮最佳藥效，接觸性或系統性藥劑、萌前或萌後除草劑均明顯影響藥劑的使用方法及防除效果，在藥劑選擇上均爲重要且須謹慎考量的參數。

(2) 依據診斷結果，對症用藥：依據診斷結果，選擇合適的農藥種類，方可對症用藥，當有多種農藥可供選擇時，選用對人畜及非目標生物毒性最低的種類；若可選用之多種農藥毒性相當時，可選用安全採收期較短的種類，或是可同時防治多種害物的藥劑種類。此外，購買農藥時，一定要先看清楚標籤，標籤上的使用方法中若未列出欲防治的作物及害物時，不可施用，以免違規、受罰；並且不要購買標籤不清或包裝破損的農藥。選用藥劑時宜考慮：①目標作物之已登記藥劑清單，內容須涵蓋化學名稱、藥劑類別、作用機制、單位面積施用的藥劑量、持久性（再進入間隔、安全採收期）、最佳施用技術、最佳施用時機、移行性與接觸途徑、每季最高使用次數、對天敵及授粉昆蟲之毒性等；②依害物種類、作物的受害部位與農藥特性選用合適的已登記農藥；③依據藥劑的標示正確施用（依照標籤使用農藥）；④當有多種藥劑可供選擇時，選擇優質且價格合理之登記藥劑；⑤爲維護施用人員安全，儘量選用較低毒性的農藥。由於植物保護資材的種類繁多，特性亦不同，宜經訓練後使用，方可得心應手。因此，在未澈底掌握相關資訊而有把握可正確施用時，宜接受專家指導與建議，以達事半功倍之效。

3. 施藥器械選用：施藥器械是影響藥效極爲關鍵的因素，故須審慎選擇，以免藥效無法充分發揮。

(1) 選擇性能良好的施藥器械，並正確使用：施藥器械的選用依據爲施藥面積大小、作物種類、害物種類、藥劑劑型及藥劑標示上之使用方法及藥液量，根據不同的作業需求、不同作物及害物發生情形，選擇合適器械，並定期檢查，施用前須檢查施藥裝備及噴頭是否正常，噴頭並需定期且規律性地清洗與校準，遇有損害現象時應立即更換，噴藥時噴藥器械裡的藥夜不可太滿，避免溢出。

(2) 依作物種類與藥劑種類選用施藥器械：以選用可以控制流速且藥粒均勻分布之噴霧器械爲宜，並依噴施作物及面積選用，小面積栽培作物或低莖作物可採用小型噴霧器，但大面積栽培、高莖植物及果樹類則以採用動力噴霧機爲宜，大規模種植作物可採用無人植保機及空中施藥。

①噴頭的材質：噴藥器械中最易影響藥劑施用準確度的零件爲噴頭，一般常採用、製作噴頭的材質有黃銅、塑膠、不銹鋼及陶瓷等，其中以陶瓷噴頭最不易磨損，且準確度高，但價格亦最高。而黃銅材質的噴頭在目前仍爲臺灣農民普遍使用，價格最便宜，但易磨損，準確性亦較低，易造成施藥不均勻現象，輕者影響藥效，嚴重時可能導致藥害或殘留量過高。

②噴頭的噴霧方式：一般以噴灑爲目的的噴頭噴霧方式可簡單分爲扇形、圓錐形及空心圓錐形。爲避免發生藥害而影響作物生長，噴灑除草劑的器械宜專用，並以扇形噴頭爲佳；噴施殺蟲劑或殺菌劑時可選用圓錐狀和空心圓錐狀噴頭。土壤灌注、噴施粉劑或灑施粒劑時，可選用其他適用類型的噴頭，以發揮最佳藥效。

③依作物種類選擇：平面式栽培或植株矮小的作物可選用扇形噴頭；果樹或茶樹等植冠較爲密集生長時，爲使藥液穿透入植株內側，可採用圓錐形或空心圓錐形噴頭。

④依作物之不同生長期選用不同之噴頭：幼苗期選用口徑較小、流量較低之噴頭，作物生長中後期，則選用口徑較大、流量較高之噴頭。

⑤藥液霧粒選擇：相同體積的藥液，分散形成的霧粒滴數越多，霧粒越細，反之，則霧滴越粗。霧粒越細小，能沉積覆蓋標的物的表面積越大，農藥使用量亦會減少，但藥液霧粒易飄散。噴灑時視藥劑之作用機制，決定噴灑方式，但需整株均勻噴灑。

(3) 器械使用前檢查：噴霧機或施藥器械使用前宜先檢查，以確保功能正常與藥

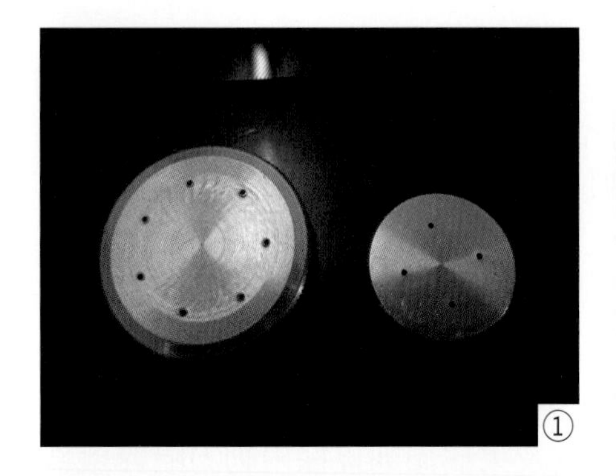

① 臺製黃銅噴頭
② 塑膠噴頭
③ 不銹鋼噴頭
④ 臺製不銹鋼噴頭
⑤ 陶瓷噴頭

劑均勻分布，檢查流程如下：①加壓的活塞及活動機件均應加注潤滑機油，並定期保養；②各部位均不能有漏液現象，發現漏液，應先修妥後使用；③噴霧機藥液注入口的濾網必須放置妥當，且不能破損，避免雜物進入而阻塞；④檢查並校正流量及壓力是否正常；⑤先加壓至壓力足夠時再進行噴霧，注意噴霧之情形，如有噴霧不均，或噴頭堵塞之情形時，應更換、調整噴頭

⑥ 扇形噴霧（李元仁提供）
⑦ 圓錐形噴霧
⑧ 空心圓錐形噴霧

或拆下清洗；⑥發現藥液滴漏或滲漏時，應立即停止施藥，並檢修。

(4) 器械使用前校準：農藥施用器械使用前必須校準，以確認藥劑被均勻施用及藥液霧粒粒徑穩定且降低飄散現象，方可掌握準確之施用量而符合藥劑標示之要求，確保在固定面積準確且均勻地噴施固定藥液量，並確定藥劑之實際施用量。影響藥液量的主要因素有三個，一爲噴頭，種類、流速、流量、均勻度、類型等均會影響噴施效果；二爲施藥時所採用的壓力大小，壓力越大霧粒越小、流量越大，但壓力增至一定値時，不但無法控制流量，反而易造成噴頭磨損；三爲施藥人員的前進速度，或是噴藥車前進速度及無人機飛行速度，三者均爲施藥前須先校準的項目。不論使用任何器械、均須維持穩定、均勻之前進速度。

(5) 決定噴施方法：依據田間害物發生狀況與作物種類、大小與生長勢，確定是全面噴施、條狀噴施、直接噴施或是點狀噴施。

(6) 噴頭在噴桿上的安裝距離：噴頭之噴孔大小與噴施流量、前進速度及噴桿上之噴頭距離相關，針對每一噴霧型式及噴霧角度，製造廠商均會建議噴桿高度與噴頭在噴桿上的距離，一般較常用的噴頭距離為 50 公分及 75 公分。

(7) 噴桿高度：調整噴桿高度可調整噴幅而有利於全面覆蓋防治對象，同時降低飄散機率。使用 110° 扇形噴頭時噴桿高度較 80° 噴頭低，適當噴桿高度，可調整噴幅重疊性及較佳的噴霧形態。

（二）農藥施用時之作業流程

農藥施用時之作業流程包括：精確秤量與調配藥液、把握精確之藥液量與最佳覆蓋率、掌握最佳施藥時機、應用最佳使用方法、嚴防藥液飄散，避免造成鄰田汙染、排除田區環境因子對藥效之影響等。

1. 精確秤量與調配藥液：精準的藥劑量為合理用藥之基礎，當藥劑未精準秤量與調配時，則無法確切掌握施藥濃度及施用藥劑量，藥效因而受到影響，因此調配藥液前，須先確認施藥面積，依據面積計算藥液量，而後換算所需之藥劑量，方可準確掌握藥劑量，配合精確調配藥液，而達精準施藥的目標。
2. 調配藥劑之安全措施與注意事項：(1) 配製農藥應在遠離住宅區、牲畜和水源的地方進行。(2) 秤藥前後均要保持農藥包裝的標籤完好無破損。(3) 根據藥劑性質和用量妥善秤量藥劑，配製時防止藥劑濺灑、散落而造成汙染。(4) 開封使用後剩餘的農藥應封閉在原包裝中安全貯存，不可轉移到其他包裝中，如飲料瓶或食品的包裝。如不得不分裝農藥時，宜採用新的、乾淨的、可密封的容器，並詳細加註農藥資訊；必須使用舊容器時，須將原包裝標示移除後，並以明顯方式標示農藥之詳細資料。(5) 不可利用瓶蓋量取農藥或用裝飲用水的容器配藥，亦不可使用盛裝藥液的水桶直接至灌溉溝渠或水源區取水。(6) 配製過程中不可徒手接觸農藥和攪拌農藥，應採用專用器具配製並使用工具攪拌。(7) 藥劑要隨配隨用，最好在當天施用完畢。(8) 配藥器械宜專用，每次使用後必須徹底洗淨，但不可在水源邊及水產養殖區附近沖洗。(9) 避免用井水配藥，因井水中含有較多鈣、鎂等礦物質，易與藥液起化學反應，生成沉澱物而降低藥效。(10) 避免使用汙水或灌溉水配藥，因汙水或灌溉水含雜質多，除易堵塞噴頭外，亦可能破壞藥液的穩定性。

3. 把握精確之藥液量與最佳覆蓋率：藥液噴施於作物表面並全面覆蓋時最可發揮防治效果，過多之藥液會溢流，除降低作物表面之覆蓋率外，亦會造成環境汙染，因此，施藥時須依作物之不同生長期調整藥液量，以避免藥液量過高而汙染環境，但若藥液量過低而未將作物全面覆蓋時，則防治效果不佳，亦即苗期與成株施用之藥液量不同。而同一面積噴施相同藥液量時，藥液霧化程度佳，覆蓋率高，防治效果佳，但若霧化程度差，雖噴施 3 倍以上藥液而溢流，防治效果仍較差。爲維持精確之藥液量與最佳覆蓋率，施藥時須依設定之施藥條件，定量、均勻噴施藥液，同時維持穩定、均勻之前進速度。
4. 噴頭與作物之距離（噴頭高度）：由於一般噴霧器均採用壓力霧化方式，將藥液由水霧化成霧粒狀，約須在 30 公分以上的距離方可完全霧化，是以噴藥時，噴頭與作物的距離須保持至少 30 公分以上，避免將噴頭緊靠著作物表面噴施。此外，噴頭與植物的距離越近，噴出的藥液對作物表面的衝擊力越大，藥液越容易因反彈而掉落地面，作物表面的藥液反而減少而降低藥效。
5. 施用方向：依病蟲害危害作物的位置選擇施用方向，使藥液均勻、有效接觸防治對象。病蟲害如稻熱病、白葉枯病、蚜蟲等主要危害葉片上表面，施藥時須將藥液噴施葉片上表面，噴頭可向下，由上往下斜噴；病蟲害發生在植株下表面如葉蟎、粉蝨、露菌病等，則噴頭向上，由下往上斜噴，但不論噴頭向上或向下，與植株呈 10-15° 角時，有利於藥液霧粒穿透進入植株內層，而發揮更佳藥效。

⑨ 噴施葉片上表面，噴頭由上向下斜噴
⑩ 噴施葉片下表面，噴頭由下向上斜噴

6. 藥液均勻覆蓋於作物表面：防除闊葉雜草及爬行的昆蟲時，因爲較易接觸到防治對象，可以施用較大、較少的霧粒，防除飛行的昆蟲時，則須噴施較細、較多的霧粒，比較容易接觸到防治對象。噴施系統性藥劑時，藥液霧粒可較大，而接觸性藥劑則須施用較細霧粒。針對禾本科及表面有臘質或葉毛的作物，霧粒較小時，更容易附著在植物葉片、蟲體或病菌上而發揮防除效果，必要時可添加展著劑。
7. 掌握最佳施藥時機：作物病蟲害防治應遵循「預防爲主，整合管理，非不得已避免噴施藥劑」的方針，儘可能減少化學農藥的使用次數和使用量，以減輕對環境、農產品品質安全的影響，精確掌握噴藥時機可提高藥效，進而減少農藥的使用次數。施用時機之決定受下列因素影響：(1) 最佳的噴霧時機與作物、害物的生長發育階段息息相關，須掌握害物對藥劑最敏感的時期施藥。(2) 害物發生初期施藥，或環境條件利於害物發生時，提前施藥，可有效抑制害物繁殖而延緩族群與危害擴展，進而減少施藥次數。(3) 施藥時間受氣象條件的影響，氣象因子如：溫度、相對溼度、風向和風速及降雨量等均可能引起藥液霧粒的物理性揮發、飄散，同時可能影響藥液霧粒的沉積效率。(4) 依作用機制選擇發生時期適用的藥劑。不同類別的殺蟲劑具有不同的殺蟲效果，分別爲殺卵、殺幼蟲或殺成蟲，若施用時機不對，無法發揮最佳的殺蟲效果，故選用殺蟲劑時，宜先了解該藥劑之殺蟲機制及施用時機。此外，系統性與非系統性藥劑的施用時期與作用機制亦爲選用的依據。(5) 以每天上午10點以前、下午4點以後爲最佳施藥時間。(6) 陰雨天之農藥施用技術：爲使雨季之藥效不致受太大影響，建議可由下列面向思考：①選用系統性農藥；②改變施藥方法；③選用耐雨水沖刷農藥：部分藥劑於施藥後 2-4 小時內，可在作物表面形成藥膜，不影響藥效；④藥液中加展著劑、黏著劑；⑤選用微生物農藥；⑥選用速效性農藥。
8. 應用最佳使用方法：最適當的藥劑使用方法，可由四個面向考量，分別爲：依作用機制選擇施用方法、建立藥劑混合使用方法、建立藥劑輪流使用方法，以及探討最佳施用方法。
9. 嚴防藥液飄散，避免造成鄰田汙染：藥液飄散除造成鄰田汙染外，可能降低田區之藥液量而影響藥效。影響藥液飄散的環境因子包括風速、風向、溫度、溼度及氣流。低溫、高溼時，蒸散作用小，藥液霧粒粒滴不易變小，較不易飄散；高溫、低溼時，蒸散作用強，藥液霧粒粒滴易變小而較易飄散；強光照下，藥液霧粒粒滴易因蒸散而變小，較易飄散，宜避免噴藥。為防止飄散，國外對適合施藥風速均有建議，一般以蒲福風級 1-2 級時為最佳施藥條件（表 8-4），亦即最適合施藥之風速為 1-2 公尺／秒。此外，可採取下列作業方法以降低藥液飄散：(1) 添加展著劑；(2) 設置緩衝區或隔離區；(3) 選擇適合施藥的時間；(4) 考慮藥液沉澱問題；(5) 慎選、使用合適之施藥器械。此外，仍須考量下列因素：是否在鄰近住宅區施藥？噴施區域包含不同作物、連續採收作物或觀賞作物時，是否會因飄散對其他作物造成影響？是否曾因飄散而被投訴？是否必須在不適合的環境條件下施藥？若必須在不適合條件下施用，應採取的防範措施為何？

表 8-4　風速種類、分級與施藥選擇表

蒲福風級	種類	風速（公尺／秒）	一般敘述	施藥選擇
0	無風（calm）	<0.3	煙直上	選擇性施藥
1	軟風（light air）	0.3-1.5	僅煙能表示風向	超低量或低量施藥
2	輕風（slight breeze）	1.6-3.3	人面感覺有風，樹葉搖動	低量或中、高量施藥
3	微風（gentle breeze）	3.4-5.4	樹葉及小枝搖動不息	中高量施藥，避免噴施除草劑
4	和風（moderate breeze）	5.5-7.9	塵土及碎紙被風吹揚，樹之分枝搖動	停止施藥

10. 排除田區環境因子對藥效之影響：在施藥前，必須先了解影響藥效的因素，因時、因地修正施用的藥劑量和技術，而達最佳效果。影響藥效的因子為：(1) 土壤因素：如土壤有機質含量、土壤含水量與土壤結構；(2) 氣候因素：雨量、溫度、溼度、光照，以及風向與風速等；(3) 抗藥性：所謂抗藥性，係指藥劑經一段時間且正確使用後，誘導害物產生穩定之變化，致使害物對藥劑之敏感度降低，造成藥效明顯降低的現象，稱之為抗藥性。抗藥性的產生，一般認為乃藥劑選汰及基因突變二者所造成。因藥劑並非將所有的目標害物殺死，故連續在同一地點，施用同一種藥物，易導致敏感族群死亡，頑抗族群存活，並將其抗藥特性遺傳至下一代，代代相傳，終至使抗藥性族群占優勢，此時可能藥劑失

效，或必須使用更高的藥劑量才能達到防治的效果。然而農藥無法發揮藥效，並非皆因爲有害生物對藥劑產生抗藥性，施藥時務必正確的施藥，使用正確的劑量以及正確的施用方法，同時需對症下藥，除可發揮最高藥效，同時可降低抗藥性發生風險；(4) 稀釋用水：配藥的水質會對藥效產生明顯的影響，包括破壞藥液之理化安定性，或主成分分解、乳化或分散不良、沉澱、黏度改變等，導致藥液分布不均而影響藥效，須考量的水質因子有酸鹼度、硬度、電解質、氯含量與有機物或無機懸浮微粒等；(5) 作物生長勢：田區之栽培管理方式直接影響作物之生長勢，進而影響害物之發生狀況，間接影響藥劑之防治效果。田間影響因子之排除須藉由加強下列措施：(1) 加強田間管理，降低害物之族群密度，可間接提升藥效；(2) 避免氣象因子影響藥效：選擇適宜之氣候條件施藥，尤其是下雨時應立即停止施藥；(3) 加強施藥用之水質檢測與管控，在調配藥液前宜先測定水質，必要時加以調整。

（三）農藥施用後之作業流程

施藥後須保存完整的施藥紀錄，以爲未來改進之參考，同時須澈底清洗、保養施藥器械，以維持最佳性能，此外，妥善與安全保存藥劑與清理廢棄物亦是施藥後之重點工作。

1. 保存施藥紀錄：施藥紀錄至少須詳細記載下列內容：(1) 作物名稱、品種、栽培管理與生長勢資料；(2) 施用地點與施用田區範圍與面積；(3) 害物種類、學名、俗名、危害狀況與危害程度；(4) 施用日期；(5) 施用人員；(6) 藥劑之種類、商品名稱與有效成分；(7) 施用之藥劑濃度、藥劑用量與藥液量；(8) 施用之技術授權與登記狀況；(9) 施用器械種類、校準與清洗紀錄；(10) 施藥前後之氣象因子；(11) 安全採收期；(12) 施藥後之植物反應與藥效評估；(13) 其他田間與施藥相關資料包括飄散防止措施等；(14) 剩餘農藥、藥液與廢棄物處理措施：剩餘藥液與藥桶清洗液處理以不損害食品安全亦不汙染環境爲原則，以剩餘藥液與藥桶清洗液噴灑作物時，不得超出標籤載明之總劑量。
2. 器械清洗、保養與存放：施藥器械使用後須澈底清洗後加以必要之保養，並檢查各部分零件是否可正常運轉，必要時準備備用零件，同時存放於固定位置。

3. 廢棄物處理：須避免汙染水源與土壤，同時妥善處理廢棄物，並對非標的生物進行安全防護。
4. 妥善、安全貯存藥劑：農藥選購後，爲確保藥效與安全，貯放時宜考量下述因素：(1) 根據實際需求量購買農藥，儘量減少貯存量和貯存時間，避免囤積變質和安全顧慮。(2) 少量剩餘農藥應保存在原包裝中，密封貯存並上鎖，不得用其他容器盛裝，嚴禁使用空飲料瓶分裝剩餘農藥。(3) 貯存在安全、合適的場所；應貯放在兒童和動物接觸不到，且涼爽、乾燥、通風、避光的地方。(4) 農藥須單獨貯放，不可與食品、糧食、飼料靠近或混放；不可和種子一起存放，因爲農藥中的有機溶劑有較強的腐蝕性，會降低種子的發芽率。(5) 貯存的農藥包裝上應有完整、牢固、清晰的標籤。(6) 貯架時，固態藥劑存放於上層，液態藥劑存放於下層，避免包裝容器破損或未密封時，藥液滲流或溢出而造成汙染。(7) 殺菌劑、殺蟲劑及除草劑應分開貯放，避免互相汙染或誤用。

（四）施用人員之安全防護

農藥可經由下列三種主要管道進入人體：(1) 經由皮膚和眼睛：農藥與皮膚接觸，經皮膚吸收而進入人體；(2) 經由口服：因食用或飲用農藥汙染的食物、飲料或含農藥殘留的蔬果，由口服進入人體；(3) 經由呼吸吸入：藥劑以氣體、粉末、霧狀或蒸氣狀況，經鼻呼吸而進入人體。因此藥劑使用過程中必須有確實而適當的安全防護，包含：(1) 因應不同藥劑類別確認、應用所需要之防護裝備；(2) 依所施用之藥劑特性，穿戴適當之防護衣物；(3) 不可使用滴漏的器械噴藥；(4) 注意風向，依風向調整前進方向，噴藥時前進方向與風向呈垂直，並將噴頭置於下風側，若前進方向無法與風向呈垂直時，順風前進時，噴頭置於前方，逆風前進時，噴頭置於後方；(5) 身體沾染農藥後，須立刻沖洗；(6) 發生農藥中毒時，立刻送醫，並攜帶貼有標籤之農藥容器；(7) 噴藥時間以每人每天不可超過 4 小時爲宜；(8) 勿連續多日噴藥，以維護自身安全（修改自楊秀珠，2012b）。

四、農藥精確使用技術

農藥精確使用技術最主要目的爲有效使用藥劑，若能建立精確施藥流程，因應不同作物與害物而調整施藥方式，當可提高農藥施用的效率，因此，用對藥劑、用對時間與用對方法的施作模式是必須建立，且是不可忽視的。

（一）農藥精確使用流程

農藥精確使用可簡化爲下列六流程：

1. 依據環境條件與害物發生狀況，正確診斷。
2. 依據診斷結果，並按照藥劑登記狀況，慎選適用的藥劑。
3. 採購時、施用前核對，確認符合「按標示使用」之規定。採購時先核對廠商所提供的藥劑是否符合「按標示使用」的規定，首先要核對使用方法中標示的作物及害物種類是否確實爲所須施藥的防治對象；其次逐一核對標示上的藥劑名稱、商品名、有效成分、廠商資訊等資料，同時須注意保存期限，避免購入過期或即將到期的藥劑而影響藥效。施藥前亦須重新核對一次，避免誤用農藥。
4. 調校施藥器械，定量、均勻噴施藥液，同時確實保護自身安全。
5. 施藥後詳實記錄，作爲下一期作施藥與防治之參考。
6. 澈底清洗施藥器械，經乾燥後貯放於合適的地點，並妥善處理廢棄物。

（二）不同作物與害物之施藥方法

農藥施用方法並非只有噴霧法一種，可採用的施用方法分別爲：(1) 噴霧法，最常使用之方法；(2) 粒劑施用法；(3) 種子處理法，如拌種、浸種等；(4) 土壤處理法，如土壤灌注與土壤混拌、介質混拌與澆灌等；(5) 毒餌法，如老鼠餌劑、紅火蟻餌劑等；(6) 熏蒸法，常用於貯藏空間與溫室消毒等；(7) 噴粉法；(8) 煙霧法；(9) 塗抹法；(10) 注射法，常用於防除枝幹發生之病蟲害，如褐根病、黃龍病、天牛等。

1. 蔬菜類作物：小葉菜類須在幼苗期加強防治，苗期以扇形噴頭自植株斜上方噴施，生長中後期可改用圓錐形噴頭視害物發生部分與危害度，由上向下或由下向上噴施，甚至上下二面均須均勻噴施。包葉菜類須於結球前加強防除，苗期以扇形噴頭自植株斜上方噴施，生長中後期可改用圓錐形噴頭，視害物發生狀況，決定施噴方向。若採作畦栽種，畦溝不須施藥時，採條狀噴施，可採用長桿多噴頭噴桿以快速施藥，此時可使用小角度噴頭，並調整噴頭距離於作物上方噴施，避免藥液浪費及環境汙染。但若植株生長勢旺盛而覆蓋全田區，須全面噴施時，可改用寬角度多噴頭噴桿，亦可提高噴桿高度及稍加大壓力。

2. 瓜類、豆科及茄科等籬架式栽培作物：生長初期葉片仍稀疏時，可用扇形噴頭，生長中後期可改用圓錐形噴頭，視害物發生位置由上向下或由下向上斜噴，亦可採多噴頭噴桿施藥，視實際需要調整噴頭角度，必要時採用 1 噴頭 2 噴孔方式。
3. 果樹類作物：全株施藥時，可採用圓錐形噴頭斜上、斜下交替噴施，以達全面噴施效果；果實套袋前可使用小角度噴頭或利用不同規格的空心圓錐零件調整成小角度，噴頭由果實下方斜上噴施，以利將果實全果噴施均勻；若病蟲害只發生於心芽或幼嫩組織，可依發生位置選擇噴施方向。單位面積藥液量估算時，以全區生長勢較為均勻且占多數之植株為基準，以最合適之施藥條件（霧粒大小及藥液量可均勻覆蓋）、以水測試單株用水量，再以植株數換算全區之藥液量。
4. 棚架式栽培作物：如絲瓜、葡萄等，為達全面均勻噴施，可用長噴桿多噴頭由下向上噴施，但噴頭距離必須固定，且噴頭與植株距離須經校準，使噴藥幅寬互相小面積重疊後再行施藥。
5. 糧食作物 / 雜糧作物：生長初期可採用扇形噴頭噴施，生長中後期植株全面覆蓋須全園噴施時，使用寬角度噴頭、多噴頭長噴桿，採用全區施藥，霧粒較易全面覆蓋。

五、化學農藥安全使用

化學農藥安全使用須涵蓋農作物安全、農產品安全、生產者安全與環境安全四面向，而非僅注重施用後之農藥殘留量與安全採收期：(1) 農作物安全：未發生藥害造成農產品損失，或因產生抗藥性致藥效降低而增加施藥次數或提高藥劑量，致藥害發生機率高且易造成殘留超過安全容許量；(2) 農產品安全：嚴守優良農業操作，生產殘留量低於安全容許量的農產品，保護消費者安全，並提高施用技術而生產無農藥殘留的農產品；(3) 生產者安全：督促使用者於使用前詳知藥劑毒性，並依毒性作不同程度之安全防護，確保施用人員安全；(4) 環境安全，依登記使用方法施用並避免飄散，降低對環境的汙染，同時降低對非目標生物及有益生物的危害。

當投資報酬率的評估發現，藥劑之施用已無可避免時，爲維護農產品安全，以輪用的方式施用，而非定期性施用化學藥劑，可延緩藥劑抗藥性產生而利於藥劑管理，藥劑輪流使用時，宜考量採用不同作用機制之藥劑，同時考量每一藥劑發揮藥效之最少施用次數，同時避免傷及有益生物及天敵爲不可忽略之重點，於釋放天敵之地區，尤需防患殺蟲劑對天敵之殺傷力。爲更進一步增進農產品的安全性，則須考量下列之農藥使用與作物管理模式：(1) 合理使用農藥；(2) 選用藥效高、毒性低、殘留期短的農藥；(3) 效果相近時，儘量選擇對人畜毒性低且不易飄散的農藥劑型使用，粒劑最不易飄散，而後依次爲液劑、粉劑；(4) 限制使用次數；(5) 噴藥時避免藥液飄散而汙染非施藥區域；(6) 嚴格遵守安全採收期規定；(7) 農藥汙染較嚴重地區，種植抗病、抗蟲作物品種，降低農藥施用量；(8) 種植不易受害物侵染之作物，減少用藥量；(9) 選用生物農藥；(10) 害物整合管理。因此，於施藥前，宜將病蟲害詳加診斷後，再依據病蟲害之特徵及發生之環境因子等因素，訂定可行之藥劑使用策略，若發現缺點時，隨時加以修正，以發揮藥劑之最高藥效。至於噴施時之藥液飄散，可能造成鄰田汙染、環境汙染等問題，亦不可輕忽。

六、化學農藥與生物農藥整合應用技術

生物農藥包含生化製劑、天然素材與微生物製劑，生化製劑的使用方法較爲特殊，一般配合誘殺器使用，而天然素材與微生物製劑多數稀釋後噴施，可沿用化學農藥之施藥技術與流程，但因微生物製劑有其特殊性，施用時須以更嚴謹的態度進行，方可獲致最大藥效。

（一）微生物製劑之應用技術

微生物製劑多爲接觸性或寄生性，防治效率較慢，常被誤認爲無效，故必須均勻、有效地接觸到防治對象或取食部分，才可發揮效果。

不同於化學農藥，微生物農藥多半爲活菌、代謝產物或內生孢子，藥效易受環

境因素影響，主要影響藥效之因子歸納有下列數點：(1) 藥劑本身之壽命：使用過程中維持活力之時間；(2) 藥劑、稀釋用水、土壤之酸鹼度；(3) 適用之展著劑與添加與否；(4) 施藥器械清洗與汙染；(5) 日照強度：施用時間以黃昏或陰雨天爲佳；(6) 因紫外線具殺菌作用，避免暴露於強光下；(7) 溫度：每一微生物均有最適生長溫度，溫度過高或過低均不適其生長與繁殖而影響藥效；(8) 溼度：乾燥環境下，微生物不易繁殖與存活，而溼度太低造成孢子發芽亦受影響而失去防治功效；(9) 與其他微生物的競爭力：因受土壤或植物表面其他微生物相互競爭而無法立足，若無法成爲優勢菌株，則往往難以發揮藥效。若將微生物資材施用於土壤時，須考量之因素包括：適宜的土壤條件、疏鬆的土壤、有機質含量、平衡的養分、土壤的酸鹼度、土壤的鹽分、良好的通氣，以及充足的水分，以木黴菌爲例，因性喜酸性土壤，施用在鹼性土壤時，效果往往較差。

由於微生物製劑的特殊性，施用器械考量因素往往較施用化學農藥更爲嚴謹，因此，選擇生物農藥施藥系統時須先考量是否可應用現有、慣用的系統，考量之面向包括：(1) 當地及所欲施用作物廣泛使用之系統；(2) 欲施用的劑型必須可以使用現有的施藥系統；(3) 不可期望現有的系統必然可適用生物農藥。當現有系統無法應用時，則需設立額外的施藥系統，此時必須注意系統切換的可行性與效力，避免作大幅度或大差異性之調整。

選用微生物製劑的施用器械時尚需考量的因素包括：(1) 有效成分顆粒大小；(2) 噴頭的霧粒大小，須大於有效成分之顆粒大小；(3) 噴頭：使用較大噴孔的噴頭，以儘量減少堵塞或對微生物的潛在損害；(4) 壓力：壓力過高，可能造成溫度上升，使微生物製劑失去活性，亦可能使微生物因崩解而失效；(5) 每次使用後須澈底清洗，並詳細檢查施藥系統。

總之，微生物製劑的使用必須考量：(1) 經濟性：生產過程中所需要的設備、人力及土地等；(2) 理智地應用最佳害物防治方法，最好可直接應用化學農藥已建立之安全有效的使用方法，以及開發生物農藥與化學農藥的整合應用技術；(3) 化學農藥的使用技術是否可以應用於微生物製劑，是需要重新評估的。

（二）化學農藥與微生物製劑整合應用技術

化學農藥與微生物製劑整合應用時，可依循下列原則：

1. 土壤傳播性或種子帶菌病害可利用微生物製劑以種子拌種等種子處理方式進行預防，或於播種後澆灌育苗床抑制病害發生。
2. 生化製劑（費洛蒙等誘殺劑）宜全生長期懸掛或於發生高峰期前懸掛。
3. 作物生長初期施用化學農藥，後期施用微生物製劑，可降低農藥殘留，但若環境合適害物發生時，害物族群易迅速擴大，加以微生物製劑之效果較慢發揮，則可能因害物族群大而防治效果不顯著。
4. 害物發生初期施用微生物製劑，降低害物族群，同時可能造成害物的流行性病害，可減少用藥次數，同時有效防除害物。
5. 競生型微生物製劑，於預期害物發生前預防性施藥，可有效抑制害物危害，當害物發生時，若有必要或無法防除時，再施用化學農藥。
6. 微生物製劑與化學農藥輪流使用，但須避免與化學殺菌劑、鹼性藥劑與銅劑輪用。
7. 微生物製劑與化學農藥混合使用時，亦須避免與化學殺菌劑、鹼性藥劑與銅劑混合。
8. 害物發生嚴重時，先施用化學農藥，待族群下降後施用微生物製劑。
9. 病害與蟲害同發生時，依發生狀況，先防除其中之一，之後再防除另一害物，必要時或微生物製劑可用時，施用化學農藥殺滅其一。
10. 二種病害或蟲害同時發生時，依急迫性先防除其一，必要時施用化學農藥。
11. 依發生狀況機動調整應用次序。
12. 土壤施用時之影響與須考量因子，包括土壤物化性質與微生物存活、繁殖條件之考量。

CHAPTER 9

害物整合管理基本概念

IPM 是取 “integrated pest management” 字首構成的名詞，可以翻譯為「綜合防治」、「綜合有害生物管理」，或「綜合病蟲害、雜草管理」。此外，IPM 亦可翻譯「有害生物整合管理」、「整合性害物管理」或「病蟲草害綜合管理」，但以字面涵義，似乎以「害物整合管理」最為貼切。IPM 有多種定義，內容會與時俱進。

一、害物整合管理（IPM）發展史

（一）農藥使用早期（early pesticide use）

在化學農藥未廣泛使用之前，解決病蟲害問題的方法以物理（physical）及耕作（cultural practices）方法為主，多在了解作物和害物的生物特性後，善用清園、深耕、輪作、選用健康種苗、改變種植時間等方法，雖然這些方法的有效性經證明多有其科學基礎，但其效力也僅能在很有限的時空範圍內控制病蟲害的發生。而這些方法現在仍可有效應用。而化學農藥在農業中的使用源遠流長，早在西元前 2500 年就使用無機化合物，例如用硫磺控制昆蟲和蟎類。

（二）綠色革命（the green revolution）

直到第二次世界大戰後，化學合成農藥才被廣泛採用，成為「綠色革命」的一部分。化學農藥具有許多優點，並成為現代農業的一個組成部分（以及化肥、機械化和高產作物品種）。「綠色革命」期間的生產率提高，很大的原因是由於「新農藥」的廣泛使用。這些農用化學品往往是在常規或預防的基礎上使用，農產品產量立即增加，但也因此造成環境、農業和社會政治問題。

在 1930 年代發現了二硫代胺基甲酸酯（dithiocarbamate）殺菌劑，導致農民越來越依賴殺菌劑。從 1940 年代末到 1960 年代中期對合成殺蟲劑的過度依賴被稱為蟲害控制的「黑暗時代」，又稱為農藥樂觀時代，主要是因為 DDT（雙對氯苯基三氯乙烷）上市而引發。除草劑 2,4-D（二, 四 - 地）的開發也開啟以化學藥劑防除雜草，這個時期的主要思考模式為篩選有效藥劑，定期施藥，也就是提出以防治曆為主的研究方向，但是農藥的不可持續性是顯而易見的，由於完全依賴密集使用農藥防治病蟲草害，導致在農業上使用更多的農藥，包括增加單一藥劑用量、使用新農藥或同時使用多種農藥。在 1940 年代觀察到因長期連續不合理使用化學農藥，引起害蟲對農藥產生抗藥性，而在 1950 年代，害蟲天敵及授粉昆蟲被大量毒殺，促使害蟲再猖獗，以及因主要害蟲被殺滅後造成次要害蟲變主要害蟲的蟲害替代等問題就在農業中引起關注，在此時期，很少有科學家意識到濫用合成有機殺蟲劑會有問題。同時毒效持久的農藥也因殘毒的累積，造成環境汙染等一系列不良的副作用後，因此才體認到依賴藥劑防治是不可行的，於是生態學的理論再度受到關心並應用。

（三）環境的覺醒（environmental awareness）

1959 年科學家發現，透過減少農藥的用量可以更有效地控制蟲害，主要的原因是因爲發現殺蟲劑在殺滅害蟲時同時殺滅天敵，因天敵減少而造成大規模的害蟲重新出現，若減少殺蟲劑的使用，天敵得以生存而發揮制衡力量，害蟲因而得以控制。1962 年，當瑞吉兒・卡森（Rachel Carson）的《寂靜的春天》（*Silent Spring*）出版後，人們普遍對農藥使用的弊端開始極度關切。卡森等人建議，應使用化學農藥以外的蟲害控制方法，藉以保護野生動物、人類健康和環境。公眾的壓力引起許多國家立法限制農藥的使用，農業學家因而重新思考大量使用 DDT 等持久性農藥（persistance resistance）所引發的問題。

（四）整合防治（綜合防治，IC）

在整合管理發展過程中，儘管醫學和環境科學家認爲殺蟲劑可能造成廣泛的、意外的中毒，但殺蟲劑造成的環境汙染並未阻礙昆蟲學家持續開發新的藥劑。至 1950 年代，美國加州大學的昆蟲學家開始發展害物整合管理（IPM）的概念，以應對兩個主要因素：對殺蟲劑的抗藥性發展和對天敵的影響。因此建立「監督防治」（supervised control）的概念。1959 年，加州大學爲主的昆蟲學家如 R. F. Smith、K. S. Hagen 等人於《Hilgardia》雜誌上提出「綜合防治」（integrated control, IC）的觀念。可以說是現代害物整合管理的先驅。初期的概念只是將生態的原則應用於害蟲防治上，以整合運用天敵和殺蟲劑二種方法。它的重點是透過選擇性地使用殺蟲劑來保護天敵。只有生物防治資材不足，且害族群已達到足以造成作物損失，而此損失遠高於處理成本的情況下，才使用農藥，即整合防治的兩種關鍵方法：化學農藥和生物防治和諧運作，且防治效果較單獨使用時爲佳。也就是說，如果在正確的時間和條件下施用農藥，對天敵的影響最小，只有在需要時才使用化學農藥，不致使天敵族群大量死亡。此時期稱爲生態覺醒時期，或農藥悲觀時期。

在此論文中，亦提及經濟危害水平（economic injury level, EIL），係指害蟲族群密度到達足以使寄主植物受害，導致經濟損失的最低密度，簡單說是會造成經濟損失之最低害蟲密度，也就是指昆蟲的群組數量或作物傷害所造成的經濟損失程度超過防治蟲害的成本，爲第一次嘗試作爲確定蟲害種群是否需要防治的合理依據。而爲了避免害蟲族群密度增加至經濟危害水平而必須採取防治措施時的族群密度臨界值，稱之爲經濟限界或經濟閾值（economic threshold, ET），也有稱之防治基準（control threshold, CT）或行動基準（action threshold, ACT）。

（五）有害生物管理（PM）

有害生物管理（pest management, PM）的概念是在 1961 年提出的，而 1970 年之後在觀念上，有害生物管理（PM）已經取代了整合防治（IC）。在防除對象上，包括病、蟲、草等大多數的有害生物，在內涵上則包括防治技術（tactics）和策略（strategy）。防治技術包括藥劑防治、天敵利用、抗性品系等單一防治方法，策略則包括以計量技術爲主的取樣技術、經濟危害水平（ET）估算及棲群動態研究等。就病蟲害防治史而言，有承襲傳統觀念與技術，亦包含有創新的成分。簡言之，是以生態學原則爲基礎，整合不同科技領域之方法及觀念，發展出實用的、經濟的、有效及安全的有害生物管理系統，亦即在 1970 年代初期，害物整合管理（IPM）就已經在概念上有完整的架構。

（六）害物整合管理（有害生物整合管理系統，IPM）

在 1967 年，Smith 和 van dan Bosch 首次使用「有害生物整合管理系統」（integrated pest management, IPM）一詞，並於 1969 年獲得美國國家科學院的正式承認。除了化學農藥和天敵，並增加其他防治方法，如寄主抗性和耕作／物理防治，同時將整合管理的概念應用於所有害物，不僅僅是昆蟲，更擴及於病害與草害，由植物病理學、線蟲、雜草科學和其他學科中汲取知識。同時在 1970 年代，由於環境風險，DDT 被廣泛禁止，至 1972 年，蘇力菌被開發成爲防治鱗翅目害蟲的微生物製劑。

國際糧農組織（FAO）於 1968 年將 IPM 定義爲：在相關環境和害物種群動態的背景下，儘可能以相容的方式，利用所有適當的技術和方法，將害物族群保持在低於經濟危害水平之下的害物整合管理系統。此一定義包括所有最適合環境的管理原則，更傾向於環境和生態。一項調查記錄了 64 項 IPM 的定義，這 64 種定義中的關鍵字表明，作者試圖呈現：(1) 單獨或組合使用的蟲害控制方法的適當選擇；(2) 對種植者和社會的經濟利益；(3) 對環境的好處；(4) 指導選擇控制行動的決定規則；以及 (5) 需要考慮多種害蟲的影響。

1970 年代中期後，IPM 在整合技術上大幅度地採用數值計算科技（computation technologies）。以推行及實踐 IPM 最有力的美國來說；首先在 1970 年成立全國性之國際生物計畫（International Biological Program, IBP）大型計畫。該計畫原本爲了整合其中研究領域分歧的諸子計畫而採用了大型之模擬模式（simulation models）及系統分析技術。在該計畫結束後數年間，這些模擬及分析技術配合日漸普及的電腦應用，使所謂線上「有害生物管理系統」（on-line pest management system）成爲新的趨勢。1980 年初，接續 IBP 計畫之 consortium for integrated pest management（CIPM）計畫更進一步在線上系統內強化了管理經濟的觀念及推廣技術，使得新技術及資訊可經由資訊網路直接提供農民所需要的協助。其後於 1980 年代末期，藉由將專家系統（expert system）軟體發展技術導入系統，線上服務除提供靜態的資訊外，還包括專家的經驗判斷，至此，IPM 由觀念、研究試驗到推廣成爲一個嶄新的體系，提高了效率。而 IPM 在 1970-1980 年代被世界各國政府採納爲植物保護政策，包括美國（1972 年）、馬來西亞（1985 年）、菲律賓（1986 年）和印尼（1986 年）等。之後世界各地爲有效推廣 IPM 的管理技術，紛紛成立農民田間學校（farmer field schools, FFS），也都有許多 IPM 成功的案例。

綜合 IPM 數十餘年的發展，在發展沿革中，實際上這個理念的產生是受到科技發展及社會價值觀之影響，以生態觀念爲基礎，在大量吸取新科技後漸漸發展成形的。換言之，IPM 不是一個被發明出來的新理念，而是長期以來作物保護策略漸進演化的階段。

二、害物整合管理（IPM）的定義

（一）由 IPM 的三關鍵字定義

害物整合管理源自於英文的 integrated pest management，簡稱為 IPM。第一個關鍵字是 pest(s)，統稱為害物，是指對作物造成經濟重大損害的任何活生物體，如昆蟲、雜草、蟎、線蟲、細菌、眞菌、病毒以及老鼠和鳥類等脊椎動物。如果某一個生物對作物造成損害，但這種損害對經濟沒有負面的影響，則該生物在 IPM 的定義中不被認為是害物。所以害物可以認定為與作物生活在同一個環境，並且已形成一個穩定的生態系統，可直接或間接加害作物的動物、植物或微生物等；從另一個角度來看，凡是生長在不該生長的地方的生物即可稱為害物，以雜草為例，當它生長在作物田裡即被認為雜草，但若它具有中藥之療效，則可稱為藥草，若被栽培作為食用作物，則可被認為蔬菜，又可作為覆蓋作物或天敵誘引植物，發揮保護作物的功效；又如布袋蓮，多年來多生長在灌排水溝，嚴重影響排灌水，為亟需去除之雜草，但當它出現在庭院時，則搖身一變，成為觀賞植物，此外，若將布袋蓮收集、加工，以其豐富的營養成分，可製成有機質肥料，則又可視為農業資材，同時它亦可作為水源重金屬汙染的指示作物。作物也可能變成害物，例如玉米生長在蔬菜田，因遮蔭及養分競爭而阻礙蔬菜的生長，則可被視為害物。

IPM 的第二個關鍵字是 integrated（或名詞 integration），一般通稱為整合，乃是在異中求同，將分歧的方法或策略整合而統一，以形成一個整體，因而可產生結合後的協力效果，常用的整合方式為垂直與水平整合。IPM 整合的內涵包括不同科學學科的整合、治療（治標）與預防（治本）技術整合、多樣化防治技術之整合、不同生物防治系統整合、產官學研究與推廣人力整合等等，也可以說是由單元循序漸進整合以至多元化。至於資材的應用層面整合，則是藉由評估與協調，適度調整各類資源的應用，使其發揮最大效益。而整合的技術可以是傳統的、地方的或簡單的，如輪種作物以減少病蟲害源的積累；種植的品種可以是原生種，也可以是比較現代化的，例如經過改良的作物，對病蟲害或逆境具有較強的抵抗力；技術可以是本地慣用的，也可以是從其他地區或國家引進，例如可收集本土的天敵，也可以從其他地方引入捕食或寄生性天敵。在農場農業生態系統的背景下，害物整合管理

（IPM）的策略是整合具有經濟、社會和環境意義，往往也必須整合其他生產和農場管理，例如肥培管理和與食品安全相關管理的策略。

IPM 第三個關鍵字是 management，也就是管理。管理是透過企劃、組織、領導及控制等多項方式不斷循環運作而發展出決策的過程，用以有效的整合及利用有形資源（人力、財務、物料）與無形資源（科技知識、資訊、法規、智慧財產等），藉以產生績效而達成事業目標，故在此所謂的管理，已隱然包含系統與整合的概念在內。所謂「系統」，是指由具有特定功能、相互間具有相互聯繫的許多部分（子系統）組織構成，同時不斷地演化而形成的一個「整體」。系統亦可解釋爲是由一些相互影響、相互關聯、相互依存的部分所組成，這些部分形成一個複雜且具有特定目的的整體，因此，系統涵蓋 5 項基本原則：(1) 系統有一個目的；(2) 系統的各部分以特定方式整合，以便讓系統達成目的；(3) 系統在更大系統中，有其特定的目的；(4) 系統會尋求穩定；(5) 系統會產生回饋：所謂回饋，是指能將各種資訊或資料送給系統本身並調整系統。一般研究整體通常採用的方法是以功能界定系統，而分工與整合是管理的基本要求。IPM 的管理系統由農業生態系統（agro-ecosystem）、監視、決策、執行及評鑑等子系統相互聯繫所組成，因此，整體系統管理應爲第一要務。所謂農業生態系統包含作物、有害生物及棲地環境三方面基本單元。而在資材管理層面，則須將資源做最適當的處理，使其發揮最佳效果。在 IPM 系統中，管理是組織和協調活動，意味著建立可控制、合理的害物管理決策，以防止對作物造成經濟損失，而良好的管理包括仔細的偵察和監控、良好的紀錄保存以及長期的農場管理計畫。

由於害物具有動態性（dynamic）、隨機性（stochastic）與不確定性（uncentain）等特性，害物管理爲控制害物族群，使其低於可被接受之經濟危害水準之下，即維持共生狀況，管理的對象是農業生態體系，因而管理的方法也必須是系統性的。所以整合管理的管理過程是將不同的子系統加以「連結」、「協調」並「控制」，進而將它們整合成一個不斷在運作的功能性單位，整合過程必須講求技巧及謀略的處理方式，且著重臨場運籌、隨機應變與調控技巧。而除了資源整合管理外，人員的整合管理亦是必需的，如推廣機構和輔導人員，可以提供建議、資源與資訊等給農場管理人員，使他們可以在 IPM 的基礎上採用更好的害物管理策略。

（二）各國針對害物整合管理（IPM）提出的定義

IPM 自被提出以後，往往由不同角度提出不同看法，不同的作者也提出截然不同的定義。有人將 IPM 解釋為減少或消除農業中化學農藥使用的一種方式；也有人說 IPM 是使用所有類型防治方法的更明智的方法，有人對 IPM 的定義中明確提到化學農藥，但更極端的觀點則排除了對環境友善的農用化學品以外的所有化學品。化學農藥被納入或排除的程度通常是 IPM 定義中爭議最大的問題，而系統方法和農藥使用的必要最低限度通常是定義的中心點。

1. 糧農組織（FAO）在 2002 年將害物整合管理定義為：考量所有防治農作物有害生物的技術後，為防止有害生物增加，綜合各種適當方法，在保有正當經濟效益的同時，進行農藥或其他防除對策，將對人與環境影響的風險降至最低。IPM 重視的部分是將擾亂農業生態系之可能性減低，透過活用抑制有害生物之自然存在的方式培養健康的農作物。至 2012 年美國 FAO 重新定義 IPM 如下：仔細考慮所有現有的害物防除技術，並納入適當措施，阻止害物族群的發展，並合理應用藥劑和其他防除措施，使害物族群維持於合理的經濟危害水平之下，藉以減少對人類健康和環境的危害。同時強調，藉由作物的健康生長，可降低對農業生態系統的破壞，並鼓勵應用自然的害物防除機制。
2. Integrated Plant Protection Center（IPPC）長期持續收集 IPM 相關定義與解釋，至 2002 年共彙整 67 個相關定義，同時分析相關的重點，發現不同時期、不同專家的看法不同，但可歸納其定義為：IPM 的重點是儘可能預測和預防害物發生，採用各種適當的害物管理技術，如增強天敵、使用費洛蒙、種植抗性作物、採用耕作管理、明智使用農藥等，目的是限制害物的發生，只有在危害已經達到經濟危害水平的情況下，才會使用農藥。簡而言之，IPM 是確保應用可持續、無害環境和經濟健全的害物管理方式，實現高品質的農業生產，同時最大限度地減少對作物、人類健康和環境的危害。
3. 歐盟在 2009 年的文件中將 IPM 定義為：合理使用生物、生物技術、化學、耕作或植物育種措施的組合，嚴格限制植物保護產品的使用，並將蟲害族群保持在最低限度的水平以下，避免造成經濟上不可接受的損害（或損失）。

4. 美國環保局（EPA）將 IPM 描述爲一種有效且對環境敏感的害物管理方法，使用關於害蟲生命週期及其與環境相互作用的最新及全面的資訊。這些資訊與現有的害物防治方法相結合，以最經濟的方式管理害物，並儘量減少對人、財產和環境的危害，也就是說，IPM 利用所有適當的害物管理措施，包括明智使用農藥。

三、害物整合管理（IPM）的原則與進階過程

（一）害物整合管理（IPM）的原則

IPM 是理念，也是管理技術，是結合多方考量與田間實際執行成果的累積，依據田間執行經驗可知，至少應涵蓋下列六原則：

1. 害物整合管理的基本管理單位是農業生態系統，是在開闊的空間和時間範圍內所種植的系統內進行管理，而不是僅管理個別作物，因爲任何不考慮整體系統的管理行動都可能產生意想不到甚至不可取代的影響。藉由 IPM，可將生態、社會經濟和文化互相聯繫而發展整體農業，以維持農業生產、農業社區和環境衛生。
2. 與害物共存共榮而非趕盡殺絕。經由監測大量收集數據，藉以擬定經濟危害水平與行動門檻，將害物之族群維持於經濟危害水平之下，而非將其澈底滅除。
3. 儘量採用非化學製劑之防治方法以降低害物族群；最大限度地提高自然控制因素的有效性，以調節害物族群。自然控制因素包括提升作物抗性、耕作防治、物理與機械防治以及生物防治等防治技術。同時因應作物與害物的改變，須對管理系統進行微調，同時不斷引進新的管理技術。
4. 當使用藥劑已無可避免時，選擇性使用農藥。如果過度使用農藥，可能引發抗藥性，亦可能因主要害物被消滅後，而使次要害物躍升爲主要害物，危害情況可能會變得更加嚴重。使用時宜愼選藥劑，建立精準施藥技術，將藥劑對有益生物、人類及環境之影響降至最低。
5. 建立資訊系統，收集相關數據，作爲擬定管理策略之依據。生態系統中相關因素如區域種植模式、田區規模、農產品供應情況、耕作方法、害物危害壓力、研發工作、培訓的情況、農民的態度和經濟學等均爲考量重點，其他如氣象與環境資

訊、農用資材的有效性與成本、使用的便利性以及對人類健康和環境的風險均為收集、應用之有用資訊，宜多加收集，促使管理策略更趨於完善。

6. 人員的組訓、教育與輔導。經由不同層次的教育與組訓，研究人員和輔導人員可以通過與農民雙向溝通，逐步改進管理技術與策略，將作物保護範圍擴大到更大的空間和時間尺度，從而制定持久和穩定的管理策略。

（二）害物整合管理（IPM）的進階過程

遠古時代人們都以採食野生植物為生，但隨著人口增加以及逐漸對植物的了解，而開啟了種植的動作。在植物開始種植初期，由於害物族群僅零星出現而尚未群聚，因此植物生長健康。隨著植物因種植而群聚之後，不利植物生長的因素也逐漸累積，這些不利於植物生長的因子，包括生物性或非生物性者雖陸續發生，但僅需於操作過程中應用簡單的手段，即可減少此類不利因子的發生，為單一因子的防治（control），無所謂系統可言；由於農藥的開發，伴隨著藥劑的應用，牽引著施藥時期及施藥間隔的問題，其間亦可應用其他防治技術，而導入二因子的防治思維；當農藥的使用伴隨著後遺症出現，生物防治技術引入害物防除時，在發展史上被稱為整合防治（綜合防治，integrated control, IC），然而當兩種或兩種以上的防治方法同時應用於防治單一種害物時也可廣義地稱為整合防治。例如以藥劑防治配合抗病根砧嫁接防治苦瓜萎凋病為苦瓜萎凋病整（綜）合防治；每一作物往往會發生不同種類的病蟲草害，應用多種防治方法於防除作物上之病（蟲、草）害時，則稱為害物管理（pest management）；之後由兩種或兩種以上的防治方法互相整合，消除彼此間的矛盾與分歧，應用其協力作用以發揮管理效果，則可稱為整合管理（integrated management, IM），以病害為整合管理對象時稱為病害整合管理（integrated disease management, IDM），以雜草為管理對象時稱為雜草整合管理（integrated weed management, IWM），以肥料合理應用為管理時稱為肥料整合管理（integrated fertilizer management, IFM），而水分管理（integrated water management）亦簡稱為 IWM，極易與雜草整合管理混淆。以作物為主要管理對象，應用多元的防治技術，依不同生長期、發生之害物種類進行整合性的管理措施，則為害物整合管理（integrated pest management, IPM）之管理措施；然而全程的作物栽培管理，除了作物之保護措施外，尚需考量產品經濟價值的提升、產品競爭力的提升以及生產成本的降低，此外，栽培管理模式對環境所造成的衝擊，亦不可忽視，故害物整合管理以一田區爲管理範圍，配合整體生產模式的謹慎考量、規劃，進而達到農業永續經營的最終目標。整合管理之進階流程如圖 9-1 所示。

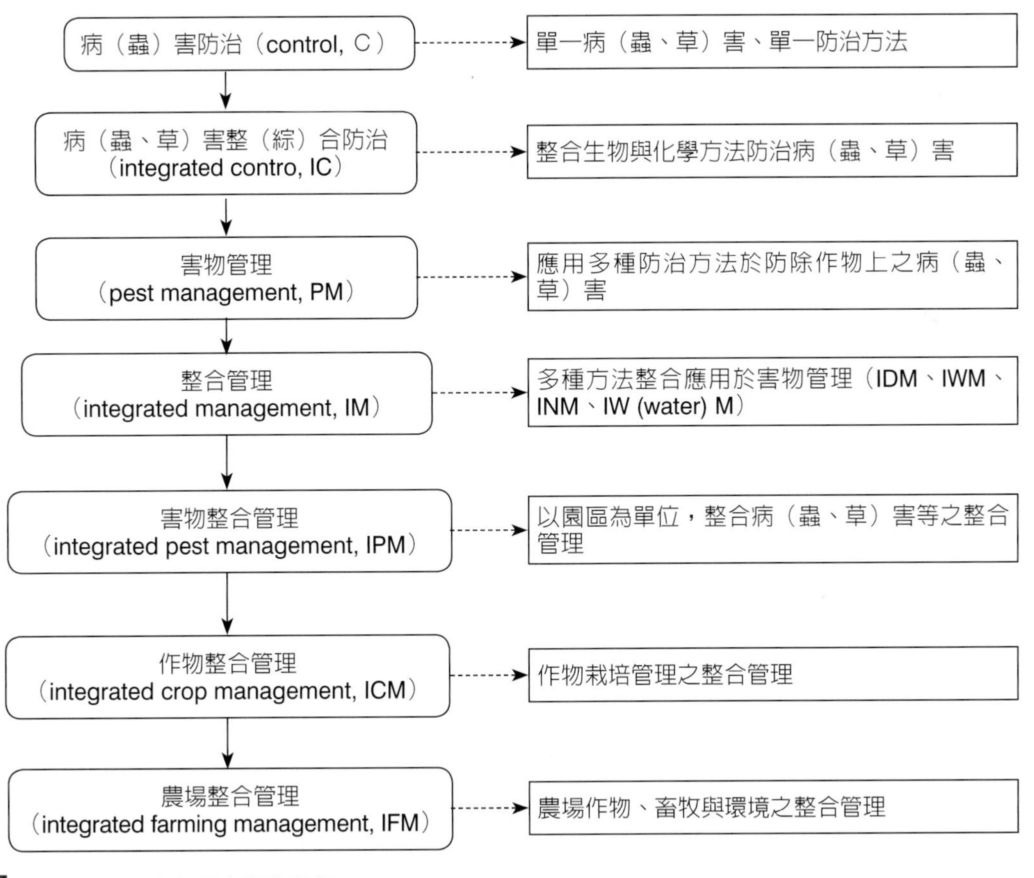

圖 9-1 整合管理之進階過程

總而言之，害物整合管理的理念爲：在預防勝於治療的原則下，抱持包容的態度，透過技術整合促使資材整合，以有效管理代替趕盡殺絕，降低害物族群而減少作物損失，並以較少的資源投入產生較大的附加價值，在不影響或增加生產者的經濟效益的情況下，維護生態平衡，建立對人類健康和環境友善的多元化的田間害物管理策略。

四、害物整合管理（IPM）之概念與應用技術

IPM 是基於生態系統的考量，著重於長期預防害物發生，或應用生物防治、改變棲息地、耕作防治和利用抗病品種等技術，減少害物所引起之農作物損失，在經由監測結果顯示有絕對必要時，方考慮按照既定的規範使用農藥，而使用的目的僅在於消除特定的目標害物。此外，防治資材的選擇和應用時，均須將對人類健康、有益生物、非標的生物和環境的風險降至最低程度。

由於整合管理乃結合多種防治方法之應用，以預防（prevention）爲主，以治療（intervention）爲輔，乃依據成本、技術水準、作物種類、藥劑之靈活應用及其他環境及社會形式等因子而考量。同時農業經營環境多爲開放系統，所有條件之流通性及變異性極大，效益極難評估，因此執行整合管理時應先劃定施行的範圍，由特定之作物或特定地區開始執行，而後逐漸擴大，避免因大面積及多因子互相干擾而影響管理成效。但管理模式並非一成不變，往往受原耕作時之特殊害物發生狀況、當地之農業政策、其他農民及社會經濟所影響，此外，隨著科技不斷進步，技術不斷推陳出新，因此因地制宜、與時俱進爲 IPM 執行過程中極重要之理念。

因此，加強檢疫防疫，建立監測系統，技術配套整合，確立防治基準，同時不斷評估改進是必然的流程。

（一）預防（prevention）

害物入侵前的管理措施，爲改變栽培技術與農場管理策略，增強植物自衛能力、發揮生態制衡功能，以防止、減少害物發生與發生強度。預防措施是 IPM 的基本要素，目的在使病害、蟲害與雜草等害物的發生保持在防治基準之下，在任何情況下，經營管理者必須根據其特殊狀況與害物發生狀況，對作物與種植田區做最合適之預防措施。

1. 維護農場之清潔與衛生，避免害物侵入與傳播

維護農場之清潔與衛生在於防止害蟲、病原菌與雜草進入農場，並在作物間蔓延與分散。相關之預防措施爲：(1) 避免害物藉媒介昆蟲傳播：識別周邊或鄰近地區的雜草是否成危害物之寄主；(2) 避免人爲傳播：人員移動時由健康區向受害區

移動；(3) 穿戴適當之衣服、手套、鞋子等，進入農田前，特別是由另一田區進入前，宜消毒或清洗手及鞋子後再進入；(4) 避免器械傳播：不同田區使用不同之器械與材料，必須共用時，清洗後再移至其他田區使用；(5) 工具與器械於每次使用後必須加以清洗後貯放於清潔之空間；(6) 避免植株殘株傳播，整枝、修剪及採收後之殘株須清除，且移出田區及其鄰近農地；(7) 適時去除受害植物組織可大量降低病蟲害感染源；(8) 避免其他田區之藥液飄散。

2. 種植抗性、健康之優質種苗

引進、栽種抗性（或耐性）作物品系，同時建立種子、種苗健康檢查技術，必要時進行種子、種苗消毒，同時強化幼苗期管理，萬一發生病蟲害時，施用藥劑加以防除。

3. 合理化肥培管理，增進植株抵抗力

依據土壤營養成分分析，參考作物生長所需之營養需求，合理化施肥，提供足夠的養分，並添加、維持土壤有機質含量於適合作物生長的範圍，前期作曾發生土壤傳播性病害時，施用具抑制病原菌擴展之特殊肥料，以降低病源。施用過多氮肥會在植株之維管束中產生游離胺基酸，刺激昆蟲吸食導致害蟲之繁殖能力提高而不利於害蟲管理，更甚者引發病害如煤病發生。

4. 加強栽培管理，改善栽培環境，降低環境逆境

應用栽培技術預防病原菌、害蟲及雜草入侵，可行之措施如下：(1) 採用最佳栽培管理，如調整耕作期間與強化排灌水措施等，可促使作物更健康而增加抗性；(2) 樹冠管理與微氣候：適度修剪，可保持田區通風及光照良好，促使田區具備最佳微氣候（溼度、溫度、光照與空氣），可預防或降低害物發生；(3) 改變作物栽培系統：利用各種不同的作物栽培制度，預防或降低害物發生；採用特殊之栽種方式，如混種、間作及輪作等；休耕農地邊緣防止害物侵入措施，防止蛞蝓及蝸牛、鳥類等動物入侵、危害等；(4) 阻隔措施：應用防蟲網、設施、套袋等技術，阻隔害物，避免作物受害；(5) 覆蓋技術：覆蓋或敷蓋等措施預防雜草生長，並營造有利於天敵繁殖環境；塑膠布、反光性覆蓋物及稻草或有機覆蓋物，可降低害物入侵，同時可營造適合根系生長之土壤環境；(6) 以太陽能消毒土壤；(7) 預防機械傷

害與其他防患措施；(8) 建立生物多樣化的作物生長環境，讓自然生物充分發揮制衡力量等。

5. 生物防治

利用不同栽培方式或施用天敵誘引資材，增加天敵族群，特別是本土性天敵的族群，配合提供天敵與授粉昆蟲棲息地，於適當地點與時間施用選擇性藥劑，消除與天敵競爭的昆蟲，或選擇特殊的施藥技術如土壤施用、誘殺、點施方式等避免危害天敵族群。亦可使用性費洛蒙等誘引劑誘殺害蟲，或利用忌避劑，驅離害蟲。應用微生物製劑處理土壤或種植前種苗亦可有效預防病害之發生。

（二）監測、評估與決策

活用害物發生生態等資訊，有系統地觀察與監測害物於田間之發生狀況、發生率、族群密度與發生位置，同時監測作物之生長勢，藉以評估害物發生後是否造成經濟損失，以評估是否進行必要之防除與控制，再依據田間害物發生狀況與經濟危害水平，擬定必要之防除措施，進行必要之防除。此外，監測田間氣候與環境資料如土壤質地與肥料成分等亦不可或缺。監測與紀錄保存為 IPM 計畫不可或缺的重要部分。相關之作業原則描述如下：

1. 培訓害物診斷與監測人員，進行害物診斷與監測，以作為管理之基礎。
2. 觀察：建立完整之觀察與監測計畫，包括確定監測之害物種類、範圍與監測理由，訂定監測方法、監測期間與害物生活史，如果可能的話，參與地區性監測與預警系統，確定監測頻率、劃定監測範圍、建立採樣點與數量。
3. 紀錄保持：建立紀錄表單詳實記錄，內容包括監測地區、作物種類、日期、害物種類、生活史、害物在監測區域內之分布狀況、防治基準、決策。
4. 預警系統與決策工具：利用預測模式與決策支援系統，結合監測與氣候預報資訊，建立全區預警系統，強化害物之預測與預防措施。
5. 評估與決策：利用相關害物之防治基準，決定是否需要採取治療措施，採收後或季節結束時進行紀錄分析，做出結論，作為改善下一季 IPM 策略改善的依據。

若監測結果顯示管理（包括施用藥劑）已無法發揮整合管理之成效時，如為草本植物可考慮剷除所有植株，妥善清理後重新種植，有機會將害物澈底清除；否則安於現狀不作任何處理，當症狀及病蟲害經一段時間之擴展而達到穩定平衡後，自然不再擴展，如此可避免造成無謂的浪費，但作物之品質及產量則無法預期，甚至可能全無收成。至於木本植物，因多爲多年生植物，不易剷除而重種，則宜進入治療的流程。

（三）治療（干預，intervention）

治療爲將害物防除，乃人爲補強之整合管理措施，當監測結果顯示害物發生已達防治水準時，儘量選擇非化學農藥、與 IPM 方法相容之多樣化技術進行防除，如生物防治、物理防治等，非必要不輕易施用農藥。當進一步監測顯示防除效果不佳時，則選擇性地選用化學農藥防治，但應以經濟防治基準爲行動依據，並須以降低對人和環境的風險爲原則。如爲木本植物如果樹等，可考慮強剪、清除罹病枝條及徒長枝並加以後續處理，同時噴施保護性藥劑，而於翌年病蟲害發生季節來臨前再行噴施預防性藥劑，將可大量降低感染源。

1. 機械或物理技術：隔離或清除被害組織與害物，常用的方法有：套袋、敷蓋、設施栽培、黃或藍色黏紙誘殺、溫度處理（高溫、低溫）、燈光誘集、人工捕殺及器械耕除等。雜草一般採用割草、人工除草或機械除草。
2. 生物防治技術：利用性費洛蒙誘殺降低成蟲密度、陷阱植物、誘餌誘殺、忌避劑、化學不孕（果實蠅等）、交配干擾、釋放天敵、微生物防治（包括寄生性、共生性微生物）、拮抗微生物等。
3. 天然資材：利用天然資材時，須審慎評估此類資材與 IPM 方法之相容性且不會構成任何健康或食品安全問題。可用之資材包括油類、植物性資材（天然除蟲菊精、苦楝等）、皂素、矽藻土等。此類產品須依國家認可或登記後使用。
4. 化學藥劑：當施用農藥已無可避免時，正確地施用農藥成爲極重要的管理策略，如何選用藥效佳、低毒性、對環境友善的農藥，簡單而迅速將病蟲草害加以防除爲極重要之策略。化學藥劑使用方法較爲複雜，且因使用後會有殘留量問題，故須謹慎使用。使用策略如下：(1) 建立決策系統：建立施用時機與目標之最佳決策，依據的資訊包括：最佳施用時機、再進入時間、施藥間隔與安全採收期、正確之施用頻率，此外，施用期間的風和溫度條件須加以注意，以避免藥害發生與影響藥效；陰雨季節須推估施用後下雨的機率，以免藥液因淋洗而失效，同時避免汙染環境；應用預測模式與農地觀察，確認害物對藥劑最敏感時期，以達最佳藥效，避免增加額外的施藥次數。(2) 確定防治基準：建立相關害蟲、病害與雜草等之防治基準。(3) 產品選擇：依害物診斷結果與藥劑登記使用狀況選用農藥，桶混時必須避免負面效應，如藥害等。(4) 抗藥性管理：由於抗藥性產生後，會降低藥劑可持續施用之次數與期間，同時導向更頻繁施用更高劑量，以致增加殘留量的風險，因此須預先擬定抗藥性管理計畫，以預防抗藥性產生。(5) 施用技術：確認與使用最佳施用器械及技術，包括噴霧器、施用壓力、移動速度、水量、水質（酸鹼度與硬度）、展著劑；施藥器械須定期校準，並保存校準紀錄；使用對天敵無害的施用技術，包括評估與選用不會危害作物天敵種群的藥劑與噴施方法，例如僅處理部分植株而非全面噴施；以害蟲與天敵活動力較差時為施用時機。(6) 施藥人員須經過訓練且具備設備校正知識。(7) 過期農藥處理措施：過期農藥須經授權或認可管道、辨識與處置。(8) 廢棄容器：不得再使用於其他用途，處置前先清洗三次，安全與確實儲存空容器。

參考及彙整多位學者、專家之觀點，繪製 IPM 管理流程及應用技術，並沿用金字塔方式表示如圖 9-2。

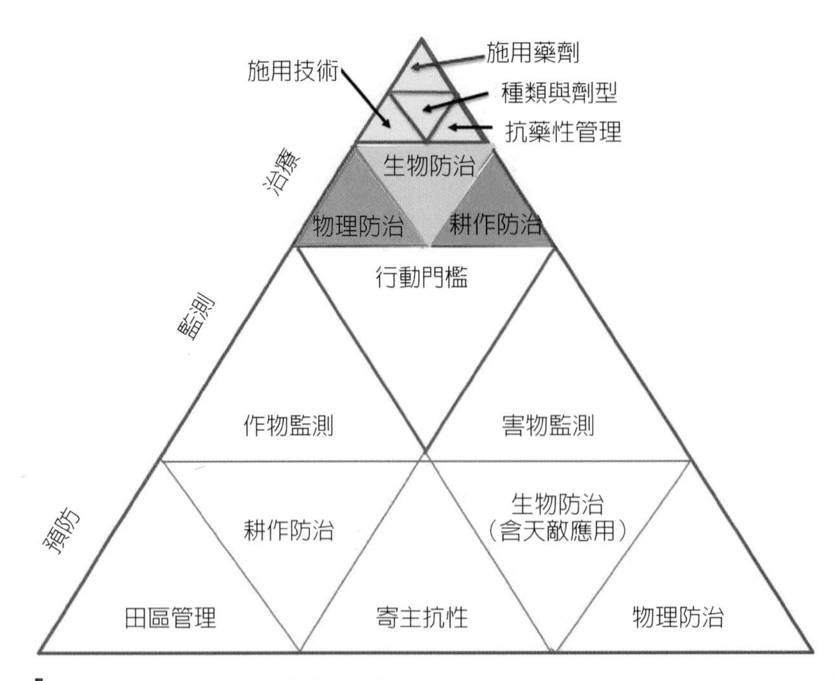

圖 9-2　IPM 之金字塔（參考自 Naranjo, 2011、Greenberg et al., 2012，並加以修改）

五、害物整合管理所須具備之專業知識與技術評估原則

（一）害物整合管理所須具備之專業知識

生態系統和害物問題是複雜且充滿變數，更需要廣泛、多領域且持續不斷增加知識，因此，IPM 必須是彈性的、靈活的，不斷因應新資訊而更新、發展。由於害物整合管理乃結合跨領域的技術，於特定地區有效地管理害物族群，因此，管理人員至少需要具備關於昆蟲學、植物病理學、線蟲學、雜草學、作物生產學和其他科學的知識，其相關性詳如圖 9-3。

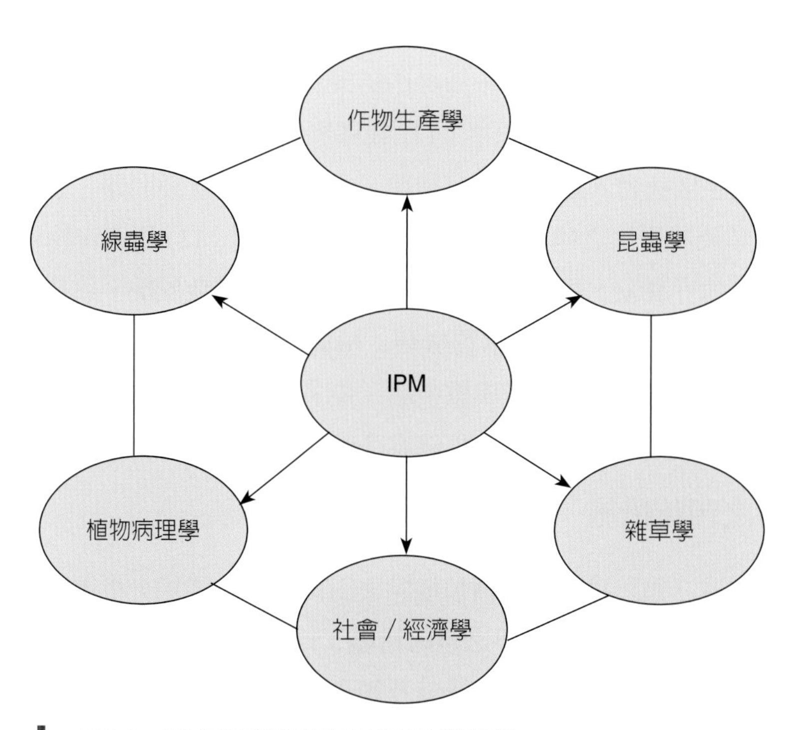

圖 9-3　害物整合管理所須具備之專業知識

爲使害物整合管理（IPM）順利實行，農業管理人員須具備相關的基本知識，包括診斷、防治技術與訓練；其中診斷宜考量害物種類與發生環境，防治技術宜考量化學藥劑防治與非化學藥劑防治，而管理人員宜經相關訓練而具備執行害物整合管理的能力。

六、害物整合管理策略於種植前風險評估與預防措施：以全球良好農業規範（Global GAP）為例

全球良好農業規範（Global GAP）爲國際性的農產品驗證系統，而其管理策略中有關害物管理則以害物整合管理（IPM）爲基礎，除此之外，在其規範中特別提到，爲有效害物管理，以生產安全農產品，種植前宜愼重評估，將風險降至最低，再採取適當之預防措施，當評估結果發現，管理成本過高或管理難度高時，則避免種植，以免血本無回，同時造成環境之負擔。

（一）風險評估

作物種植前宜先進行風險評估，依據評估結果決定是否種植、種植之作物種類或放棄種植。風險評估內容至少須包括：(1) 栽種歷史：如過去三年該田區栽種之作物種類、曾經發生之病害、蟲害及雜草種類、主要問題與次要問題、曾經使用之植物保護資材種類及其防治之病蟲害種類與農藥殘留問題；(2) 周邊作物種類與植被：周邊作物是否執行 IPM、周邊作物使用之藥劑種類與飄散風險，以及周邊作物引發病蟲害之潛在風險；(3) 土壤及水質檢驗：檢測該田區之土壤及灌溉用水是否含病蟲草害感染源、是否有農藥殘留與重金屬汙染，同時檢測土壤之營養成分；(4) 依據收集的資料進行風險分析與評估，再確定所應採取之預防措施。

（二）種植前之預防措施

種植前，宜採取之預防措施首重種植地點與田區選擇，詳細分析周邊作物種類是否爲害物之來源，之後再採取必要之預防措施：(1) 土壤：可採用輪作、休耕、土壤及介質處理（曝晒、燻蒸、浸水、蒸氣及熱水澆灌等）、添加有益微生物等，並注重田間衛生，清除所有廢棄物；(2) 水源：選用清潔水源、採用最佳灌溉方法，作爲液肥灌施用水源亦必須是清潔、不含雜質的水源；(3) 種植植物：選擇合適品種、選用抗性品種（抗病、抗蟲或抗逆境）、使用抗病根砧、選用健康種子或種苗、最佳種植密度；(4) 氣候：氣候條件對害物發生影響極大，因此須考量、因應氣候條件改變栽培管理措施，以降低害物發生，同時善用氣象監測與預測系統，以掌握最佳管理時機；(5) 時機：選擇最佳種植時機，易發生害物之季節，選擇早熟品種或短期作物，避免害物持續擴散（www.globalgap.org, 2017）。

CHAPTER 10

蟲害管理與防治技術

農業生態系是人類爲了生活需求，將肥料、農藥、引種、育苗等因子輸入自然生態系統中所造就的一個生態體系，就結構來看，這個生態系較自然生態系的植物群聚更爲簡化，僅由一種或少數幾種植物物種所組成，其狀態有如初期的自然生態系的結構，缺乏自我調節的能力。因此，農業生態系是一個不穩定的生態系統。若沒有小心應用適當的技術來管理農業生態系，該農業生態系很容易瓦解，例如農藥及化學肥料長期不合理的使用。爲了提高農業產值，我們必須應用適當的管理技術來管理我們所建立的農業生態體系，讓農業生態系統能夠永續利用與經營。

一、防治基準與防治行動之決定

蟲害整合管理是架構在生態學及經濟效益的基礎上，以生態學的原理爲基礎，以經濟利益爲目標，以融洽方式協調搭配適當的防治技術於一農業生態系中，抑制或調節主要害蟲族群於一經濟容許的限度之下，如圖 10-1 所示。雖是著重在經濟效益，但運用時則是以害蟲數量引起作物產量或產值損失爲主，也包含防治費用，也就是說，當害蟲密度到達一臨界值時，所投入的防治成本已無法減輕作物的損失，亦即無利潤可言，該臨界密度被定義爲經濟危害水平（economic injury level, EIL）。經濟危害水平係指害蟲族群密度到達足以使寄主植物受害，導致經濟損失的最低密度，亦即害蟲族群在該密度下所造成的損害等於用於防範其所造成損害的防治費用。爲了避免害蟲族群密度增加至經濟危害水平而必須採取防治措施時的族群密度臨界值，稱之爲經濟限界或經濟閾值（economic threshold, ET），也有稱之防治基準（control threshold, CT）或行動基準（action threshold, ACT）。因此，防治基準或經濟限界乃指害蟲族群密度達到 EIL 之前即應採取防治措施的害蟲密度，亦即，防治基準或經濟限界的害蟲密度總是比經濟危害水平爲低。害蟲族群密度在 CT 以下時，該密度下所造成作物的經濟損失是可以接受或忍受的範圍，故可以採取非殺蟲劑噴施的防治措施，藉由自然制衡的力量加以控制即可，或使用其他可以調節害蟲族群密度的措施，例如性費洛蒙、有色黏紙等。因此，CT 可應用在決定害蟲管理措施方法的選擇或是化學殺蟲劑施用的時機，主要的目的在減少化學農藥使用的頻度，降低抗藥性害蟲的產生及對環境的影響。

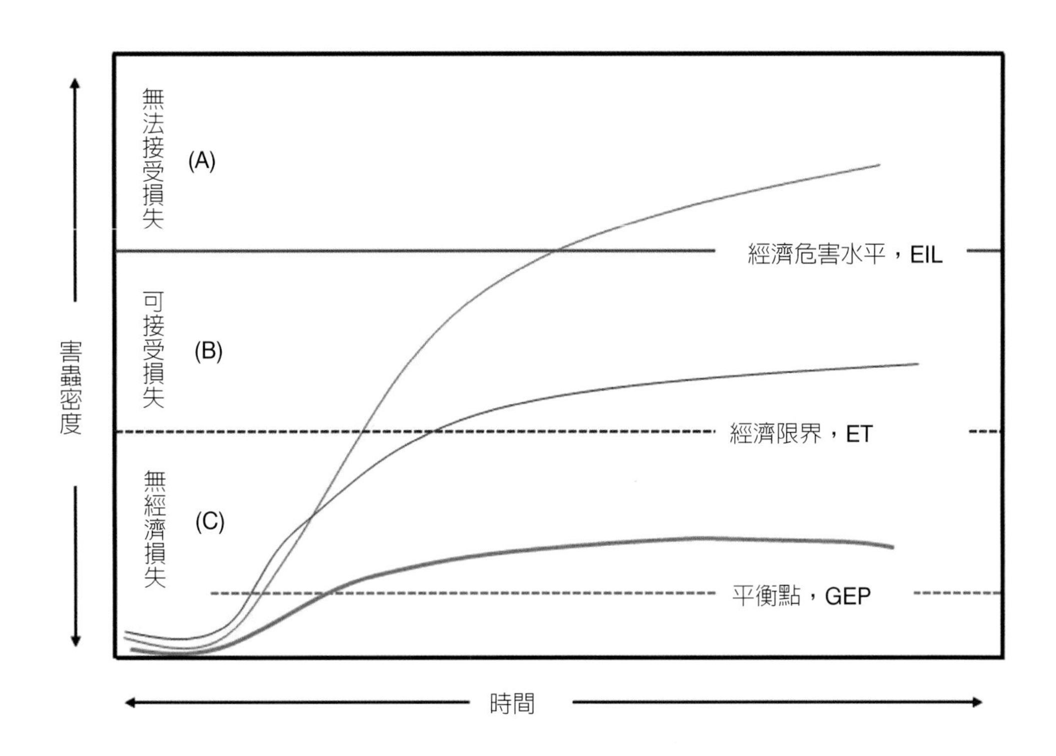

圖 10-1　經濟危害水平、經濟限界之定義圖（Modified from Norris et al., 2003）

防治時機（control timing）的判斷取決於害蟲密度可能增加至 EIL，害蟲密度監測調查是 IPM 極爲必要的工作項目，並藉以預測害蟲族群密度與估計其到達 EIL 的可能性及時間，利於防治時機的擬定。當害蟲密度超過 CT 時，必須立即採取防治行動，除可有效防治害蟲，保護農作物，也可以更準確地預測害蟲族群密度是否會到達 EIL，是否需要再補強化學農藥的施用或改採其他輔助性防治措施。

CT 是隨時空在變動，就經濟方面牽涉到產量、價格、防治費用等；就生態因素方面包括害蟲種類（主要害蟲或次要害蟲；常態性害蟲或偶發性害蟲）、害蟲密度、危害方式、危害程度、危害蟲期、除草、施肥、灌漑等。有時候害蟲數量雖多，但造成作物的損失是可忍受的，例如荔枝及龍眼上的荔枝木蝨；若在作物敏感時期，即使害蟲密度低，也可能造成令人無法忍受的損失，如十字花科小葉菜類的黃條葉蚤及小菜蛾，故害蟲數量與作物損失的關係是複雜的，而防治基準的擬定也無法固定。害蟲密度調查後是否需要採取防治措施，每種農作物的條件不同，而每位農民的忍受度也不同，因此，CT 的訂定及防治時機最好由栽培者自行判斷，政府則扮演協助與諮詢的角色，提供科學性的預測警報及防治方法。

上面描述的 CT 是針對一種害蟲族群，但一作物田區內同時有多種害蟲存在危害時，更使得 CT 的設定更加複雜。爲使 IPM 的運用符合現代農業，未來應朝一作物田區內主要害蟲、害蟎之 EIL 或 CT 分別訂定，必要時也可評估使用共食群（feeding guild）之害物群組化方式來訂定。

害蟲防治策略是爲了除去或減緩已存在或具潛在危險的害蟲所制定的防治計畫，該策略內涵包括害蟲族群與作物的生命系統，亦即減少害蟲族群存在的狀態，以提升作物生產量，其間包括以計量技術爲主的取樣技術、經濟危害水平估算、族群動態的研究等。從經濟層面及害蟲的特性來看，害蟲防治策略有幾項原則（Pedigo, 1999）：

（一）不採取任何防治措施

害蟲取食危害植物時，對我們而言，有些植物的確受到傷害，有些植物因本身耐受力較強，受害程度較輕，但受害是輕或重與害蟲族群密度有絕對的關係外，經濟因素也是考慮因子。害蟲族群密度長期是維持在一定密度上下變動，當族群密度未到達經濟限界時，該密度下所造成寄主植物的經濟損失是在可被接受的範圍（圖 10-2），故可以不必採取任何防治措施，藉由自然制衡的力量予以控制即可。若達到經濟限界時再採取藥劑防治措施。

（二）減少害蟲族群豐量

在害蟲管理策略應用上，廣泛被應用的策略是減少害蟲族群豐量，站在保護作物的立場上，則是治療措施。害蟲族群密度在自然制衡因素控制下會維持在一定密度上下波動，某些害蟲若未採取防治行動，其密度可能增加至族群最大負載力（carrying capacity）（圖 10-2- 害蟲 A 無防治），造成作物慘重損失，若到達 ET 時立即採取防治行動，則可控制害蟲密度在平衡點上下波動（圖 10-2- 害蟲 A 有防治）。有些害蟲密度一直維持在高密度（圖 10-2- 害蟲 B），更需要掌握防治時機。爲了控制這些害蟲的密度，須於適當的時機，運用適當的防治措施，例如選用合理的殺蟲劑噴灑，控制害蟲族群密度在經濟限界下爲最終目標。亦即當害蟲族群密度到達 CT 時，再採用可行的防治技術來控制害蟲密度，以保障經濟利益。而防治時

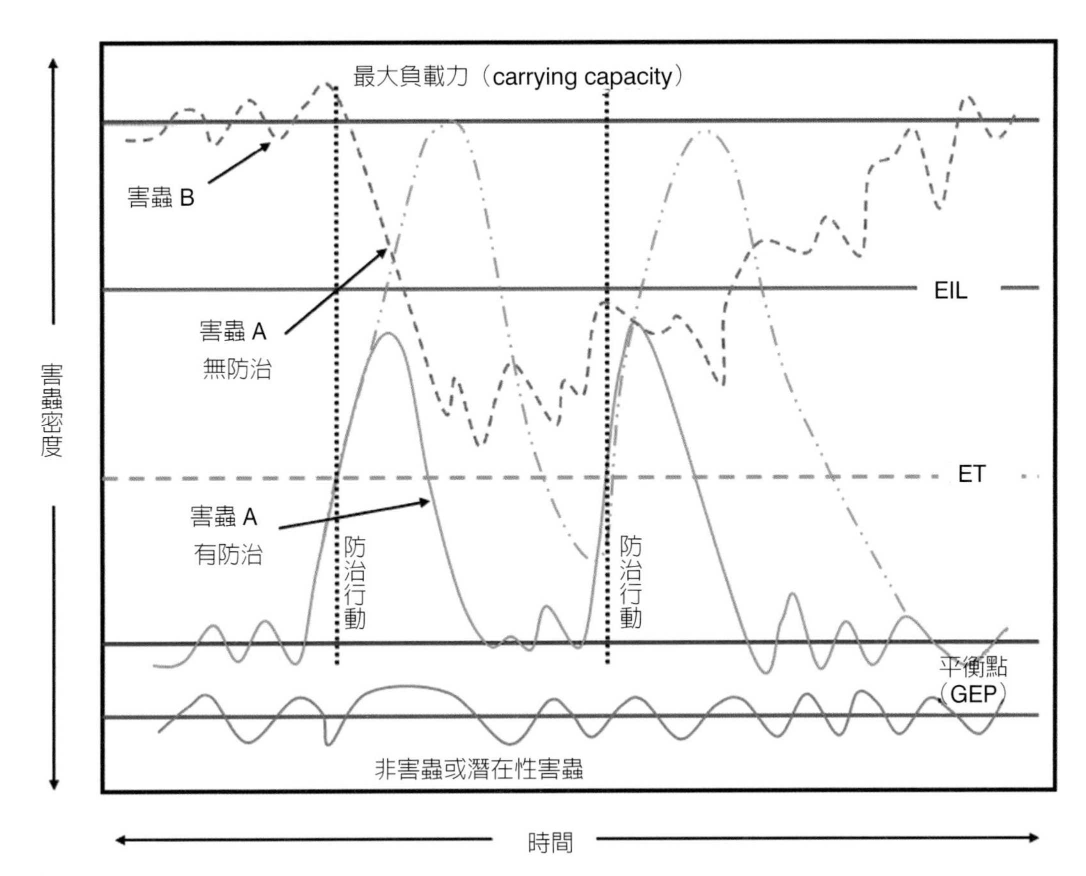

圖 10-2　害蟲族群密度會隨時間波動，自然狀況下密度達最大負載力（carrying capacity）即會自然衰退。如果預估害蟲密度會達經濟危害水平（EIL），即需在經濟閾值（ET）採取防治行動（Modified from Norris et al., 2003）

機的決定則有賴定期性的田間監測。因此，害蟲整合管理除診斷鑑定外，監測調查是相當重要的工作。

害蟲族群密度會隨時間波動，自然狀況下密度可達最大負載力（carrying capacity），即會自然衰退。如果預估說密度會達經濟危害水平（EIL），即需在行動經濟閾值（ET）採取防治行動。

（三）減少作物受害的敏感度

此防治策略是利用選種抗蟲品種或對害蟲危害較具忍受力的作物，以減少經濟的損失，或調整栽培時間，以避開害蟲危害高峰期，降低作物被大肆危害的機率。

（四）減少害蟲族群豐量與作物受害敏感度相互結合，共同運用在害蟲管理體系中

蟲害管理包括 6 個步驟，依序為 (1) 檢查及監視：透過檢疫完成；(2) 診斷及鑑定：確定害蟲種類；(3) 監測：掌握害蟲族群密度作為防治決策（control decision-making）的依據；(4) 選擇防治方法：預防或抑制害蟲密度增加的方法；(5) 評估：評估防治效果，決定是否需要再施藥或修正防治策略；(6) 教育推廣。

二、監測及調查技術

蟲害管理的對象乃是害蟲族群，而管理行動的決定（IPM decision making）係依據害蟲族群數量，當族群數量足以造成作物的質與量受到顯著經濟損失時啟動管理行動，故族群豐量的監測是掌握蟲害管理決策程序中首要的工作。監測方法可分為三類：

（一）直接計數

調查害蟲於其棲所上的數量，利用直接計數的方法估算的密度屬於絕對密度資料，故較能掌握田間實際密度發生狀況，也較能進一步做預測。其調查方法有：

1. 目測計數作物上害蟲：一般而言，這種方法主要針對大型或中型昆蟲的計數如蝗蟲及蛾蝶類等，例如 1 株甘藍上小菜蛾蟲數。針對小型害蟲如薊馬或葉蟎則多以採集部分樣本攜回室內以顯微鏡觀察計數，例如 1 片茄葉上薊馬蟲數或葉蟎數等。
2. 擊倒法：利用化學藥品熏蒸或刺激、用熱或拍擊的方法擊倒，使蟲體掉落於收集器上，再進行計數。
3. 沖刷法：如蟎類及其他小型昆蟲等可利用高速和相反方向轉動二個螺旋刷將其刷落於收集器上，再行計數。
4. 沖洗法：利用溶液將葉片上或花上的小型昆蟲沖洗出來，如以乙醇沖洗薊馬。

（二）陷阱誘捕或掃網法

利用此種調查方法取得昆蟲的密度資料屬於相對密度。陷阱誘捕法是應用性費洛蒙、燈光誘集、有色黏紙等誘捕昆蟲；掃網法是利用昆蟲捕捉網於作物上方來回

掃取一定次數，再計數掃網內的蟲數。相對密度僅能呈現害蟲發生趨勢，無法確知其實際密度，但若能找出相對密度與絕對密度的相關性，仍可以進行密度預測，以推估是否有到達 EIL 的可能性。

（三）被害程度推估

作物被害程度與其經濟損失是極爲相關的，因此，被害程度的輕重也是啟動防治行動的基礎資料，有些害蟲蟎不易以肉眼觀察計數，例如葉蟎類、細蟎等。利用目視觀察葉片或果實等部位受目標害蟲危害的程度，如薊馬危害茄子或甜椒果實表面造成褐色傷疤的程度或面積大小；又如細蟎棲息在茄子或甜椒植株新梢處，造成葉片厚化，色澤呈暗綠色，甚至無法展開而萎縮等。

三、取樣技術

由於害蟲分布範圍廣，無法計數整個害蟲棲息場所內所有的個體數目，故在估計族群豐量時，必須將棲息場所劃分成若干等量的空間，即一般所稱的取樣單位（sampling unit），再依合理程序選擇一定量之取樣單位而構成樣本（sample），之後選擇適當的取樣技術以抽出並計數取樣單位內的個體數。因此，取樣調查是族群動態研究的基礎工作，也是蟲害管理決策程序中首要的工作之一，經取樣調查可以估計並取得族群密度的資料，進而可導出相關的資料如出生率（natality）、死亡率（mortality）、分散性（dispersion）、年齡結構（age structure）、生長型態（growth form）等族群的特性，並進一步了解害蟲族群的發生動態，提供是否採取防治措施的參考依據（Southwood, 1978; Binns & Nyrop, 1992; Pedigo & Buntin, 1994）。

（一）取樣單位的考慮

取樣調查必須確立在統計學的基礎上。一般而言，樣本單位應儘可能小，也就是說能代表對象害蟲及其棲所具代表性的樣本數即可。在選擇樣本單位時應注意下列幾點（Southwood, 1978; Pedigo & Buntin, 1994）：

1. 每一樣本單位被選上的機會是均等的。

2. 在田間樣本單位應是穩定的且容易被劃分，如果不穩定也必須對其改變的情形能夠有所說明，如每單位內植株數量或每株葉片數量隨時間改變的情形。
3. 在取樣期間內，樣本單位內族群的比例必須維持恆定。
4. 樣本單位的選擇必須兼顧成本（cost）及變方（variance）。
5. 樣本單位與蟲體大小需有一定比例，且能涵蓋其個體的活動空間的平均範圍內，以便於採樣及減少邊際效應的偏差（edge effect bias）。
6. 樣本單位必須可以換算爲單位面積或全部的單位數。

（二）取樣單位數目的決定

取樣的目的是希望藉由少數的樣本估計，可以獲得準確的密度資料，因此，在經濟效益的考量下，又能獲得具可靠的估計值，取樣數目的多寡是決定因素之一，爲此，有多位學者以樣本平均數及其變方的關係推導出各種空間分布型的指標，如 variance-to-mean ratio、k of the negative binomial、Lloyd's mean crowding、Morisita's coefficient、Green's coefficient、equivalence of indices、standardize Morisita's index、distance-to regularity indices、Iwao's mean crowding regression、Taylor's power law（Taylor, 1961; Green, 1966; Lloyd, 1967; Iwao, 1968; Southwood, 1978; Taylor, 1984; Pedigo & Buntin, 1994），再依空間分布測定的各種數理模式，發展出不同的取樣數的計算方法（黃莉欣等，2016）。因此，在進行取樣數的估算前，應先了解族群在空間上的分布型態。

不同空間分布指標的理論學說各有其優缺點，Myers（1978）認爲 variance-to-mean ratio 受族群密度影響極小，是適合作爲族群分散的測定指標，但 Hurlbert（1990）不同意 Myers 的論點，他指出在非逢機型態下，variance-to-mean ratio 也指出樣本均方與樣本平均（s^2/m）之比值，當比值等於 1 時，該族群在空間上的分布屬逢機型，大於 1 爲聚集型，小於 1 爲均勻型分布；另外 Myers 也指出 Green's coefficient 有不受族群密度及取樣數影響的優點，Morisita's coefficient 也有不受族群密度影響的優點，但有會受取樣數多寡影響的缺點，故 Myers 建議計算分散指標時，Green's coefficient 可優先考慮使用，其次是 Morisita's coefficient，再其次爲 variance-to-mean ratio。但 Davis（1994）指出 Green's coefficient 主要是用來檢測族群聚集的程度，而 Morisita's coefficient 主要在檢測是否爲逢機分布，若取樣數少，該指標將很難判定聚集度的大小。Lloyd's mean crowding 及 index of patchiness 具有生物學及統計學的理論基礎，適合用於判定族群之空間分布型態。二種迴歸模式 Iwao's mean crowding regression 及 Taylors' power law 是廣泛使用於評估族群分散指標的方法，前者是將 Lloyd's mean crowding 對族群平均數作直線迴歸，具有生物學的理論背景；後者是以經驗模式推導出取樣變方與平均數間呈次冪型函數（power law）關係，再經 log 數值轉換呈直線關係，其斜率值可作爲族群空間分布指標的判別依據。平均擁擠度是指生物個體間會因相互干擾或競爭而保持一定的距離，亦即一生物個體與其他個體之平均密度間的關係即是平均擁擠度，從平均擁擠度的高低可看出生物個體在空間上聚集的程度，但平均擁擠度依變於族群的密度，Lloyd 另外提出區塊指數（index of patchness），亦即平均擁擠度與平均值之比值，若大於 1 則爲聚集型，小於 1 爲均勻分布，等於 1 則爲逢機分布。

生物個體間會因食物偏好、交尾、產卵棲所等資源使用情形而有排斥、聚集或競爭作用，在其棲所內各占一方，此結果可藉由取樣單位的變方及其平均數的比值大小來表現，當取樣變方小於平均數時，表示該族群在所處的空間內是呈均勻（uniform）分布，顯示個體間可能因食物資源、交尾及產卵棲所等的競爭或互相殘食的現象所導致各據一方的結果；若取樣變方等於平均值，表示任一空間內生物個體的出現機率是相等的，個體間並不會互相干擾，是爲逢機型分布；若取樣變方大於平均值，表示有某些個體是因產卵或食物的偏好性而有聚集（aggregation or clumping）的現象，導致該族群在棲所內的分布呈不規則的聚落（patchy），此空間分布型態是爲聚集型分布，藉由此取樣變方及平均數間的關係，各學者推導出不同的空間分散指標。

一般而言，取樣數越多，變方越小，精密度越高，但相對地所需調查的成本則越高，因此，如何在精密度的要求及調查的成本之間有一適度的折衷，決定最適樣本數的決定是相當重要的。決定樣本單位大小時應考慮二大因素，一爲昆蟲族群內之個體對其棲所空間的利用、分配情形，二爲調查者主觀對精密度的要求。樣本數的大小取決於昆蟲在一田間空間分布的型態，因此，有關的計算公式均依空間分布測定的各數理模式而發展出不同的計算公式，現簡略介紹常用的三種。

1. variance-to-mean ratio

$$n=\left(\frac{t_{\alpha/2}}{d\bar{\chi}}\right)^2 s^2$$

2. Taylor's power law

$$n=\left(\frac{t_{\alpha/2}}{d\bar{\chi}}\right)^2 a\bar{\chi}^{b-2}$$

3. Iwao's mean crowding regression

$$n=\left(\frac{t}{d}\right)^2\left(\frac{\alpha+1}{\bar{\chi}}+\beta-1\right)$$

上述式中 $\bar{\chi}$ 爲平均密度估值，d 爲精密度，t 爲學生 t 檢定 t 值，s 爲標準差（standard deviation），其餘 a、b、α、β 爲得自各關係式的常數或統計值。

四、害蟲、害蟎防治方法

所謂害蟲管理技術是指爲減少害蟲族群所採取的防治方法，包括農業防治、化學防治、生物防治、微生物防治、抗蟲品種、誘引劑等。蟲害管理之執行步驟如圖10-3 所示。

（一）農業防治

運用農事上各種耕種操作技術，營造不適於害蟲猖獗發生的環境，以減少害蟲族群豐量的方法。例如：田間衛生、耕作操作、輪作、間作或混植、改變種植時間、施肥、除草、修枝去葉等，即一般通稱之耕作防治。

（二）物理防治

物理防治是指利用對害蟲有影響的物理因子、人工及機械等防治的方法。例如：高溫處理、火燒、手捕、網捕、燈光誘捕、陷阱誘集法、黏附法、有色黏紙、隔離（如套袋、網室栽培）等。

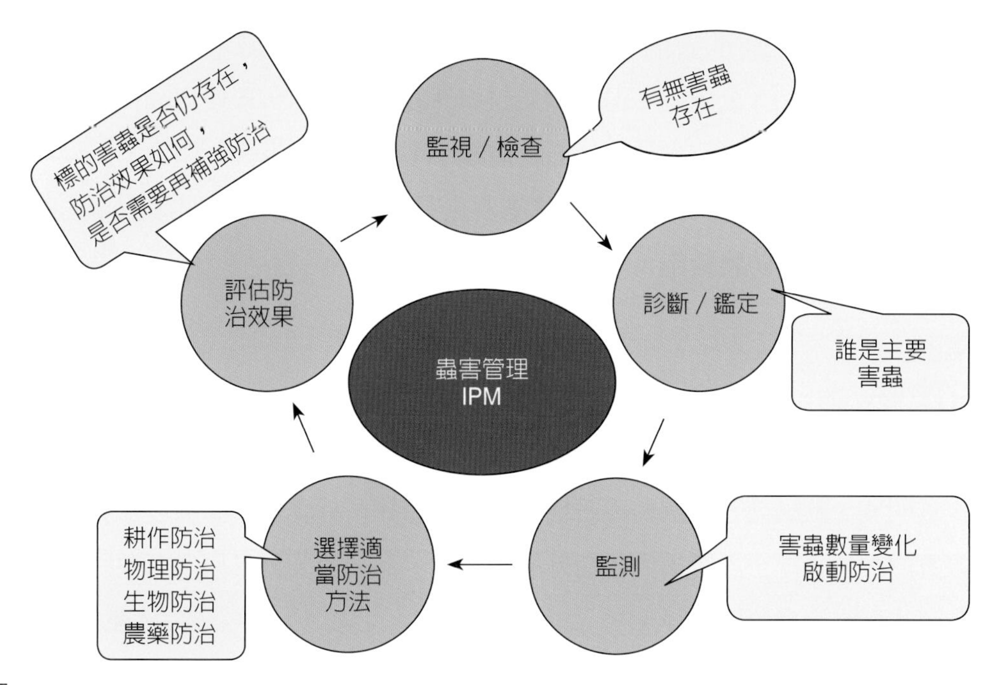

圖 10-3 蟲害管理執行步驟

1. 隔離網罩

有網目的蚊帳、尼龍網、簡易網罩或網室可以防止具有飛行能力的害蟲進入，1976-1984 年間，木瓜輪點病毒病在臺灣造成木瓜嚴重的損失，為了阻隔其傳播媒介蚜蟲，將網室運用在木瓜栽培生產，顯著阻絕了有翅型蚜蟲的入侵及木瓜輪點病毒病感染率。近年來用網室栽培的作物種類越來越多，如花椰菜、小黃瓜、哈密瓜、小番茄與甜椒等，雖可降低較大型的蝶蛾類或小型害蟲的成蟲侵入，然而小型害蟲一旦入侵，該網室將可能成為這類害蟲的溫床，因此，運用網室隔離害蟲之防治措施，仍需留意儘可能減少小型害蟲的入侵及密度的上升。

網罩或網室之網目大小的選擇與害蟲體型大小有關。24 目之網罩其大小約為 0.7×0.7 公釐，可防止體型大於 1 公釐之害蟲進入，如斜紋夜蛾、果實蠅、瓜實蠅等。常見小型害蟲粉蝨成蟲的體長為 1-2 公釐，展翅後約 3 公釐；大部分薊馬體型小約 0.5-2 公釐，少數大型薊馬最長可為 14 公釐；蚜蟲體型差異大，體長 1-10 公釐；斑潛蠅體長 1-1.3 公釐，翅長 1.3-1.7 公釐，這些小型害蟲體型均屬細長型，體寬多小於 1 公釐，目前臺灣設施普遍使用 32 目之網罩，約為 0.5×0.5 公釐，可以阻隔部分小型害蟲。爲了全面防止粉蝨及薊馬等害蟲進入設施內，也有推廣使用50目之網罩（0.3×0.3公釐），但臺灣氣候條件屬高溫高溼，若使用網目較細者，可能因通風不佳影響作物的生長。然而，這類小型害蟲一旦進入設施內，因環境穩定利於棲息與繁殖，很容易猖獗地在設施內生長，因此，除注意四周網罩的防護外，進出口也需做好防護措施，以降低小型害蟲的入侵。

2. 阻隔法

(1)果實套袋：爲了降低果實遭受果實蠅或瓜實蠅等害蟲危害，栽培者多會以套袋阻隔瓜果實蠅的產卵。套袋大小與質地會依不同果實的特性而設計如形狀、透氣性、透明度、軟硬度等。例如番石榴套上保麗龍網再外套透明塑膠袋，某些品種芒果果實的套袋較厚，內層爲黑色而外層牛皮紙，葡萄套袋需具備透氣性好、透光度高、疏水度高之白色紙袋等。

(2)阻隔帶：樹幹阻隔帶用於防治爬行的昆蟲。裁切一條相當於樹幹直徑1.5倍長、寬20-30公分的塑膠布，圍繞樹幹並在10公分處用繩子或彈簧綁紮。塑膠布的下半部向下摺疊成垂片，像裙襬般打開，以阻斷下方害蟲往上爬越。天牛類害蟲都喜在樹幹基部100公分以下產卵，柑桔窄胸天牛尤其喜歡在星天牛蟲孔、樹皮裂縫、凹處及分叉處產卵，可於樹幹基部以報紙或魚網包裹，天牛成蟲將卵產在隙縫中時，再將有卵的報紙燒毀。於樹幹上用保特瓶包裹，可防止蝸牛等軟體動物從地面爬到樹上取食葉片或果實。

3. 有色黏紙

大部分昆蟲對黃色的趨性較強，如蚜蟲、粉蝨、斑潛蠅、瓜實蠅、果實蠅等。在彩椒園懸掛藍色及黃色黏紙以評估園區內南黃薊馬及臺灣花薊馬對二種顏色黏紙的偏好，結果顯示南黃薊馬受藍色黏紙的誘引力顯著高於臺灣花薊馬，而臺灣花薊馬對藍色黏紙也較具偏好，但與黃色黏紙則無統計上的差異（圖10-4）。魏等（2011）以亮黃、橙黃、綠、白及藍等5種顏色黏板於愛文芒果園評估小黃薊馬對顏色的偏好性，結果顯示，亮黃色及橙黃色捕獲小黃薊馬的效能顯著高於其他顏色（圖10-5），其次爲綠色，而白色與藍色最少。因此，建議大部分薊馬以藍色爲主要誘引顏色，尤其是南黃薊馬，然小黃薊馬則對黃色特別偏好。因此，若有發現薊馬的園區，宜懸掛黃色及藍色等 2 種顏色的黏紙，以誘捕多種小型害蟲。

4. 燈光誘集

昆蟲的感光器爲單眼及複眼，對光的強度有一定的適應範圍，故有正趨光性與

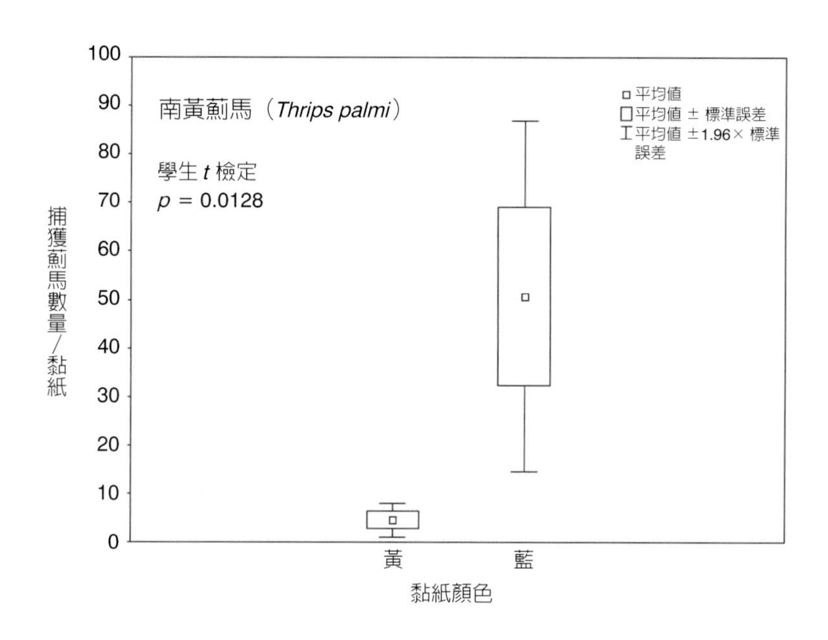

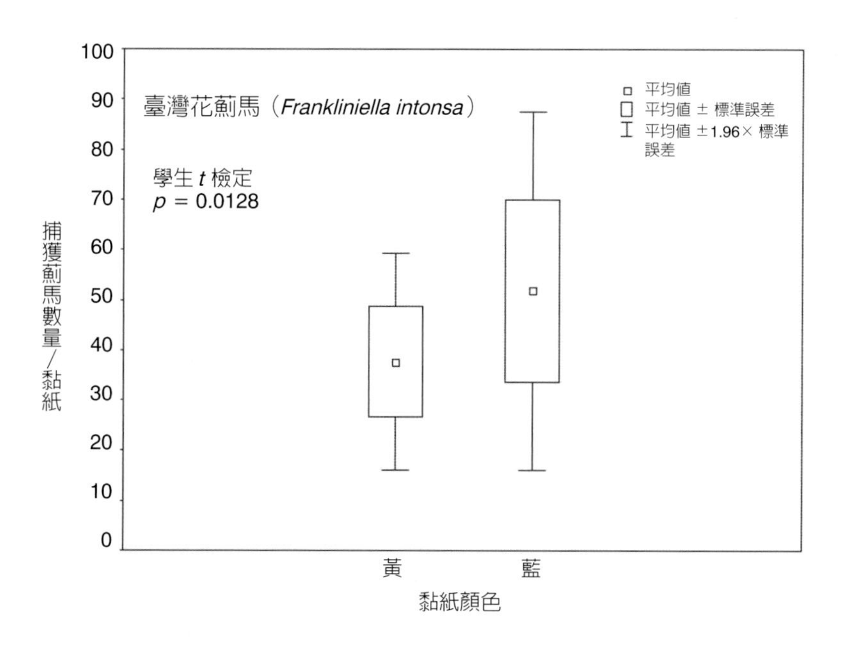

圖 10-4　南黃薊馬及臺灣花薊馬對黃、藍兩色黏紙的偏好

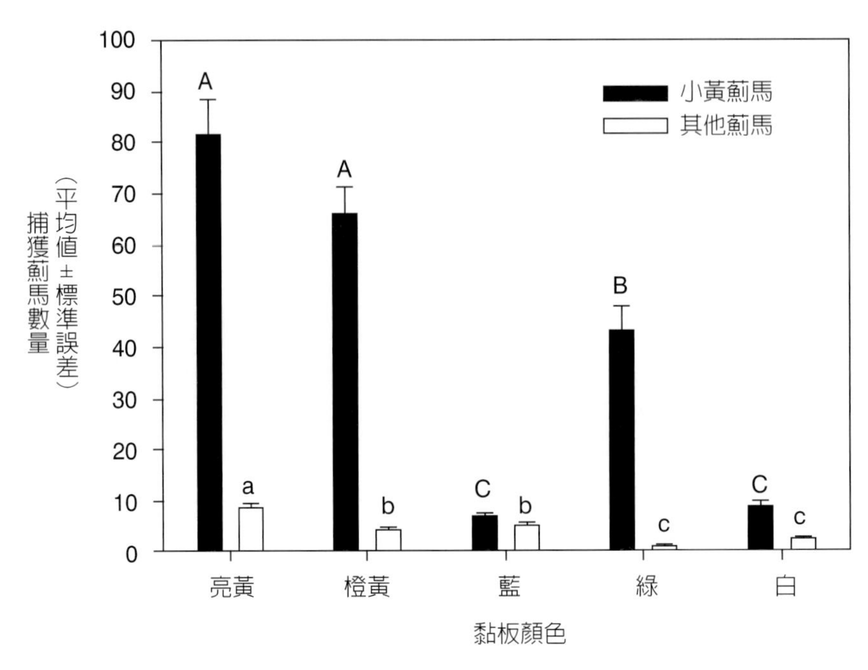

圖 10-5　愛文檬果園使用不同顏色黏板誘捕小黃薊馬與其他薊馬結果（供試黏板顏色為亮黃（BY）、橙黃色（OY）、藍色、綠色及白色。大寫字母表示小薊馬之 Tukey 顯著差異檢定結果，字母相同者則表示無顯著差異（α = 0.05），小寫字母則表示其他薊馬之 Tukey 顯著差異檢定結果，字母相同者則表示無顯著差異（α = 0.05）（魏等，2011）

負趨光性的現象。夜間活動的昆蟲對光具有負趨性，不同昆蟲對光的強度及光質有不同的趨性。二化螟在 330-400 mμ 下的反應最強，隨著波長增加，趨性轉弱；白光偏黃之燈光，在 100 燭光以上對天牛具有明顯的誘引效果；偏藍或黑光燈則對蛾類及金龜子類具有誘引效果。依防治目標對象可於田區架設適當的燈光，以誘引成蟲，降低產卵的比率。

（三）生物防治

生物防治是利用生物活體或其代謝產物來控制害蟲族群的密度。廣義的生物防治包括捕食性及寄生性天敵、病原微生物（病毒、細菌、眞菌、原生動物等）、線蟲等，狹義是指利用捕食性或寄生性天敵防治害蟲的方法（黃莉欣、蘇文瀛，2004）。

1. 利用天敵防治害蟲：此爲以蟲治蟲的防治方法，是生物防治中應用最廣且最多的方法，分爲捕食性與寄生性兩類。捕食性天敵的寄主範圍較廣，需捕殺多隻食餌個體方能維持其生存與發育，而且立即導致食餌死亡（黃莉欣、蘇文瀛，2004），捕食性天敵咀嚼式口器者如瓢蟲、蛟蛉、螳螂，吸收式口器如瘿蚋科、花椿、印度食蟎薊馬及捕植蟎等。寄生性天敵不會造成寄主立即死亡，成蟲將卵產在寄主體內，孵化的幼蟲在寄主體內營寄生生活，以寄主體液爲食物來源，導致寄主死亡，通常多在寄主最後一個若蟲期或蛹期化蛹，蛹可於寄主體內或體外，最後成蟲破蛹而出，如小繭蜂、姬蜂、赤眼卵寄生蜂等。成蟲營自由生活，由於寄生性天敵會致寄主死亡，與一般寄生者不同，爲之區別，又謂之爲寄生捕食者（parasitoid）。寄生性天敵的寄主較爲專一，通常一次寄生取食一隻寄主，少數種類則多隻寄生取食一隻寄主。利用天敵的途徑可歸納爲天敵保護、天敵的大量繁殖與釋放、天敵的引進三部分。天敵保護的方法是小心使用殺蟲劑，減少對田間已存在的天敵造成殺害，減少對天敵有干擾的農業措施，應用耕作方法保護天敵的棲息場所等。若田間天敵數量不足以控制田間害蟲時，可利用室內大量繁殖天敵，再釋放於田間，增補田間不足的天敵數量。若害蟲爲外來種，可至原產地尋找有效的天敵，評估其適用後，再進行引進（黃莉欣、蘇文瀛，2004）。

2. 利用病原微生物防治害蟲：利用害蟲的病原微生物或其代謝產物防治害蟲的方法稱爲微生物防治。由於化學藥劑長期不合理使用，造成害蟲抗藥、農藥殘留等問題，促使微生物防治快速地發展。目前應用最廣的病原有細菌類的蘇力菌、眞菌類的白殭菌、黑殭菌、綠殭菌及病毒類中的核多角體病毒（NPV）與顆粒體病毒（GV）。一般使用微生物製劑防治害蟲的方法與化學殺蟲劑相似，惟紫外線對這些微生物具有破壞力，建議在紫外線較弱的傍晚時分施用於田間較爲適宜（黃莉欣、蘇文瀛，2004）。
3. 利用原生動物或線蟲防治害蟲：可利用的原生動物有微孢子蟲、新簇蟲。原生動物與線蟲均以寄生方式在昆蟲體內完成整個生活期，致昆蟲死亡（黃莉欣、蘇文瀛，2004）。
4. 費洛蒙及誘引劑的應用：費洛蒙是昆蟲分泌於體外的一種激素，用以誘引同種的個體，包括性費洛蒙、警戒費洛蒙、標跡費洛蒙、群聚費洛蒙等。性費洛蒙是害蟲防治上使用最普遍的一種，通常由雌性個體產生，用來引誘同種的雄性個體，如小菜蛾性費洛蒙、斜紋夜蛾性費洛蒙、甜菜夜蛾性費洛蒙。誘引劑是利用合成的化合物來引誘不同性別的害蟲，例如甲基丁香油爲一種性誘引劑，非性費洛蒙，甲基丁香油可誘引雄性東方果實蠅，克蠅可誘瓜實蠅的雄蟲。蛋白質水解物可誘引害蟲趨前取食，將這類化合物與殺蟲劑調配成毒餌如賜諾殺濃餌劑，致被誘引的害蟲中毒死亡，也是安全、有效的防治方法之一（黃莉欣、蘇文瀛，2004）。薊馬有警戒費洛蒙的應用，但須配合其他防治方法，始可發揮功效。

5. 不育性昆蟲防治：利用物理方法如 X-ray、γ-ray、鈷 60 等照射昆蟲使其產生不孕，或利用不育性藥劑餵食昆蟲使其不孕，再將不孕的蟲體釋放於田間，與田間的蟲體交尾，交尾後的雌蟲無法生產正常有效的受精卵，繁衍子代的機會因而中斷，致田間害蟲族群的密度降低，達到防治的目的（黃莉欣、蘇文瀛，2004）。
6. 天然素材：天然素材是由天然環境中如植物、礦物、動物等而來的植物保護資材，不以化學方法精製或再加以合成的農藥，製成可先經脫水、乾燥、壓榨、磨粉、製粒等物理加工程序而開發的天然素材。如苦楝油、甲殼素、二氧化矽、矽藻土等。

（四）化學防治

亦稱藥劑防治，顧名思義就是利用化學殺蟲劑來達到降低害蟲族群密度的方法。化學防治是所有防治技術中使用率最普遍、最廣爲接受的防治方法。

殺蟲劑依其侵入蟲體的方式或部位可分爲燻蒸劑、胃毒劑、觸殺劑、官能殺蟲劑（又稱系統性殺蟲劑）。燻蒸劑是藉由揮發性的氣體侵入昆蟲的呼吸系統，導致中毒而死，主要應用在積穀害蟲、果樹苗木、白蟻等防治。胃毒劑顧名思義即因取食毒劑而中毒，此類藥劑對咀嚼式口器的害蟲具有明顯的毒殺效果。官能性殺蟲劑會經由植物的葉、莖、根等部位滲入植物體之輸導組織，隨養液的輸送而運送至其他部位，害蟲取食寄主植物任一部位都會將藥劑食入，引發中毒死亡，此類藥劑對刺吸式口器如蚜蟲、粉蝨、薊馬、介殼蟲類等特別有效。觸殺劑是現代殺蟲劑中數量最多的一類，此類藥劑噴灑於害蟲出沒場所或棲息、取食等物體或寄主植物表面上，令害蟲在其上爬行活動時接觸到藥劑，或直接噴灑在蟲體上，藥劑由害蟲體壁滲透入體內，造成中毒死亡。化學防治在害蟲管理的應用可分爲三部分：

1. 毒殺作用：殺蟲劑是利用其化學結構和生理活性來妨礙害蟲生理、生化作用的進行，使害蟲喪失生命。其毒殺作用大多以各種酶的作用，導致神經毒害（黃莉欣、蘇文瀛，2004）：(1) 抑制乙醯膽鹼酯酵素的合成，使得乙醯膽鹼不能分解，因累積過多的膽鹼，造成昆蟲過度興奮、痙攣、麻痺而死亡，如有機磷劑（馬拉松、陶斯松）、胺基甲酸鹽類（納乃得、加保扶）；(2) 影響神經膜上鈉離子（Na^+）的傳導，致使神經突觸去電荷、去極性，導致鈉離子累積過多，過度亢奮、痙攣、中毒死亡，合成除菊類（第滅寧、芬化利）殺蟲劑屬於此類作用機制；(3) 抗生性殺蟲劑爲放射菌類的衍生物所合成的殺蟲劑，例如賜諾殺是作用在尼古丁乙醯膽鹼的接受體上，造成昆蟲神經中毒而死亡；阿巴汀、因滅汀、密滅汀等藥劑會與 GABA（γ－胺基丁酸）鍵結，使得 GABA 無法開啟神經元突觸後細胞膜上氯離子的管道，降低神經膜對氯離子的通透性，最後因神經管道內氯離子含量過高，導致亢奮、痙攣而死亡；(4) 類尼古丁類殺蟲劑具有高水溶性，在水中安定的特性，可藉由植物體內水分的傳導而將藥劑帶至植物體各部位，產生系統性殺蟲的效果，例如益達胺、賽速安、亞滅培等，其殺蟲機制主要作用在昆蟲中央神經系統，阻斷神經突觸細胞對乙醯膽鹼的接受，造成乙醯膽鹼累積過多，導致痙攣、中毒死亡（黃莉欣，2018）；(5) 其他如培丹、硫賜安、免速達爲沙蠶毒素的類似物，主要作用是干擾神經系統中乙醯膽鹼的傳導，造成昆蟲痙攣而中毒死亡。又如芬普尼爲一種苯基吡唑類殺蟲劑，作用在中央神經系統，主要是阻斷神經膜對氯離子的通透性，提高神經的興奮，昆蟲最後因痙攣而中毒死亡。

2. 抑制作用：利用拒食劑、忌避劑等物質來抑制昆蟲生命活動或過程中某一環節（黃莉欣、蘇文瀛，2004）。如派滅淨及氟尼胺。
3. 調節作用：昆蟲生長變態的過程中需要青春激素與脫皮激素來調控其生長及外骨骼幾丁質的合成，昆蟲生長調節就是利用青春激素、脫皮激素等類化合物使害蟲的習性改變或抑制昆蟲賀爾蒙在昆蟲體內生理、生化作用的調控。此類藥劑可分爲三類，第一類爲幾丁質合成抑制劑，昆蟲蛻皮時，干擾幾丁質的產生，新的外骨骼無法正常產生，最後因乾燥而死亡，例如二福隆、克福隆、布芬淨、賽滅淨等；第二類爲類青春激素，干擾昆蟲的變態，阻止幼蟲變態成爲成蟲，此類藥劑使昆蟲一直停留在幼蟲階段，不斷脫皮，終而死亡，如芬諾克、百利普芬；

第三類為抗脫皮激素，此類藥劑為非固醇類，會與脫皮固醇一起競爭脫皮酮接受體（一種蛋白質），若抗脫皮激素與脫皮酮接受體結合，導致幼蟲到達脫皮階段而無法正常脫皮，最後中毒而亡，例如得芬諾（黃莉欣，作物蟲害及殺蟲劑簡介）、可芬諾、滅芬諾。

由上述毒殺作用可知，不同種類的化學殺蟲劑的毒殺機制不同，昆蟲產生的抗性因而不同，一般而言，抗藥機制可分為 4 大類：(1) 行為上之抗性：利用生活習性或棲所之隱蔽性來避免或減少接觸藥劑的機會；(2) 降低表面穿透力：昆蟲因表皮或腸道組織結構的不同，可減緩藥劑進入體腔內的速率或到達藥劑作用部位，來降低其致死率；(3) 提高解毒酵素活性：如酯酶（esterases）、細胞色素 P450 單氧化酶（monoxygenases P450）、麩胱苷肽轉基酶（glutathion-s-transferases, GSTs）；(4) 改變殺蟲劑作用部位：①改變乙醯膽鹼酯酶作用部位，降低對乙醯膽鹼酯酶作用部位的敏感；②電位控制型鈉離子通道之開關是由細胞膜電位的高低來決定，當鈉離子通道作用部位的敏感度降低時，昆蟲對 DDT 及合成除蟲菊殺蟲劑的敏感性也降低，此種抗性稱為擊倒抗性。

為了控制害蟲的危害，若大量或經常性施用相同作用機制的殺蟲劑，篩選出抗藥性的昆蟲的機率相對增高，使得防治工作更加困難。抗藥性管理的目的是在防止或延緩抗藥性昆蟲的發展，使化學防治能持續發揮其藥效。減少殺蟲劑的使用為抗藥性管理的基本要件，而選擇不同作用機制的殺蟲劑（不同 IRAC 代碼為不同作用機制的殺蟲劑）輪替使用，且適時適量，會是延緩抗藥性產生的最佳方法。所謂適時適量即指有需要用時，才選用適當的藥劑種類、施藥劑量及施藥次數去防治目標害蟲。

（五）法規防治

所謂法規防治乃指藉法令規章協助防治害蟲的方法。植物檢疫為法規防治主要的部分，依據國家法規對植物及其產品實行檢驗和處理，以防止病、蟲、草、鼠等有害生物因人為的傳播而蔓延，目的是作預防性的限制。倘若檢疫發生缺失，新害蟲侵入時，政府須立即制定具體辦法，進行強迫防治的緊急處置，將害蟲的威脅性降至最低（黃莉欣、蘇文瀛，2004）。

CHAPTER 11

病害管理

一、病原菌侵入寄主植物之方式與病害防治

引起植物病害之病原菌主要有眞菌、細菌、病毒、菌質體與線蟲，而不同的病原菌侵入植物方式不同，眞菌可由自然開口、傷口及直接由寄主表面侵入植株體內；細菌多由自然開口及傷口侵入；病毒、侷限維管束細菌與菌質體則多藉由媒介昆蟲傳播、機械接觸傳播及嫁接扦插之罹病植體傳播，至於線蟲可直接侵入寄主組織，亦可由傷口侵入（圖 11-1）。針對不同的侵入方式，須採取不同的防治方法，在栽培過程中如何保護作物、避免產生傷口，可減少病原菌侵入植物組織，適度強化植物組織或將自然開口覆蓋可減少直接自自然開口侵入；至於病毒、侷限維管束細菌與菌質體的防治，須著重於預防，如採用健康種苗、控制蟲害減少傳播機會，以及如何強化作業模式，以減少因機械接觸而傳播。而加強環境管理營造有利於作物生長而不利於病原菌生長、繁殖的環境，亦不失爲有效管理病害的策略。

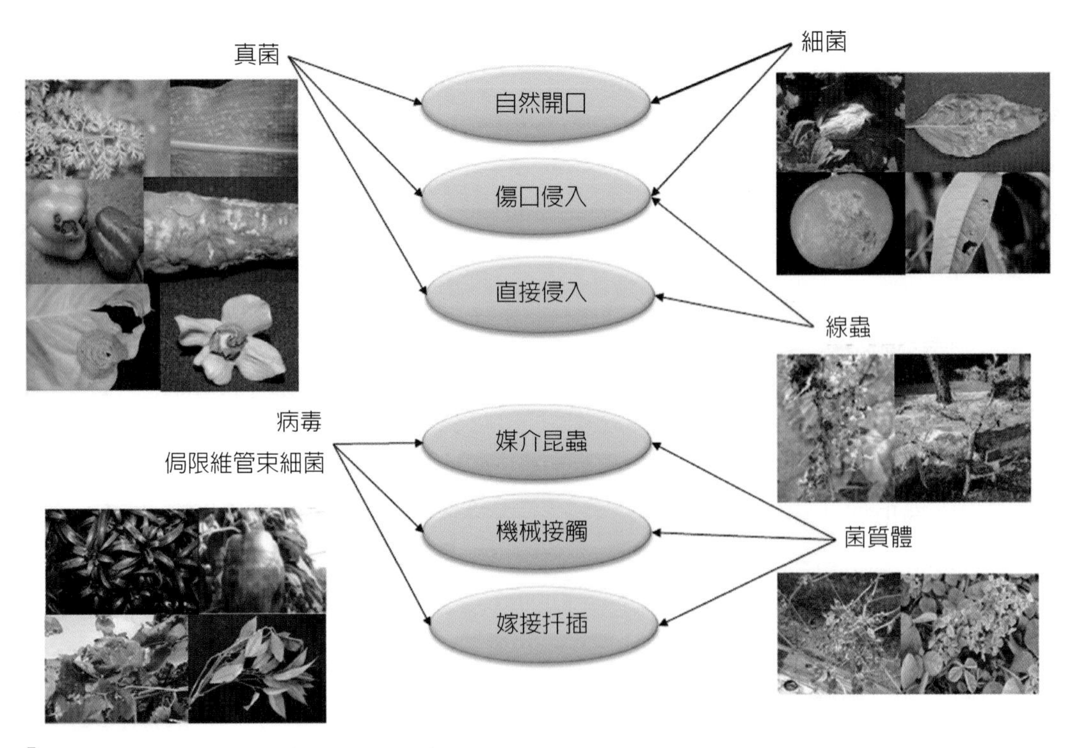

圖 11-1　病原菌侵入寄主植物之方式

植物病害主要發生在寄主與病原菌同時存在於田區時，遇環境適合則病原菌侵入寄主組織、感染而發病，病害發生後病原菌可釋放分生孢子及其他病原菌繁殖體、重複感染，成爲當季的二次感染源；病原菌亦可殘存於寄主組織內越冬，作爲第二年的初次感染源。爲防止病害發生，主要的病害管理重點時機爲保護寄主與增加寄主抗性、避免病原菌侵入寄主、病原菌感染後抑制其發展成病害、抑制孢子釋放與重複感染以及如何在越冬期滅除病原菌（圖 11-2）。

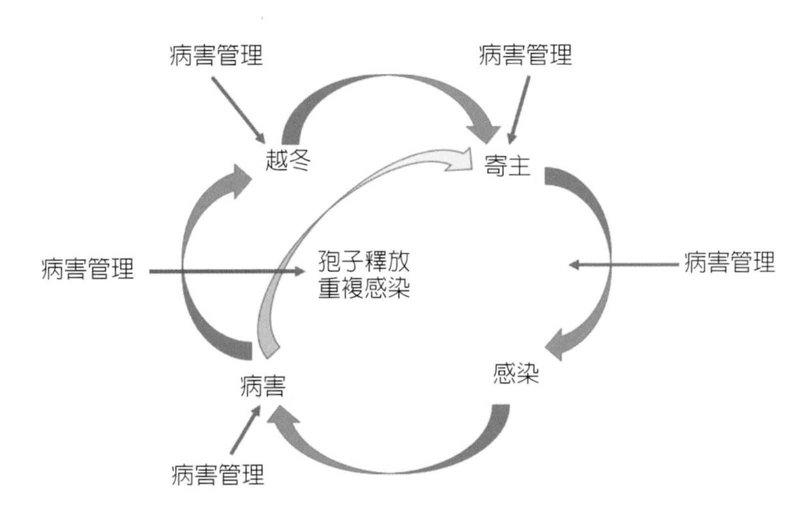

圖 11-2　植物病害發生史與重點管理時機

二、病害防治策略

1929 年康乃爾大學植物病理學教授 H. H. Whetzel 博士提出病害防治之四大原則，分別爲拒病（禦病，exclusion）、防病（protection）、除病（eradication）及抗病（immunization），此四原則仍爲放之四海皆準的植物病害防治原則。

（一）拒病（禦病，exclusion）

拒病爲阻止病源由一發病地區傳播至另一未感染該病害之新地區，重點在於一般所稱之法規防治。除於苗木進口時須加強檢疫，杜絕病源入侵外，國內栽培者於苗木轉殖時，或由不同地區購入種苗時，亦須注重病害之防除，一般可進行的方法爲：產地檢疫；加強進口檢疫，避免由國外引進病原菌；選用健康種苗及不帶菌種源；新引進種苗與種子隔離栽培。

1. 加強檢疫，避免由國外引進種苗時伴隨引進病原菌：檢疫工作乃一任重道遠之工作，除執行人員須提高警覺外，一般民眾更須具備相關知識，引進前先確定所欲引進者爲健康植株；於引進植物時若發現病害發生，應立即銷毀；未發現明顯病徵時，宜隔離栽培，至確定無病害時再進入量產程序。
2. 選用健康種苗及不帶菌種源：植物病原菌可經由帶菌種源與罹病種苗引入栽培園，因此購買不帶菌之種子、種苗、種球及插穗等繁殖體，及由健康苗圃購入種苗，可大幅降低病害之發生機率。
3. 隔離栽培：當無法確定取得之種苗、種子及種球等繁殖體爲健康者，可利用地勢較爲隔離之地區假植，一旦病害發生時，可迅速將其撲滅，避免病害擴展至其他植株或地區。

（二）抗病（immunization, resistance）

利用選種或抗病育種技術培育抗病品系、栽種抗病品種，爲一勞永逸之方法，但抗病砧木亦不失爲一良方；應用交互保護（cross protection）、誘導植株產生抗病性亦可達到抗病的目的。此外，亦可應用基因轉殖植物，如抗輪點病毒基因轉殖木瓜於田間抗病效果極爲優良。

1. 抗病育種：栽種抗病品種可減少病害發生，進而減少藥劑之使用，爲病害防治方法中經濟效益最高者，但亦爲最困難者。由於植物之品種間特性差異極大，對病害之抵抗性差異亦頗大，因此於引種過程中選種抗病性品種，則無病害之發生；若無明顯之抗病品種，則於栽種過程中亦可不斷篩選抗病性較高之品種進行無性繁殖，同時作爲品種交配時之親本，經由選種、抗病育種而後培育、栽種抗病品種，以達病害防治之最終目的。
2. 抗病砧木：利用抗病根砧嫁接感病品種而達到預防病害發生目的，如菱角絲瓜根砧嫁接苦瓜防治萎凋病。由於苦瓜易罹患鐮刀菌引起之萎凋病，但絲瓜則爲抗病種，因此利用不同方法將苦瓜苗稼接於絲瓜砧木上，則可避免苦瓜罹患萎凋病。其他易感染土壤傳播性病害之蔬菜作物採用抗病根砧預防病害發生者尚有茄子根砧嫁接番茄防治青枯病、抗病根砧嫁接以防治菜豆萎凋病，以及朝天椒根砧嫁接彩色甜椒防治細菌性萃腐病；果樹部分爲柑桔爲預防裾腐病發生，篩選抗病或耐病根砧根接。

3. 誘導抗病性：亞磷酸、幾丁多醣、矽酸鹽類均可誘導植物對不同種類病害產生抗病性。誘導抗病性的物質本身無殺菌作用，而是藉由誘導植物的主動防禦反應系統，使植物獲得抗病性。系統抗病性（systemic acquiure resistance, SAR）是由不親和性病原菌及化學誘發物所誘發，一旦產生後可發揮系統性、持久性的防治效果，主要的作用物質爲水楊酸；誘導系統性抗病性（induced systemic resistance, ISR），爲由非致病性根圈細菌或機械傷害（包括蟲害）所誘導，主要之作用物質爲茉莉酸及乙烯。亞磷酸主要針對卵菌綱病原菌，作用機制爲在逆境中啟動防禦系統。亞磷酸可經維管束向下移行到根部組織，防治根部病害效果佳、持久；若以亞磷酸灌注土壤，無法防止地上部的葉片與花器不被病菌感染；但若根部已被病菌侵入，根系吸收能力降低，葉面噴施的效果較根部灌注有效；預防勝於治療，在環境及天氣不佳時，提早施用，因爲寄主在逆境中啟動防禦系統，需一段時間才會生效。幾丁多醣可促進土壤中有益微生物生長而與病原微生物產生拮抗作用，亦可抑制根瘤線蟲，而降低連作障礙，同時可活化植物之幾丁多醣酵素，提升植物之抗病性。
4. 交互保護：利用弱病原性之病原菌先行接種於作物上，可產生輕微之病徵，一旦強病原性之病原菌出現時，則無法再感染該植株，藉此避免植株受強病原性之病原菌再次感染。
5. 提升作物抗病性：常用於提升作物抗病的資材爲鈣與矽。

矽可快速於眞菌侵入釘或昆蟲刺吸處沉積，產生矽化細胞，或形成乳突（papilla），累積在角質層及上表皮細胞，形成物理屏障，阻止病原菌侵入。矽亦可發揮系統抗病性（SAR）的防禦功能表現。矽酸（$Si(OH)_4$）爲主要的植物吸收型態，可由根部以擴散和質流方式吸收，亦可由地上部吸收。

鈣可強化植物組織的細胞壁，亦可活化酵素，促進細胞活動，有利於根系伸長，進而增加植物抵抗各種逆境的能力。植物缺鈣時會在不同組織出現不同的症狀，而弱化植株抗逆境與病原菌的能力。鈣含量足夠的組織於高溫強光照射下較不易發生日燒現象，而日燒所造成的傷口往往是炭疽病病原菌侵入的管道，因此在高溫季節栽培彩色甜椒時，可見日燒嚴重的田區炭疽病亦相當嚴重，適時噴施含鈣肥料後，日燒及炭疽病均相對減少。

（三）除病（eradication）

對於新引進的病害，在病害尚未擴展而普遍發生時予以撲滅稱爲除病，常採用的方法爲種子、種苗處理及利用組織培養法育苗。

1. 種子、種球及種苗等繁殖體處理：多種病害經實驗證實可經由種子或種苗帶菌而傳播病害，因此選用不帶菌之種子、種球及種苗爲防治病害的重要方法之一，然帶菌者甚難由外表判斷，因此若無法確定選用者爲健康者，可利用生物技術檢測，淘汰帶菌繁殖體，必要時進行種子消毒或種球及種苗藥劑處理，以杜絕病原菌擴散。
2. 利用組織培養：園藝作物常採組織培養法進行大量繁殖，於組織繁殖過程中，取健康之生長點或植物組織爲必備條件，因此於繁殖過程中同時除去病原菌而育出健康苗，爲病毒病防治最爲典型的例子；若無法取得健康組織，可於組織培養過程中以藥劑處理而達到滅菌目的，是以病毒病及系統性病害可考慮以組織培養法，配合藥劑處理取得健康苗木後，再行田間栽植。香蕉、馬鈴薯等作物之無病毒種苗均藉由組織培養而培育健康種苗。

（四）防病（protection）

於作物生育期間利用各種防治方法，除保護植物免於受感染外，同時採用不同防治方法降低病害發生之嚴重度，可利用的方法有耕作防治法、物理防治法、生物防治法及化學防治法等。

1. 耕作防治：選擇適當的栽培環境，配合合理的栽培管理，可增加植株對病害的抵抗力，若能適時清除罹病組織，降低感染源，雙管齊下可適時抑制病害的發生。
   (1) 選擇適當的栽培環境：將植物栽培於適當環境，切勿將須遮蔭的植物暴露於強光下，亦不可將須強光照的植物栽植於遮蔭環境下，以確保植株生長良好。
   (2) 加強幼苗期管理：注重苗床土壤及幼苗期管理，使植株早期生長旺盛，可增加植株之抵抗力，移植後快速生長，可相對減少栽培期之管理。

(3) 適當肥培管理：過量及不當之施肥易導致植株生長不良，造成植株對病害的抵抗力降低，栽植前須充分了解栽培植物之生理特性，施予適當的肥料。

(4) 土壤添加劑、土壤改良劑：施用特殊配方之有機質肥料誘導土壤中之拮抗菌繁殖，藉以抑制土壤傳播性病原菌之擴展，如 SH 土壤可降低萎凋病發生，白絹病亦可藉由土壤添加劑降低發生率，均爲改善土壤微生物相而降低病害發生。而適度改良土壤物化性質，除可促進作物正常生長外，同時可活化根圈微生物，改善得宜時，甚至可抑制土壤傳播病原菌之繁殖而抑制病害發生。

(5) 適度之水分管理：過量之土壤含水量易影響植株根部呼吸作用及其他生理作用，而影響植物之抗病力；而水分不足時，植株生長不良，抗病性亦相對降低。選用乾淨灌溉水源，可減少病原菌來源，特別是土壤傳播性病害。

(6) 避免密植植株：植株過於密植時，易導致小區溫度、溼度增加，因而增加病害的發生機會，同時過於密植時，植株生長勢較弱，對病害的抵抗力亦相對降低。

(7) 加強雜草管理：炭疽病、灰黴病、白絹病、疫病、萎凋病及細菌性斑點病等均爲寄主範圍相當廣泛的病害，雜草亦可爲病害之寄主而傳播病源；同時雜草亦是媒介昆蟲之溫床而傳播病毒病。加以雜草叢生時，導致小區微氣候之改變，造成溫度、溼度增加，可促使眞菌性及細菌性病害之發生。若適度防除雜草，可減少病害之寄主植物，降低感染源，同時雜草防除後，除可減少養分競爭外，光照良好可促進植株之生長勢，加以通風良好，溼度降低後，可減少病害之發生。

(8) 加強蟲害防治：昆蟲可爲病害之媒介昆蟲，同時昆蟲危害造成的傷口常爲病原菌的侵入途徑，須加強防除，尤其須加強病毒病媒介昆蟲的防除。

(9) 注重田間衛生，加強清園工作：於發病初期剷除病株或清除罹病枝葉，可減少感染源而避免病害之大發生；栽培期間隨時清除罹病枝條及葉片，可減少病害之傳播；而於採收後迅速清除殘株，可減少病原菌之繁殖機會，降低病害之發生。

(10) 改善栽培環境，儘量保持低溼度：病害多發生於高溼度環境，改善栽培環境與供水方式與時間，避免田區溼度過高，可適度降低病害發生。適度調整栽培空間，並使栽培環境通風良好，降低小區之溼度，則病害自然減少。降低溼度之方法極多，包括供水時避免噴及植株，避免葉面給水；適度加溫，以降低溼度；下午及夜間不可清洗栽培臺及走道，以避免提高溼度；避免夜間供水；若爲設施栽培，可於夜間將溼空氣抽出，並灌入冷乾空氣等方式。

(11) 輪作、間作或混作：由於不同作物的營養需求不同，且所發生的病害不同，輪作、間作或混種可避免連作障礙，促進作物正常生長，同時可減少病害發生，特別是土壤傳播性病害及線蟲之發生。

(12) 於栽培田附近栽種高莖作物，可誘引昆蟲取食，帶毒之昆蟲可將其所帶之病毒留於高莖植物上，而降低病毒病害之傳播。

(13) 人員與機具之清潔與動向管控：人員於田區作業前可先規劃前進方向，避免來回走動，降低病害藉機具與人員傳播的機率。作業完成後所有使用衣物、護具及機具宜清潔乾淨，以免移動至其他田區時將病源夾帶而造成遠距離傳播。此外，雨後或濃霧等植株表面潮溼時避免進入田區作業，以免造成人爲傳播。

(14) 移除鄰近田區之中間宿主：例如移除龍柏可去除梨赤星病冬孢子。

2. 物理防治：

(1) 套袋：藉由阻隔作用，使病原菌無法接觸植物組織特別是果實，發揮抑制病害發生的效果。

(2) 敷蓋或覆蓋：可預防水分蒸發，保持田間水分；增加土壤有機質，促進作物生長；促進土壤微生相繁殖，發揮對病原菌之拮抗作用；可防止雨水噴濺，降低病害發生；夏季若溫度太高，使用稻草敷蓋可以降低溫度，若須提升土壤溫度，可使用塑膠布覆蓋。

(3) 設施栽培或覆蓋遮雨棚：覆蓋遮雨棚，同時保持設施內通風良好，減少植株上雨水及露水量而降低感病機會，灰黴病、玫瑰黑斑病及檬果果斑病之防治爲最明顯的實例。

(4) 油劑：噴施油劑可干擾眞菌呼吸而使病原體窒息，亦可干擾病原體對寄主植物的附著力，同時將氣孔或傷口覆蓋，阻礙病原菌侵入植物的管道；油劑亦可抑制孢子萌發和感染，對多種眞菌性病害之防治效果良好。油劑雖主要以物理作用達殺菌目的，一般仍歸屬於藥劑之天然資材範圍，施用時須遵守化學農藥之施用方法與規範。

(5) 溫度處理：高溫可達殺菌目的，溫湯處理、低溫處理或冷凍處理可抑制病原菌生長，而延緩或抑制病害發生。

(6) 土壤熱消毒：以 60℃蒸氣 30 分鐘或 80℃蒸氣 15 分消毒土壤，可殺滅大部分之病原菌，但對土壤中好高溫菌與土壤質地之影響較小，亦可採用熱水澆灌替代蒸氣消毒（圖 11-3）。

圖 11-3　接近 90℃之熱水澆灌可有效殺滅土壤或介質中之病原菌

(7) 太陽能消毒（solarization）：田區覆蓋塑膠布後曝晒，藉太陽光之熱度及紫外線殺滅病原菌，設施亦可於休耕期全面封閉而達消毒效果，然光照不足地區效果不佳，且會引發塑膠廢棄物處理問題。

(8) 夏季休耕期浸水處理：將田區灌水至全面覆蓋土壤後曝晒，藉浸水與高溫殺滅土壤傳播性病原菌。

(9) 於栽培田覆蓋或懸掛反光塑膠布，可適量降低昆蟲數量，進而減少病毒病害之傳播。

3. 生物防治：病害之生物防治爲應用添加劑誘導拮抗微生物而產生競生等作用。

(1) 拮抗作物：於發生根瘤線蟲的土壤種植孔雀草（marigold），會因分泌毒素物質 polythienyls 而殺死線蟲，降低線蟲密度，萬壽菊、天人菊、芳香萬壽菊等亦有相同功能。將植體打碎混入土壤中亦可達相同功效。因此，在休閒期種植爲預防效果，在種植後混種於田間則爲治療效果。

(2) 生物熏蒸（biofumigation）：生物熏蒸是將植物植體加入土壤中，藉其產生之物質殺滅病原菌或線蟲，已知有效的方法有：①利用切碎的新鮮十字花科蔬菜組織（如：芥菜）混拌入土壤後淹水，自然釋放出之異硫氰酸酯（isothiocyanates），可防除土壤病害與線蟲，若無新鮮植體，可以菜籽粕替代；②蓖麻粕（castor pomace）含有蓖麻毒素（ricin），可降低南方根瘤線蟲行動能力；③肉桂植體經粉碎後加入土壤中亦可殺滅線蟲（目前已有商品化產品）；④苦楝粕、茶皂素等亦可有效抑制線蟲發生；⑤生物熏蒸的效用取決於作物種類、栽培環境（如：土壤形式和氣候）以及拌入土壤的時機和方法。

4. 藥劑防治：包括微生物製劑和化學藥劑防治，另外重碳酸鹽類、硫磺類及其他天然資材亦被用於防治病害發生。

(1) 微生物製劑：

有四種使用方法：①利用菌根菌或拮抗微生物處理種子或種苗後種植；②土壤施用微生物製劑：木黴菌、枯草桿菌及液化澱粉芽孢桿菌防治土壤傳播病害等；③以微生物製劑噴施地上部：枯草桿菌（*Bacillus subtilis*）防治豌豆白粉病、水稻紋枯病等；④微生物之代謝產物或相關之衍生物作爲病害防治用。目前已登記使用之微生物殺菌劑可參考第八章微生物製劑部分。微生物製劑經過製程，歸屬於農藥範圍，使用時亦須遵守《農藥管理法》之相關規定，施用時可應用化學農藥之施用技術，但須以更嚴謹的態度應用，方可達到最佳防治效果。

微生物製劑的使用時機：①微生物製劑多爲接觸性，未接觸防治對象，難以發揮防治效果；②已發生病害田區，特別是土壤傳播性病害，種植前預防性施用，可發揮競生作用及抗生作用，降低病原菌的密度，種植後發病率會降低；③以殘留量立場，初期使用化學農藥而後期使用生物農藥，可降低殘留量，但不一定可發揮防治效果；④微生物製劑雖可分泌酵素分解木質、纖維質等，同時可溶磷，如果土壤中未含此類成分或磷未被固著，則無法發揮功效，但若施用於植株植體上，是否會影響作物之生長勢，須於施用後詳細觀察；⑤部分微生物菌系可產生生長激素增進植物生長，但是否會影響果實生長與品質，亦須詳加評估。

(2) 化學藥劑：用於防治病原眞菌及細菌引起之病害所使用的化學藥劑種類，泛稱爲「殺菌劑」，一般可以應用時機、作用機制及化學結構加以分類。

(3) 殺菌劑之應用時機與特性：殺菌劑依應用時機可分爲保護性、治療性及除滅性三大類。

① 保護性藥劑：多爲非系統性藥劑，病害發生前或發生初期，將藥劑施用於寄主植物表面，形成保護層而抑制病原菌侵入或危害植物體，藉以保護植物免於受侵害的藥劑；可降低新的侵入點（如抑制病原菌分生孢子之發芽與侵入）與受害點而減緩病原菌向新的組織及植株擴散，當病原菌進入植物組織內，則無抑制效果。保護性藥劑於氣候適合且病原菌存在於田區前施用可有效抑制病原菌侵入寄主組織，有效預防病害發生，但若未事先預防性施藥，在有利發病條件下，病原菌易侵入組織，雖經施藥仍無法全面抑制病害發生（圖 11-4）。

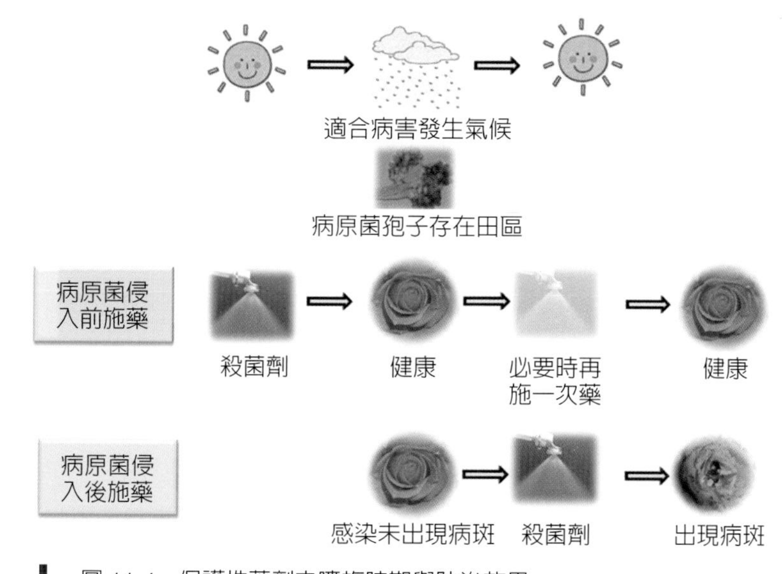

圖 11-4 保護性藥劑之噴施時期與防治效果

② 治療性藥劑：抑制害物在寄主組織中生長、繁殖，並殺滅已侵入植物組織內的病原菌，降低病原菌在植株組織內的擴展以保護植物；此類藥劑多為系統性藥劑，用於防除植株體內之菌體效果佳，而治療性藥劑往往亦具有保護效果。

③ 除滅性藥劑：病原菌感染、顯現危害狀前，清除或消滅潛存於栽培環境、植株上或危害點之病原菌，以終止寄主與病原菌間之交互作用，常用於越冬時期，多為具滲透性之移行性藥劑。

(4) 殺菌劑之作用機制：國際作物永續發展協會（Crop Life International）專家技術組（Specialist Technical Group）之殺菌劑抗藥性行動委員會（Fungicide Resistance Action Committee, FRAC）依作用機制（mode of action）將殺菌劑進行編碼（FRAC Code），不同編碼則代表不同的機制。殺菌劑之作用機制大略可歸納為：①影響核酸生合成（Nucleic acid synthesis）；②影響有絲分裂與細胞分裂（Mitosis and cell division）；③影響呼吸作用（Respiration）；④影響胺基酸與蛋白質生合成（Amino acid and protein synthesis）；⑤影響訊息傳導（Signal transduction）；⑥影響脂質生合成與膜完整性（Lipid and membrane synthesis）；⑦影響膜結構組成固醇生合成（Sterol biosynthesis in membrane）；⑧影響細胞壁生合成（Cell wall Biosynthesis）；⑨影響細胞壁黑色素生合成（Melanin synthesis in cell wall）；⑩寄主植物防衛反應誘發物（Host plant defense inducer）；⑪多點作用機制（Multi site action）；⑫新開發及作用機制未知藥劑（Recent molecules and Unknown mode of action）。

(5) 殺菌劑之施用方法：為使殺菌劑發揮最大藥效，選擇合適的施用方法為一關鍵因素，一般常用的方法包括：噴霧法、種子處理、土壤處理法、塗抹法以及注射法。

① 噴霧法：較為慣行且普遍的施用方法，將藥劑以水稀釋為一定濃度的藥液，並以噴霧器噴施於所須防治的目標病原菌或作物上，用以抑制病勢擴展或病害發生。雖然簡單、有效，但如施用技術不佳、藥液分布不均勻，則防治效果會受影響，同時有飄散汙染及影響環境安全的風險。

② 種子（種球）處理：若病原菌可藉種子傳播或種子易受病原菌汙染而傳播

時，採用種子處理方式，降低病害散播風險，處理方式包括拌種、浸種及粉衣等。

③ 土壤處理法：土壤傳播性病害發生後，罹病組織或病原菌殘存於土壤中，往往成爲下一期作之感染源。已發生土壤傳播性病害之田區，爲確保下一期作不受感染，需要進行土壤處理。以藥劑處理土壤時，草本植物或淺根植物可採用稀釋液澆灌，木本植物之根系分布於土壤較爲深、廣，則以土壤灌注器於受害根系周圍灌注藥液；若藥劑爲粒劑，可於整地時均勻撒施後與土壤充分混拌，再淹灌使藥劑釋出而發揮藥效。

④ 塗抹法：木本作物之莖部、枝條受害時，爲避免植株萎凋、枯死，需要清除罹病組織以去除病源，而產生的傷口往往成爲病原菌侵入管道，爲避免病原菌未完全清除或傷口再次感染，須以藥劑稀釋液塗抹於傷口及鄰近組織，以達保護效果。

⑤ 注射法：植株發生系統性病害或地際部分發生病害時，爲避免病害擴散，可採用注射法，目前普遍應用於柑桔黃龍病與褐根病。注射時可依病害、作物與防治藥劑種類選用不同的注射方式，以達最佳防治效果。

三、整合防治（綜合防治，integrated control）

整合防治是指整合與應用化學農藥和生物防治，且防治效果較單獨使用時爲佳。於田間應用時，優先應用生物防治技術，只有在生物防治資材不足、效果不明顯，且病害發生已足以造成作物損失，且此損失大於處理成本的情況下，才考慮使用化學農藥，也就是說，如果在正確的時間和條件下施用化學農藥，對生物防治資材的影響最小，且可達到最佳的防治效果。病害防治的生物性資材，不論是直接施用微生物或是添加土壤改良劑，大多以微生物爲防治主要資材。然而當兩種或兩種以上的方法同時應用於防治單一種病害時也可廣義地稱爲整合防治。例如以藥劑防治配合抗病根砧嫁接防治苦瓜萎凋病爲苦瓜萎凋病整（綜）合防治。

（一）草莓灰黴病（gray mold）整合防治

草莓灰黴病爲臺灣草莓栽培之關鍵病害之一，好發生於低溫高溼季節，危害地上部之葉片、莖、花器、幼果及成熟果，萼片、果實、果柄較易出現病徵。葉片受害後呈褐色，病原菌可藉果梗蔓延至花序，造成整個花序枯死，被害組織上亦會產生分生孢子。防治重點爲降低分生孢子產生與擴散。已登記之防治藥劑包括多種化學農藥與液化澱粉芽孢桿菌 Ba-BPD1 與 CL3 二菌系。有效的整合防治策略有二，分別爲 (1) 以果實安全性考量，以降低採收期之農藥殘留量爲目標，於發生初期或未進入果實採收期前施用化學農藥，進入採收期後施用液化澱粉芽孢桿菌，可大幅降低農藥殘留量，然於初期未有效控制病勢進展時，防治效果往住不佳。(2) 以藥效爲考量時，於發生初期或環境適合灰黴病發生時施用液化澱粉芽孢桿菌，進行預防性施藥，促使其建立族群；若環境持續適合灰黴病發生且發生趨於嚴重時，改以化學農藥噴施，待病勢降低時，再恢復施用液化澱粉芽孢桿菌。

（二）豆菜類白粉病（powdery mildew）整合防治

白粉病好發生於低溫季節，白天乾熱夜晚冷涼高溼的條件下，有助病原菌產生大量分生孢子，易造成大發生。發生於葉片、莖蔓及豆莢表面等，感染初期作物表面呈現小點，漸轉白色圓形的病斑，病斑會互相癒合而呈不規則塊斑，後期表面有白色粉狀物，爲病原菌之分生孢子，葉片因而轉黃化，影響植物發育。防治重點在於抑制分生孢子之產生與擴散。已登記之藥劑有多種化學農藥、石灰硫磺、碳酸氫鉀、礦物油與枯草桿菌 Y1336 菌系。整合管理策略可分由二面向考量，一爲以農產品安全考量，於生長期施用化學藥劑，採收期施用枯草桿菌、碳酸氫鉀或礦物油。另一面向爲發生初期環境適合發生時採用枯草桿菌，進行預防性施用，以利枯草桿菌有足夠時間發揮藥效，在無藥害顧慮情況下可混合礦物油，同時阻隔白粉病菌由氣孔侵入；無法控制病勢進展時，改用化學農藥防治，但在無藥害狀況下可於近午時間噴施，除藥劑之防治效果外，同時製造空氣溼度降低分生孢子擴散。若發生初期極適合病勢進展，爲避免病害發生嚴重，可考慮先施用化學農藥，降低發病度後再施用枯草桿菌。

（三）苗立枯病（damping off）整合防治

十字花科及其他蔬菜苗立枯病多發生於育苗期，當種子受病原菌感染後腐爛、無法發芽，初生幼苗受感染後，近地際莖基部產生褐色、水浸狀病斑，因而萎凋、倒伏而死亡。帶菌種子與殘存於土壤中之病原菌爲主要感染源。防治重點在於採用健康不帶菌種子與土壤滅菌處理。已登記之防治藥劑爲 23.2% 賓克隆水懸劑（SC）1,000 倍，在播種後灌注苗床；已登記之生物製劑爲綠木黴菌 R42 2×10^8 CFU/G 其他粉劑（AP），與栽培介質以 1：200（w/w）之比率混拌後再播種，亦可以 200 倍稀釋澆灌。進行整合防治時，可在播種前以綠木黴菌混拌苗床介質，待綠木黴菌於苗床建立族群後再播種，播種後視實際需要全面澆灌；爲防止種子帶菌而造成感染，必要時可以賓克隆 1,000 倍液浸種後摧芽，再行播種。

四、病害整合管理（IDM）

病害整合管理（或稱病害綜合管理，integrated disease management, IDM）係以相容的態度，在恰當的時間整合、應用多種防治策略管理病害，藉以抑制病害的發生率或嚴重程度，甚至減少病原體的數量，將病害所造成的損失維持在低於經濟危害水準之下，同時維持或降低管理成本，並將對環境的危害降至最低。因此，病害整合管理是一個持久、環境與經濟上合理的病害管理系統，在這個系統中，應用自然因素抑制病原菌生長與族群擴大，防止因病害發生所造成的損害，只有在必要時輔以適當的防治措施。在大多數情況下，病害整合管理包括監測與及時應用策略與技術的組合，可採用的防治技術包括法規防治、作物抗病性、耕作防治、物理防治與生物防治，僅在必要時施用農藥（圖 11-5）。此外，監測環境因子（溫度、溼度、土壤酸鹼度、養分等）、病害預測（disease forecasting）及建立經濟臨界值（economic thresholds）亦爲病害整合管理的要素。均衡的施肥與灌溉，促進植物的優勢並保持植物健康，降低傳染性病害發生機率亦爲病害整合管理不可忽略的一環。

圖 11-5　病害整合管理應用之防治技術

作物病害發生受病原菌之致病力、寄主之感受性與環境適合度影響，發生程度與發生率亦差異極大，病害防治有效性因而亦受極大影響，主要的影響因素包括：(1) 品種抗性；(2) 病害種類與發生狀態；(3) 氣候因子；(4) 媒介生物或昆蟲；(5) 作物活力；(6) 灌溉方式；(7) 田間衛生；(8) 防治方法之有效性等。因此，所有的防治技術不一定需要同時應用，也並非依固定次序應用，而是視實際需要選用合適的方法，所使用的比率亦非相同，而是必須機動調整。然而，若種植前未善加規劃，設計可行的管理策略，則「病害整合管理」可能淪爲只運用單一方法，如同「病害防治」一般。無論如何，種植者必須善用病害整合管理之相關技術，以達到管理植物病害的目的。

完整的病害整合管理系統依循害物整合管理的理念與原則：預防、監測與治療，但在種植前宜先擬定生產計畫，並訂定監測系統，包括病害監測、氣候監測、經濟危害水平與管理成效評估方法。栽培管理過程中，須保持高度警覺與敏銳觀察力，洞察田間異常狀況，才能正確診斷以利對症管理，而培育健康種苗、增加作物抗性可以預防病害發生，耕作防治可避免病害發生與擴散，物理防治可避免或降低病害發生；一旦病害發生時，可思考是否有適用的生物防治策略，儘量在其他防治方無法有效抑制病發生時，才考量化學藥劑防治（圖 11-6）。

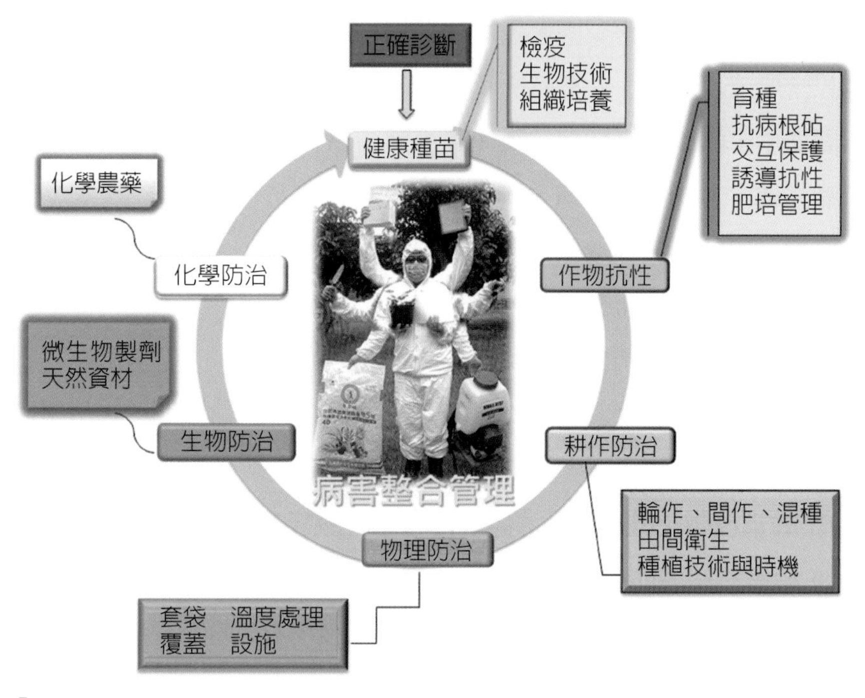

圖 11-6　病害整合管理作業流程

五、病害整合管理之參考案例

（一）梨赤星病（**rust of pear**）整合管理

梨赤星病（銹病）有梨及龍柏二寄主，可危害梨之葉片、葉柄、幼果及新梢。梨葉片罹病時，初期產生圓形黃紅色小病斑，中央部分產生黑色突起之病原菌精子器，葉背逐漸突出並長出黃褐色毛織狀物之春孢子腔，成熟時釋出春孢子，不會再感染梨而轉而危害龍柏。龍柏罹病時在葉片或小枝上產生褐色錐狀物，遇雨釋出膠質赤褐色黏狀冬孢子堆，以後產生小孢子。小孢子不再危害龍柏，可藉風、雨水等傳播至梨樹，危害梨幼嫩葉片，再度造成感染。因此，梨赤星病之管理重點須涵蓋梨樹與龍柏，管理流程如下：

1. 梨樹栽培區周圍 3 公里內不宜種植龍柏、塔柏等圓柏屬（*Juniperus* spp.）植物，避免交互感染。

2. 冬季遇連續下雨後，觀察梨園鄰近之柏類植物是否產生冬孢子角，發現時立即摘除並加以燒燬或堆肥化。必要時，噴施防治藥劑。
3. 注重田間衛生，隨時清除罹病組織，減少感染源。
4. 栽種抗病品種，若無抗病品種，儘量選種耐病品種。
5. 合理化施肥，避免過量施用氮肥，增強植株之抗病性。
6. 合理化施藥：適時、適量施用防治藥劑。
   (1) 施藥時必須同時防除梨樹及圓柏屬，藥液最好噴及葉片上下兩面。
   (2) 嚴重發生地區，1 至 2 月間遇下雨時，立即進行預防性施藥，圓柏屬植物及梨樹同時噴施爲宜。
   (3) 前一年嚴重發生之梨樹，於萌芽前以系統性藥劑進行預防性施藥 1-2 次，萌芽後，於發病初期即精子器出現時加強施藥。
   (4) 較不嚴重地區於圓柏屬植物出現孢子角時，梨樹立即開始噴施保護性藥劑。
   (5) 發生初期任選一登記藥劑加以防除，發生嚴重梨園，可選用系統性與接觸性藥劑混合施用，惟需預先試噴，避免藥害發生。
   (6) 同時發生其他病害時，儘量選用可同時防除多種病害之藥劑，如芬瑞莫可同時防治赤星病、黑星病、輪紋病、白粉病，比多農可同時防治赤星病及黑星病等。
   (7) 隨時巡視田區，監測病斑出現狀況、氣候條件與植物生長勢，同時參考歷年之市場價格，推估經濟危害水平，作爲採取管理措施之參考。

（二）葡萄炭疽病（anthracnose of grape）整合管理

葡萄炭疽病爲潛伏感染病害，病原菌於開花結幼果期感染，至成熟期始表現病徵，但在傷口存在下，任何生長期均可被感染。幼果被害時，在果實上產生圓形、褐色略爲凹陷之病斑，嚴重時造成落果。若發生潛伏感染時，幼果期未出現明顯病徵，至果實成熟開始出現病徵，初期果實表面出現紫褐色圓形針尖狀小斑點，病斑處向下凹陷，其上著生黑色病原菌之分生孢子盤，遇高溼度時，病斑處產生桔紅色黏狀之分生孢子堆，因病徵多於近成熟期開始大量出現，又稱爲晚腐病，如果實在成熟期出現傷口時，則會重複感染，管理策略如下：

1. 注重田間衛生，隨時清除罹病組織，減少園區感染源。

2. 選種抗病品種或耐病品種，惟臺灣普遍栽種品種均非抗、耐病品種。
3. 適度整枝修剪，改善光照、通風，降低發病率。行株距過密、棚架過低、留枝量過多之園區往往發病嚴重。
4. 加強園區水分管理：土壤黏重、地勢低、地下水位高、排水不良、著果部位過低、管理粗放、通風透光不良的果園，發病嚴重；土壤水分管理不當時，若內部排水不良，溼度過大時，組織軟弱徒長，易發生病害與日燒，日燒造成之傷口，往往為病原菌侵入管道。因此，適度管理土壤水分與空氣溼度，可降低或延緩炭疽病發生。
5. 加強肥培管理強化植株抗病力：氮素過多時枝葉茂密，通風不良，除著色不良外，易感染炭疽病。酸性土壤易缺鎂（Mg）、缺鈣（Ca）；中鹼性土壤常有缺鋅（Zn）、缺鐵（Fe）現象；砂質土壤則易缺硼（B）。生理障礙易造成植株生長勢變弱，導致抗病力降低，故須加強肥培管理。合理化肥培之作業流程為：(1) 定期檢測土壤；(2) 依土壤營養成分、植株生育與營養狀況及氣候變化靈活調整施肥種類與施肥量，注意項目包括：①溫度與水：影響植株生長及土壤微生物活動；②土壤與大氣：影響養分之累積與淋洗；(3) 有機質肥料與微生物肥料之使用：①有機質肥料之選擇：物理、化學及生物性、成分含量、腐熟度、微生物、pH 值、氣味、顏色等；②有機質肥料之施用：以改善土壤物理、化學及微生物性質為目的；③微生物肥料：非必要使用，視實際需要而選用。
6. 快速成長期加強鈣肥及藥劑防治：鈣主要以果膠鈣的形式存在，可維持細胞壁的形狀與活力，增加抗病力，配合合理施藥可降低病害發生率。
7. 雜草管理：雜草可以是炭疽病的寄主而傳播病害，同時雜草叢生時，可能造成園區通風不良，進而影響空氣中溼度，故須加管理。管理時可以去除高度較高、蔓性及是炭疽病寄主植物的雜草，以降低傳播病害之機率，必要時可篩選合適的草種，行草生栽培。
8. 果實套袋時期與技術：套袋時須注意：(1) 早期套袋，發揮防治效果；(2) 套袋前之藥劑防除，可使用小角度噴頭由下往上斜噴果串，以使藥液可均勻覆蓋全果串；(3) 套袋技術：將下方排水孔打開，袋口緊密包覆於果柄，以發揮阻隔效果（圖 11-7）。

圖 11-7　果實套袋配合適度管理雜草，可降低葡萄炭疽病發生

9. 藥劑防除與施藥技術：施藥技術明顯影響藥效發揮，故施藥時宜加強：(1) 休眠期為加強枝條上病源之防除，宜於整枝、修剪後立即施藥；(2) 開花結果期保護性噴施藥劑；(3) 選用合適之施藥器械，施藥前經精準校準後使用。

（三）褐根病（brown root rot）整合管理

褐根病主要感染樹木的根部，可侵染、破壞韌皮部及維管束等輸導組織，造成褐變、壞死，植株因而喪失水分、養分之傳輸或吸收功能，導致全株黃化、萎凋、終致死亡。此外，褐根病病原菌亦為木材腐朽菌，菌絲可分泌纖維及木質素分解酵素，分解木質素、纖維素，使材質白化、腐朽。由於菌絲不斷生長、蔓延，感染部位亦隨之逐漸擴大，最後致使植株根部及地際部分因失去木質部的堅強支撐力，極易於強風吹襲及豪雨後倒伏，引發公共危險之風險極高。罹病植株之根部及莖基部有黃色至黑褐色菌絲面，剝開莖部表皮，可見組織表皮呈不規則黃褐色網紋；根部組織腐爛、崩解，根部的菌絲面常與泥沙結合而不明顯。本病因不易早期發現，故管理策略以預防為主。

1. 出現初期病徵植株之病原防除作業

(1) 先挖開根莖基部土壤，切除感染部位後沿主幹基部周圍澆灌或噴施藥液，使藥液沿主根流至整個根系，視實際需要，每年至少 2-4 次，必要時每月施用一次。

(2) 莖部之罹病組織須澈底清除至健康組織後，傷口部分塗藥處理。爲避免藥液流失，可將藥劑與黏著劑混合後塗抹。

(3) 罹病組織處理：所有罹病組織均須集中燒燬。運送途中須防患其掉落而造成人爲擴散。

(4) 鄰近罹病組織之根系與土壤定期以土壤灌注器灌注藥液。亦可以矽酸鈣稀釋液灌注，除於組織表面形成矽沉積層而降低感染率外，同時可藉其鹼性（pH 9.0）調整土壤酸鹼值。

(5) 樹幹罹病組織周圍適度採藥劑注射（圖 11-8），同時於植株噴施營養液，但須確認病原菌不會藉傷口侵入健康組織。

(6) 加強罹病根圈周圍土壤之通氣性，降低病原菌之存活能力，必要時可以電鑽打洞後埋入塑膠管促進通風，增加土壤通氣性，並作爲營養液與藥液灌注用。

圖 11-8 褐根病病菌菌絲面周圍注射藥劑抑制菌絲擴展

2. 罹病後期植株之管理流程

(1) 土壤肥培管理：調整土壤酸鹼值至 pH 7.0 以上，配合有機肥改善土壤理化性，利於土壤有益微生物繁殖而抑制褐根病病原菌生長。

(2) 機械除草時切勿傷及樹幹與樹根，避免病原菌經由傷口感染。

(3) 掘溝阻斷法：在健康株與病株間掘溝，約 1 公尺深，寬 10-15 公分，先行灌藥處理後，填入蚵殼與尿素混合物，之後再回填土壤。可於溝底及溝側鋪上強力塑膠布，再填入蚵殼與尿素阻隔，以阻止病根與健康根的接觸傳染。

(4) 土壤消毒：以漂白水稀釋液替代燻蒸劑（邁隆，Dazomet）灌注土壤，進行罹病株周邊土壤消毒。亦可採用蒸氣消毒，60-80℃處理 30 分鐘以上，目前已開發大型之器械可應用，利用熱水灌注土壤而達消毒目的。

(5) 土壤處理：調整土壤酸鹼值降低病原菌活性；發病周圍的植株可施用硫酸銅（400 公斤／公頃）或尿素（700-1,000 公斤／公頃），酸性土壤須添加石灰粉（100-200 公斤／公頃），並與土壤充分混合後灌水，保持土壤溼潤。尿素 3,000 ppm 時可有效抑制褐根病之擴散，被分解後所產生的氨氣亦具殺菌效果。可適量加入蚵殼，除提供石灰之效應外，可增加土壤之通氣性。

(6) 罹病嚴重植株處理：挖除嚴重罹病株，並清除土壤中殘留之病根後集中燒燬。由於褐根病病原菌菌絲面鮮少生長高於植株離地 1 公尺以上的組織，可將植株 1.5 公尺以上之樹幹先行鋸除，之後可應用吊車直接將罹病株吊起而連根拔起，避免砍除過程中罹病組織大面積散落，造成人爲傳播。亦可採地上部鋸除方式處理，但鋸除後之殘株與土壤中之殘根須加強處理，以避免再次擴散。不易全面移除病株時，可應用園藝資材強化近地際之罹病組織，使不倒伏後，莖頂種植小苗，重新活出新生命。

(7) 罹病組織處理：所有罹病組織均須集中燒燬，高溫炭化處理亦爲可行方法。運送途中須防患其掉落而造成人爲擴散。爲避免罹病組織散落所造成之人爲傳播，可考慮罹病株自地際部分砍除並加以處理，土壤中之罹病組織以有機液肥配合微生物肥料灌注，加速罹病組織崩解，亦可添加未發酵有機肥料，藉發酵過程中產生之高熱消毒。

(8) 由於褐根病多感染木本植物，鮮少感染草本植物或感染後不出現病徵，在種植時優先種植草本類植物，待病原菌消除之後再種植木本植物。

(9) 處理罹病植株之器械工具，須確實消毒後，方可使用於健康植株。

(10) 人員、器具及機械須經清洗，確定未帶罹病株病組織及周邊土壤始可離開，同時確認清洗用水未流入鄰近土壤或水溝，避免人爲傳播。

3. 罹病植株砍除後之植株殘體株處置方式

嚴重罹病之枯死株砍除後病組織散落鄰近地面如未妥善處理，反而造成病害擴展速度更快、範圍更廣，而病組織之澈底清除確實有一定難度，建議可於水分供應許可狀況下，於砍除後種植十字花科（芥菜、油菜、西洋白花菜等），一段時間後再將其翻犁至土壤內，並灌水保持溼潤，可自然釋放出之異硫氰酸酯（isothiocyanates），而達防除效果，無法種植時可於土壤中混拌菜籽粕後灌水，亦可達類似防除效果。

（四）細菌性斑點病（bacterial spot）整合管理

可危害葉片、葉柄、莖、花序及果實。在葉片上產生直徑 2-3 公釐不規則圓形、深褐色病斑，之後病斑處壞疽，中央呈灰褐色，並出現穿孔現象。在莖部呈灰到黑色，圓形到長窄形病斑。果實上病斑黑褐色，呈瘡痂狀，中央凹陷，且邊緣稍有隆起。連續風雨的天氣，藉雨水飛濺，能迅速傳播而造成嚴重危害。病原菌存活於種子表面及內部、土壤中未清除的罹病組織、作物及雜草根部，成爲下一季的感染源。當葉面潮溼時進行農業操作，可藉由工具、衣物傳播，亦爲一重要傳播管道。管理策略以預防較爲有效，管理流程如下：

1. 土壤消毒、處理：種植前土壤處理可降低土壤殘存之病原細菌而減少發病，於種植期間降低病害傳播。(1) 發病嚴重的田區，可採用土壤消毒，減少土壤帶菌率；(2) 休閒期田間灌水後覆蓋塑膠布，在高溫下曝晒後，藉太陽能消毒可降低土壤中存活之病原菌；(3) 合理施用有機質肥料，改變土壤性狀，同時維持養分與水分平衡，可降低病原菌族群；(4) 田區土壤特別是植株周圍以有機質資材（稻草、稻桿等）或其他資材覆蓋，避免土壤中存活之病原細菌噴濺至植株。
2. 選用抗（耐）病品種：選用抗病品種爲最經濟、有效的防治措施，宜因地制宜選育和引用抗、耐病及逆境且高產量品種。
3. 種子處理：本病主要藉帶菌種子傳播，播種前宜消毒種子。消毒時可用 55℃溫湯浸種 10-30 分鐘，或 1% 次氯酸鈉稀釋液浸種 20-40 分鐘經沖洗後播種。
4. 田間衛生：注重田間衛生，澈底清除罹病組織。發現罹病時立即清除罹病組織，收穫後及時清除田間病殘體及周圍雜草，並攜出田區外加以適當處理，可降低病原菌傳播機會，罹病組織攜出田區時須放於密閉容器，避免人爲傳播。

5. 加強栽培管理：(1) 定時以人工或機械加強監測發病狀況，將風險降至最低。(2) 定植時，避免傷根；合適的植株行株距、增加田間通透性。(3) 採用滴灌，儘量避免溝灌；避免過度淹水，造成田區溼度過高。(4) 合理化施肥可使植物生長正常，植株強健而增加植物抵抗力。(5) 加強通風設施，避免溼度及溫度過高，可降低病原細菌侵染、延緩病勢擴展。(6) 避免以強力水柱噴灌植株，可減少傷口產生與病原菌隨水傳播。(7) 下雨及濃霧利於病原細菌擴散，田間溼度高時、植株潮溼時避免進入田區工作，造成人爲傳播。(8) 適度整枝、除葉，避免枝葉過密、互相磨擦而製造傷口，成爲病原細菌侵入、感染之管道。(9) 加強雜草管理：病原細菌可由罹病植株傳至雜草，再回傳至健康植株，加管雜草管理，可降低交互傳播機會。
6. 適時、適當輪作：與非寄主植物進行 3 年以上輪作，以減少初次感染源。
7. 化學藥劑防治：(1) 發病初期，及時用藥，儘量選擇乾燥的下午噴藥；(2) 適當輪用不同作用機制藥劑，延緩病原細菌抗藥性的產生；(3) 施藥時避免壓力過高造成傷口及藥液溢流而散播病原細菌。

（五）茄科細菌性青枯病（bacterial wilt）整合管理

青枯病病原細菌爲土壤傳播性病菌，可由根部侵入、感染植株，發病初期在下位葉漸次萎凋，蔓延於維管束木質部使植株萎凋、死亡，罹病植株仍保持綠色呈青枯狀。青綠的植株快速萎凋而漸枯死爲其典型病徵，若病勢進展緩慢時，發病初期在下位葉，葉柄首先呈現下垂，狀似缺水，而後葉片漸次萎凋，同時莖部形成不定根。淹水及酸性土壤均不適宜其生存。罹病株可由根部釋放大量病原細菌到土壤中再感染鄰近健康植株根部。病原菌除隨幼苗傳播外，附著土壤之鞋子及農具亦可傳播病原菌。土壤中之根瘤線蟲常促進病原菌之感染率而增加病害發生。因此，種植前採取預防措施較可有效抑制青枯病發生。管理策略如下：

1. 選擇排水良好地區栽種，避免田區浸水，減少病原細菌傳播。
2. 深耕、浸水，將表土犁入底部，降低細菌密度。
3. 爲確保土壤不帶菌，前期作罹病田區以進行土壤滅菌處理後再種植爲宜。

4. 選種抗病或耐病品種，降低病害發生率。
5. 種植健康種苗，或於種子播種前消毒，培育健康種苗。
6. 種植嫁接苗，降低感染機會。
7. 種苗於種植前澆灌液化澱粉芽孢桿菌 3-4 次。
8. 種植後植穴及植株立即澆灌液化澱粉芽孢桿菌 2-3 次。
9. 合理化施肥，促進植株抗性：整地時調整土壤 pH 值，利於植株生長，避免偏用氮素肥料；開花結果期加強肥培管理，特別是植株噴施液肥，提高植株健康度。
10. 遇病害發生時，於發生初期採取防除措施：(1) 拔除罹病植株，並攜出田區外加以處理；(2) 罹病植株及鄰近植株澆灌及噴施矽酸鈣或矽酸鉀溶液；(3) 澆灌液化澱粉芽孢桿菌。
11. 罹病田區於休耕期浸水處理，亦可輪作水生植物或非青枯病寄主之作物。
12. 加強根部病害、根瘤線蟲及其他根部害防治，避免製造傷口成爲病原菌侵入管道。

（六）根瘤線蟲（root knot nematode）整合管理

根瘤線蟲危害後，地下部根系呈現根尖萎縮，罹病組織分化成腫狀瘤，常多數連在一起，呈不規則腫狀瘤，後期根系腐敗。地上部則生育不良，呈現萎縮、黃化、葉片數少、小葉、捲葉、結果不良、果實畸形等徵狀。在砂土及砂壤土發生嚴重，黏土不易發生。二齡幼蟲侵入根組織後固著取食，漸漸肥大，終生不再移動。以卵塊或二齡幼蟲在土中度過不良環境，土溫 20-30℃爲生長最適溫度。管理策略及流程如下：

1. 休閒期栽培田區浸水以殺滅線蟲，必要時，撒施尿素後浸水，並覆蓋塑膠布，藉尿素釋放氨氣達殺滅根瘤線蟲效果。
2. 種植前消毒栽培田區土壤或介質，以殺滅線蟲。
3. 種植健康種苗，或經假植去除線蟲後再移植本田。
4. 罹病植株周圍種植孔雀草，藉孔雀草（萬壽菊、天人菊）根部分泌的有毒物質殺滅線蟲。孔雀草等植株生長過於旺盛時，可剪除覆蓋於土壤表面，採收後整地時翻犁至土壤中，除可防除線蟲，亦可增加有機質。

5. 施用含幾丁質之有機添加物，促進土壤中放射菌等微生物生長，藉拮抗作用達殺線蟲效果。
6. 施用微生物及相關生物防治資材，藉競生、抗生作用殺滅線蟲。
7. 依作物種類選用登記使用之防治藥劑。

CHAPTER 12

雜草管理

雜草叢生為農民栽培管理過程中極為頭痛的問題之一。所謂雜草，是指生長於土地上非人類所期望的植物，或尚未被發覺其特殊用途且予以經濟性栽培的植物。由於雜草可危害農作物生產、環境品質、景觀等，且常成為有機栽培的瓶頸，因此，必須經由多方考量，採用整合性管理措施，方得以有效防除，且不影響生態環境。

一、雜草管理應有的概念

為有效管理雜草而不影響生態環境，雜草管理應有的概念有下列三點：

（一）有機農業栽培的作物園區，著重永續經營的宗旨，因此雜草管理的基本理念應該是以將雜草的負面影響降到最低為目的。

（二）避免使用化學藥劑，運用栽培、機械、物理及生物性等方法，調控雜草的生長環境，降低或抑制雜草的競爭力與種子萌芽力。

（三）執行雜草管理前，必須具備雜草的生長習性與特徵等相關知識，方能有助於防除操作，並獲得良好的執行效果。

二、雜草防除

為有效防除雜草，須掌握的要領為：(1) 一年生及二年生雜草大多以種子繁殖，防除時應該選在開花結果前，才能逐漸降低土壤中的雜草種子；(2) 多年生雜草大多以走莖、塊莖或塊根等營養器官繁殖，這些營養繁殖器官常深入表土底層，不易完全防除，若使用物理或栽培管理方式防除時，需逐步消耗營養繁殖器官內貯存的養分，才能使多年生雜草失去繁殖的能力。而有效的雜草防除策略須考量的因素包括雜草發生歷史、土壤管理、輪作、機械化、市場、氣候、時間及勞力等。雜草的防除技術包括預防、耕作防除、物理與機械防除、生物防除與藥劑防除。

（一）預防

預防雜草發生主要在於避免雜草種子或多年生雜草的植體組織進入栽培區，可以利用的方法為：

1. 加強檢疫及種苗檢查，慎防雜草種子夾帶於種苗及種子中。
2. 加強田間衛生管理：管理重點如下：(1) 在開花、釋放種子前移除雜草植株；(2) 移除土壤中種子與植體；(3) 防除田區四周及灌溉溝渠的雜草，可減少雜草種子及營養繁殖體傳入田區；(4) 危害潛力高且防治困難的多年生雜草，應於發生初期加強防除，延緩及降低其蔓延速率。
3. 防止雜草種子入侵：土壤、栽培介質、有機肥、稻草、乾草、飼料、動物、水、栽培工具均可能夾帶雜草種子或植體，故須加強防患。防患措施包括：(1) 入水口設置濾網，防止雜草種子隨灌溉水入侵；(2) 使用腐熟之有機肥料，避免夾帶具有活性的雜草種子；(3) 使用清潔灌溉水，避免引入雜草種子；(4) 使用清潔土壤及栽培介質，降低雜草種子混入。
4. 防止食草籽鳥類進入田區，防止糞便夾帶種子而散播。
5. 建立隔離帶，預防風媒種子如蒲公英等藉風傳播。
6. 避免人爲攜帶傳播：人員走動、農具與運輸工具等須清潔後再移動，避免傳播。

（二）耕作防除

可採用多元的防除方法：

1. 增加作物競爭力：增加作物競爭力可藉由下列方法達成：(1) 改變種植或播種時間，在利於作物生長但不利於雜草生長的時間種植。(2) 增加作物栽植密度或窄行距栽培，減少雜草生存空間。(3) 選用健壯幼苗移植栽培，藉其快速成長壓制雜草生長。(4) 採用移植替代播種，加強苗圃管理，並於種植前澈底清除田區雜草。(5) 選用競爭性較強之作物（優勢種），有能力與雜草競爭陽光、養分及水分；較弱勢作物於優勢種後種植。(6) 肥料點施，並依作物須求施肥，避免過度施肥；將肥料施用於作物根系周圍，避免全區撒施，降低非作物根系區之肥料量，減少雜草生長。(7) 適當通氣、灌溉、翻犂，促進作物生長勢、增加競爭力，間接抑制雜草生長。
2. 間作（intercropping）或混作：以不同作物間作或混種，阻止雜草生長。選擇合適的作物間作，除可抑制雜草生長，更可採收不同作物而增加經濟效益，一舉兩得，惟作物必須加以選擇，避免種植有共同病蟲害與相同營養需求的作物，以免影響作物生長。若與豆科植物間作，則可利用豆科植物的固氮作用而減少肥料使用量，例如大豆與小麥、向日葵與花生間作等。以玉米和菊花（圖 12-1）或茶間作（圖 12-2），可減少雜草生長空間並阻隔陽光，降低雜草生長量，夏季更可藉玉米植株與葉片阻隔部分陽光，可避免日燒，玉米砍除後覆蓋於畦溝，可適度降低土壤溫度，翻犁入土壤後可提供營養，並提供矽肥，增加抗病性。此外，茭白筍田於生長初期間作空心菜，除可抑制雜草生長，同時兼具經濟效益。

圖 12-1

圖 12-2

圖 12-1　玉米和菊花混作
圖 12-2　玉米與茶混種

3. 輪作：利用輪作減弱雜草對不同輪作系統之適應性，例如水旱田輪作，在浸水狀況下可使旱田雜草無法生長，在旱作狀況下，可使水生雜草因乾燥、缺水而無法存活。
4. 種植可使雜草窒息之作物（smother crops）：如以芥菜作物使稗草窒息或種子無法發芽，或者田區覆蓋植物殘株使雜草窒息而死。
5. 種植覆蓋作物（cover crop），降低雜草之生長空間，如在玫瑰園區種植馬蹄金作爲覆蓋植物，可抑制雜草生長，並可促進玫瑰生長勢及花朵品質（圖 12-3），種植蠅翼草作爲水稻田埂覆蓋植物，可避免雜草叢生，減少除草劑使用（圖 12-4）。
7. 草生栽培：草生栽培是利用各種除草方式去除作物園區內影響作物生長的雜草，選擇性地留下某些自生性雜草，或以人工種植非原生草類及綠肥作物，使土表保持草生狀態的一種園區管理方式。一般適用的地區包括坡地、多雨地區、土壤侵蝕嚴重的地區以及缺乏有機質的地區。若果園中維持低矮匍匐性雜草的草生栽

圖 12-3　種植馬蹄金作為玫瑰園覆蓋植物
圖 12-4　以蜈翼草作為水稻田埂覆蓋植物

培，除能減少土壤水分的蒸發，在適當的管理下，可降低雜草競爭力。也就是以包容的態度，給予雜草生長所需的養分與空間，雜草腐敗後，化爲有機肥回歸土壤中，肥沃土壤、滋養果樹。

理想的草生栽培植物須具備下列特性：(1) 枝葉茂盛、分枝性低、株型低矮、節部生根的能力佳；(2) 根部固著土壤能力強，可降低雨水沖刷和逕流；(3) 無攀緣性，不妨礙作物生長及園區的管理作業；(4) 對水分及養分的競爭性較作物弱；(5) 根分泌物對作物無毒害現象；(6) 非作物病蟲害的傳播媒介；(7) 易於繁殖及剷除；(8) 具耐陰、耐旱及耐踐踏特性；(9) 生長速率快、覆蓋厚度高。

草生栽培、種植地被（覆蓋）植物與間作時，須考量是否與作物有共同之病蟲害，避免造成更嚴重之病蟲害。同時須考量營養需求，避免造成養分競爭。共榮作物是較佳的考量。另一草生栽培可兼具共榮植物之觀念，如鴨舌草與滿江紅覆蓋水面，可以防止其他禾本科雜草滋生，同時可固氮而提供部分作物所需的養分。

8. 殺草植物：印加孔雀草（*Tagetes minuta*），原生於南美南部，引進至歐洲、亞洲、非洲、馬達加斯加、印度、澳洲、夏威夷，在臺灣臺中亦可見其蹤跡。爲芳香植物，可抽取精油，除可抑制雜草生長外，可同時殺線蟲，乾燥植株亦可發揮相同防除效果。

9. 堆肥化處理：由家畜糞便、飼料殘渣及雜草等混合而成的有機質肥料，其中常含有大量的雜草種子，並且有相當高的發芽率，必須經過發酵、堆肥化，藉發酵過程中 50-70℃高溫抑制雜草種子的活性，充分發酵完熟時，可殺死其中所含雜草種子。田間除草的雜草殘體亦可經堆肥化處理而成為有用的有機肥。在耕作的田間覆蓋腐熟的堆肥，可使田間雜草種子失去發芽力。

（三）物理防除

物理防除是應用多樣化的物理因子降低雜草的發生，常應用的方法如下：

1. 人工除草：人工拔草、以鋤頭及其他工具挖除雜草、以刀具割除雜草等，利用人力進行除草動作。
2. 機械除草：利用割草機（背負式或乘坐式）割除雜草，夏季生長旺盛時必須於短時間內（2-4 週）重複耕除，才能抑制雜草生長，然種植農作物時行株距應酌量調整，提供足夠除草時的作業空間。
3. 田間水分管理：田區淹水可抑制一年生雜草。利用水分管理控制雜草發生須事先了解：(1) 水分管理是利用植物對水分逆境忍受度的差異；(2) 移植後數週如保持田區連續淹水，可相當程度減少雜草危害，但須考量作物的耐受性；(3) 旱田避免大面積淹灌，可減少水分供應而降低雜草發生；(4) 滴灌：將水分供應於植株周圍，可減少田區非種植區的水分，減少雜草繁殖；(5) 適度管理雜草，可以保持土壤水分、溫度，翻入土壤中可提供有機質。
4. 敷蓋（mulching）與覆蓋（cover）：以天然資材蓋於田面稱為敷蓋，以化學合成資材（塑膠布、抑草蓆等）、報紙或紙箱等紙製品蓋於田面稱為覆蓋，均可有效抑制雜草生長。敷蓋及覆蓋有下列功效：(1) 發揮光線阻隔效果，抑制雜草種子萌芽，降低田區雜草的發生及土壤中之種子數量，而防除雜草；(2) 可預防水分蒸發，保持田間水分；(3) 增加土壤有機質，促進作物生長，增加作物競爭力；(4) 促進土壤微生相生長；(5) 除防止雜草外，亦可防止病蟲害；(6) 敷（覆）蓋物與畦面的緊密程度會影響雜草防除的功效。稻殼及稻桿敷蓋後產生相剋物質稻殼酮（Momilactone A）可抑制雜草生長，特別是對單子葉植物雜草。

利用天然物質敷蓋除可控制雜草外，可控制土壤溫度及溼度，改善土壤質地，且任何季節都可以使用，夏季溫度高，使用天然資材敷蓋甚至可以降低土壤溫度。利用化學資材覆蓋時，冬季可用暗色塑膠布，特別是黑色，可提高土壤溫度；夏季則用淡色塑膠布或舊飼料袋覆蓋地面，將陽光反射而降低土壤溫度。環保團體利用廢棄的再生紙來覆蓋插秧的稻田，以防除雜草滋生，但約須 10 張厚度，並互相重疊，其上覆蓋土壤（須不帶雜草種子）。然而合成覆蓋材料使用後之廢料處理，及燒燬所造成的汙染，需謹慎考量。

5. 火燒：可殺死整地前或收穫後之地面雜草，例如燃燒稻草可殺死田面長出的雜草。以火焰或高溫乾熱烤亦可使雜草因高溫脫水而死。國外已開發專用之農機，爲友善環境、避免空氣汙染，臺灣禁止露天焚燒，因此多由農友自行組裝機具，以高溫火焰或工具接觸雜草頂端，使雜草因高溫脫水或燙傷而死。
6. 中耕培土：將田面雜草翻埋至土中，或鬆動雜草根部，達到除草功效。特殊雜草如蒲公英，挖除是最佳防除方式，但最好是在根系最脆弱時及未開花前挖除。
7. 耕犁、深耕：利用耕犁方式防治雜草，可將雜草埋入土壤中而減少繁殖機會，不同型式的犁具整地時，易造成雜草發生的差異，例如翻埋型犁具可將多年生雜草之走莖深埋土中，減少其發生，但碎土型犁具則將走莖打斷，導致更多雜草發生。因此，利用耕犁方式防治雜草有其限制：(1) 對尚未萌芽的雜草，耕犁不具效果，因爲翻動之後雜草種子仍會發芽；(2) 當雜草過於旺盛、高大時，農具比較難操作；(3) 耕犁時易對作物根部造成傷害，使根部容易感染病害；(4) 含石礫過多、地面崎嶇不平，或表土潮溼積水的狀況下，較難實施。
8. 土壤處理：可採用浸水、蒸氣消毒、熱水澆灌及太陽能（覆蓋塑膠布藉太陽能除草）等方法，亦可以臭氧處理，然臭氧處理之費用較昂貴、不易操作，且影響生態環境。
9. 設施栽培：利用設施栽培可隔絕雜草種子入侵而降低雜草發生率，然設施成本較高，且灌溉水若無阻隔，仍可能將雜草種子引入。設施栽培初期因土壤中仍殘留雜草種子，須加強防除，否則仍無法有效抑制雜草發生（圖 12-5、圖 12-6）。

圖 12-5　應用設施栽培防除雜草
圖 12-6　設施栽培未加強防除，仍可能發生雜草

（四）生物防除

1. 利用對雜草具有感病性的微生物及昆蟲，造成雜草死亡的防除方法；例如利用銹病防治小花蔓澤蘭；炭疽病菌防治菟絲子，亦可稱爲生物性除草劑（mycoherbicides）。
2. 利用植物相剋作用（allelopathy）原理，使用植物的剋他物質抑制雜草生長，植物相剋化合物於植體內有 3 項特性：(1) 相剋物質參與植物對逆境的防禦機制和生長調節系統；(2) 相剋物質對植物的作用機制與參與反應的濃度有關，常呈現低濃度爲促進作用、高濃度爲抑制作用；(3) 相剋物質之間存在加成性、協同性或拮抗性的作用效果。例如冬小麥中可檢測到對羥基苯甲酸、阿魏酸、香草酸 3 種相剋物質，對棉花種子萌發和幼苗生長均有不同程度的影響。又如苜蓿可抑制白茅、莧科植物生長，黑芥菜種子可抑制雜草種子萌芽等。向日葵根部分泌倍半萜內酯，可抑制雙子葉植物種子萌芽，降低馬齒莧、藜和牽牛花等雜草族群數量。裸麥葉內的抑草化合物依品系間而含量各異，栽種約 100 日後耕犁覆於土表，後期栽種番茄可有效抑制稗草、狗牙根、狗尾草、馬唐、龍葵等雜草。
3. 動物防除：水生作物可藉飼養魚、蝦、螺等防除雜草，而果園可飼養草食性動物（鴨、鵝、羊）等，或將雜草割除後作爲飼料。飼養動物除草時，必須事先多方思考、詳細規劃，提出最可實際應用之策略，避免寸草不生、土壤因踐踏而堅硬，且因排泄物累積而影響土壤質地，間接影響作物生長（圖 12-7、圖 12-8）。

圖 12-7　茶園飼放綿羊防除雜草（許銘仁提供）
圖 12-8　紅龍果園飼放鵝防除雜草，造成寸草不生、土壤堅硬

4. 競爭性抑制的應用：利用肥培管理或利用輪作、間作、種植伴生植物等措施，增加作物生長勢，抑制雜草生長空間，間接防除雜草；詳細調查田間雜草的種類與分布，了解於同種類間之比率，配合環境因子與雜草生理特性，找出優勢草，並優先加以防除，重複數次後可達雜草多樣性，達成共生共榮之生態平衡現象。

（五）除草劑防除

除草劑主要仍以化學除草劑爲主。

1. 化學除草劑：臺灣農業生產勞力嚴重老化、工資上揚，造成作物生產成本提高，而除草劑具有快速、經濟、防除效果長、易操作、可多次使用等特點，成爲農友最常使用之雜草防治方法。若除草劑使用不當，常易產生藥害。造成藥害的主要原因有下列四種，分別爲：(1) 藥劑使用不當；(2) 任意提高藥劑劑量；(3) 誤噴；(4) 藥液飄散影響。一般而言，蔬菜作物組織較嫩，對除草劑的敏感性遠高於木本之果樹，使用不當易發生藥害；成齡果樹較幼齡果樹對藥劑的忍受性強，葉片蠟質較厚者，對藥劑之敏感性較低；樹幹對藥劑之忍受性較葉片者強，亦較花及幼果者強。大部分系統性除草劑，如果不當使用較易造成藥害，且往往難於短時期內恢復正常生長，亦無任何有效之補救方法，故對此類藥劑之使用必須十分愼重。選用除草劑時，除須遵照政府登記使用方法合法使用外，尚須了解其作用機制才可有效防除雜草，同時對作物、環境與人員安全。常用的除草劑可分爲選擇性與非選擇性二大類。選擇性除草劑依使用方法分爲葉部施用與土壤施用，葉部施用者依作用機制分爲系統性與接觸性，土壤施用者有二類，分別是萌前與萌後使用。非選擇性除草劑亦可分爲葉部施用與土壤施用，葉部施用者亦可再分爲系統性如嘉磷塞，接觸性則爲固殺草等，土壤施用者多作爲燻蒸與持久性消毒劑（圖12-9）。

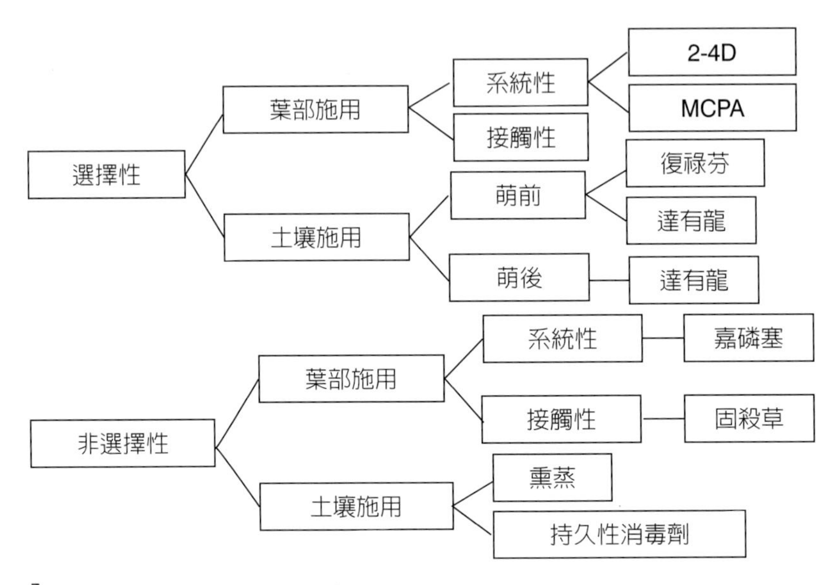

圖 12-9　除草劑之作用機制

2. 非化學除草劑：由於有機栽培不使用化學除草劑，非有機栽培而避免使用化學除草劑時，雜草均爲一棘手的問題。爲解決雜草問題，且不影響生態環境時，常用於除草之物質分別描述如下：
 (1) 玉米粉（corn gluten meal）、芥菜粉（mustard meal）：主要爲萌前無毒除草劑，可抑制種子發芽。玉米粉撒布可降低雜草種子發芽，惟須在土壤中分解後才具抑草作用，無法立即呈現效果，若施用量不足時，雜草仍可萌芽及正常生長。
 (2) 醋液（vinegar）、醋酸（acetic acid）：雖可防除雜草，但使用不當時可能傷及鄰近作物，亦可能造成土壤酸化，仍須小心使用。
 (3) 壬酸（nonanoic acid）或壬酸銨（ammonium nonanoate）：壬酸爲牻兒苗科

（Geraniaceae）植物的脂肪酸，可溶解植物表層的蠟質，當植物表層蠟質被溶解，則無法保護植物細胞，而造成植株死亡。壬酸的最後產物是二氧化碳和水，所以對於環境的影響非常小，是具備低殘留、分解快、毒性低等特性的除草劑，用於防治未開花前的雜草效果較好。

(4) 蛋殼粉：將蛋殼磨碎後覆蓋於土壤表面可防雜草及軟體動物，混入土壤中可中和土壤酸性，同時提供鈣的來源。

(5) 植物油脂類：如丁香油（clove oil）及芸香科植物油脂可作爲除草劑使用，配合佐劑及選用合適的噴頭，用於防治一年生的闊葉草，但防除效果隨雜草植株之成熟度增加而降低，欲完全防除，須重複噴施。

(6) 脂肪酸（fatty acid）類：較高濃度下可廣效、快速防除一年生雜草。

三、雜草整合管理（IWM）

作物整合管理（IPM）之原則爲建立良好的利於作物生長的環境，降低害物的發生，而非待害物發生後再加以防除，雜草整合管理（integrated weed management, IWM）亦不例外，以預防爲主建立整合管理策略。建立雜草整合管理策略前，首要全面了解不同作物之生長狀況，其次調查當地之主要雜草種類，再調查各類雜草不同生長時期之特徵與特性、繁殖方式包括有性與無性繁殖方式、傳播主要途徑和當地具備的防除條件，進而制定預防和防除整合應用的整合管理策略。

使用化學除草劑防除雜草雖具有及時、效果好、效率高、成本低等優點，但是單純使用化學除草劑卻不可能根本解決雜草危害，主要是因爲除草劑的選擇性是相對的、有條件的，單一種除草劑無法防除所有的雜草，且一旦某些敏感草種被滅除後，對該藥劑耐受性較強或潛在性的雜草得以繁殖，有機會發展爲關鍵性的害草，加以多次使用藥劑不僅成本高，更增加對環境的汙染。由此可見，化學防除雖是必要的，但不能長久地、經濟地、無副作用地建立一個有效的雜草種群管理系統。爲有效防除農田雜草，須在雜草生態與生物學特性研究的基礎上，因地制宜地建立可實際應用的雜草整合管理系統。

（一）雜草整合管理的概念

雜草防除技術可由二面向思考，一爲藉耕作技術改變農田環境，創造不利於雜草生長、繁殖的環境條件，以抑制雜草的增殖進而防除雜草，此爲生態防除法，亦爲預防措施；另一面向爲設法將已發生和正在發生的雜草除掉，即雜草防除法。任一方法均須充分了解雜草的生理、生態特性，再利用作物與雜草的競爭關係整合、應用各種農業措施。因此，雜草整合管理就是從生物與環境關係的整體觀點出發，以預防爲基礎，因地制宜，合理整合、運用農業、生物、化學、物理的方法，以及其他有效的生態手段，把雜草的危害控制在經濟危害水平之下，以達到保護生態環境和增產的目的（圖 12-10）。

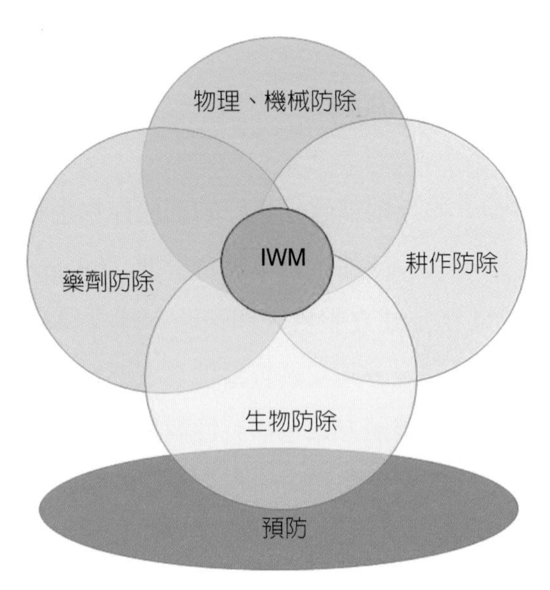

圖 12-10　雜草整合管理（integrated weed management, IWM）之防除技術

（二）雜草整合管理的特點

1. 雜草整合管理並非徹底清除雜草，而是將雜草對作物的危害控制在經濟危害水平之下，並防止水土流失，以保持生態平衡。
2. 雜草整合管理強調並分析雜草密度所造成的經濟危害水平與防除費用的關係，未達到經濟界限（閾值）（economic threshold, ET）時不進行防除。

3. 雜草整合管理強調各種防除方法的相互配合，儘量採用耕作防除、物理防除與生物防除措施，而化學防除只是其中的重要防除措施之一。
4. 雜草整合管理是以生態系統為依據，將作物、雜草、病蟲害與光、熱、風、乾旱、降雨、土壤條件等有系統的結合，著重在改變環境，營造不利雜草發生的條件，並透過人為的控制雜草的發生，創造有利於作物生長發育、保護資源和其他良好環境因素的生態環境。
5. 由於作物田中同時存在多種具有不同生物學特性的雜草，不可能採用單一方法防除所有雜草，故須依據不同雜草的特徵及發生規律，採用先進而經濟、有效的防除措施，充分發揮各種除草措施的優點，相輔相成，達到經濟、安全、有效的控制雜草危害的目的。農田雜草整合管理的關鍵在於將雜草於萌芽期和幼苗期滅除，即在作物生育前期採取相對應措施，以最少的投資，獲得最佳的經濟效益（圖 12-11）。

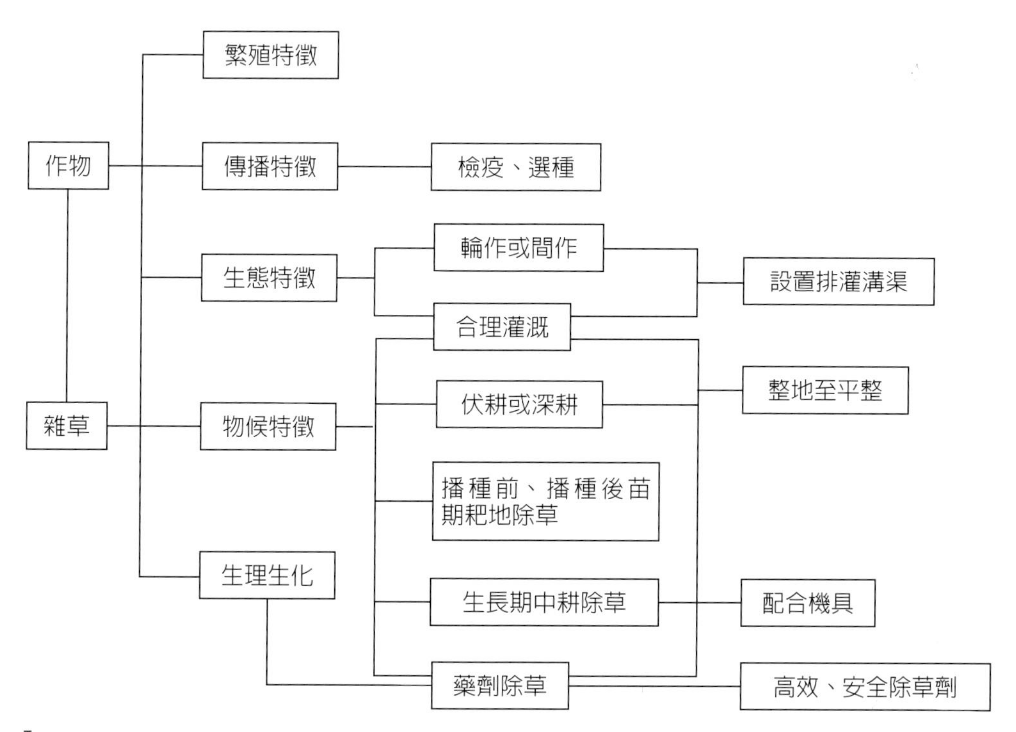

圖 12-11 雜草整合管理策略（修改自高鳳菊，2018）

（三）雜草整合管理的原則

雜草整合管理規劃與操作時，須考慮下列原則：

1. 在作物生長期將雜草防除：在作物與雜草之間存在著雜草競爭的最高可忍受的持續期間及最低密度，所以將雜草在作物的生長前期防除，可以使雜草失去競爭優勢或延後競爭，使作物受雜草競爭而明顯減產的時期延後，從而可以將雜草的危害降至最低程度。
2. 營造不利於雜草發生的農田生態環境：田區耕作雖可以防除雜草，但耕作翻土和其他作業可能使雜草種子進出田區並傳播蔓延。所以，整合管理是：一方面確定耕作栽培技術是否可有效防除雜草，另一方面須確定除草措施是否可與高產量栽培措施相互整合，建立一個協調且有利於防除雜草的農田生態系統。
3. 應用化學藥劑防除：化學除草技術仍是整合管理措施中重要的一環。可應用化學防除技術排除作物前期生長的雜草威脅，促進中期生長優勢，進而控制後期草害。各種措施在單一個時期的作用和重要性各自不同。在整合管理中，採用化學藥劑防除須依據草害的種群密度、危害程度、現有防除能力（包括人力、物力和技術的總合）、經濟效益等，且必須與其他各項防除措施整合爲一有效的系統。
4. 確定明確的目標：從現有基礎出發，分爲短期目標和長期目標，由簡入繁地建立最佳的整合管理系統。短期目標：改進農田耕作栽培制度和技術，合理使用除草劑，包括合理選擇除草劑種類、改進劑型和使用技術，協調有關防除措施和田間管理措施之間的相關性，防止雜草傳播侵染。長期目標：掌握雜草種類與生態，明確訂定主要難防除雜草的經濟界限，發展新的防除技術，因地制宜地建立最適當的整合管理策略，同時建立最佳的農業生態系統。

總之，雜草防除之關鍵點在於：(1) 了解雜草生態，在雜草生活史中最脆弱階段加以防除；(2) 輪作和改變種植日期來擾亂雜草的生命週期；(3) 混種一年生作物與多年生作物等；(4) 春播作物延後播種，因高溫期可快速萌芽、生長，避免雜草生長；(5) 利用植床育苗、移植，配合種植前除草，可增加作物生長而減少雜草生長；(6) 應用競爭作物生長勢與健全的農藝措施防除雜草；(7) 使用覆蓋物和敷蓋物抑制雜草生長；(8) 及時耕作與栽培是雜草控制的關鍵；(9) 化學藥劑除草是在其他防除措施無法有效防除雜草時所採取的措施，一般不允許應用在有機生產系統。綜而言之，雜草整合管理以預防爲主，配合其他的防除措施，不斷研究與建立新的防除技術是管理過程中不可或缺的，而教育、訓練可協助實際農田經營管理者充分掌握可供應用的新技術，強化管理技術，減少雜草危害所造成的損失。雜草整合管理田間作業流程與工具可由圖 12-12 充分了解。

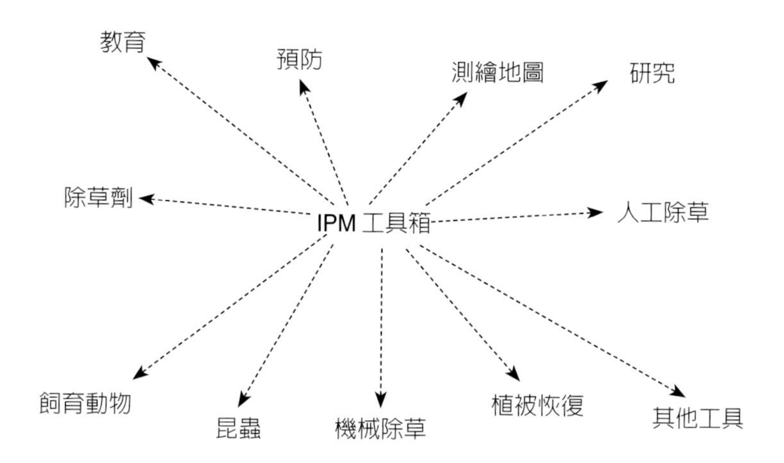

圖 12-12　雜草整合管理作業流程（修改自 Weed Clipart weed killer 14-500 X 403，https://dumielauxepices.net/wallpaper-4396955）

筆記欄

CHAPTER 13

害物整合管理策略
與參考案例

害物整合管理是一長期性的管理策略，因應害物種類、氣候與環境條件與作物生長勢而機動調整，是因地制宜的管理模式，而非一成不變，當新的害物防治技術被開發、應用時，須考量是否可以應用於當下的管理模式，以及如何應用可發揮最大效應。因應農業生態體系為動態的穩定平衡，如何在資材應用後僅造成短時間的動盪後回歸有利於作物生產的穩定平穩，是須審慎思考的。依據長期田間試驗結果提供相關案例供參考。

一、蟲害整合管理作業流程之參考案例

（一）黃條葉蚤

1. 輪作其他非十字花科作物：由於黃條葉蚤僅危害十字花科植物，嚴重發生的地區可改種或間種其他非十字花科作物，或於休耕期輪作其他非十字花科作物，可減少本蟲危害（楊秀珠，2011）。
2. 清除田區十字花科雜草：田區附近若有十字花科雜草，往往成為本蟲的寄主植物，故需加以清除，以減少蟲源（楊秀珠，2011）。
3. 田區翻犁後灌水或曝晒：
   (1) 採收後或種植前全園浸水，或深耕、翻犁、曝晒，浸水時間至少 2-3 天。
   (2) 浸水前需將殘株完全清除，若無法完全清除，以耕耘機打碎後浸於水中，藉生物熏蒸作用降低蟲體族群密度。
4. 播種或定植後於植畦離地面 5 公分左右高度懸掛黃色黏板，撲殺成蟲，以保護幼苗。
5. 加設圍籬：
   (1) 若採設施栽培，設施周圍需密閉；露天栽培時可採用 32 網目塑膠網或塑膠板（高 50 公分）架設圍籬，可遏阻成蟲入侵而危害。
   (2) 可利用綠肥、陷阱植物或覆蓋作物種植於田區四周，隔離鄰田成蟲侵入，但須慎選植物種類，避免引發夜蛾類害蟲或其他病蟲害。
6. 藥劑防治策略：選用任一登記藥劑。
   (1) 種植前撒布 6% 培丹粒劑，每公頃 30-40 公斤，並充分混拌入土壤中，撒布後

土壤保持溼潤，待藥劑溶解後再種植，才能發揮藥效（安全採收期：蘿蔔 30 天，小葉菜 6 天）。

(2) 幼苗期或生長初期發生時，噴施藥效較長之藥劑等。

(3) 種植後期或接近採收期發生時，噴施低毒性、安全採收期短之藥劑。

(4) 噴施藥劑時，可先噴施田區周圍，而後向內依序噴施，以圍剿方式降低成蟲向田區外遷飛，提高防治率。

（二）小菜蛾

1. 懸掛性費洛蒙誘殺器監測與誘殺成蟲，除可降低成蟲密度外，並易掌控防治時機。
2. 懸掛黃色黏板誘殺與監測，亦可降低成蟲密度，同時兼防其他害蟲。
3. 種植未受害或帶蟲體之健康種苗，降低蟲源。
4. 發生初期蟲數較低時以化學藥防除，並適當輪替使用以避免抗藥性發生；亦可施用白殭菌微生物製劑。
5. 蟲數密度較高時或接近採收期時，可噴施蘇力菌、白殭菌，降低蟲口密度。
6. 小菜蛾由葉背取食、危害，殘留葉片上表皮，藥劑噴施於上表皮時藥效不佳。使用圓錐型噴嘴，由植株側面斜上噴施，防治效果較佳。
7. 釋放天敵：小繭蜂（*Apanteles plutellae* Kurdjumov）、雙緣姬蜂（*Diadromus collaris* Gravenhorst）及彎尾姬蜂（*Diadegma semiclausum* Hellen）等。

（三）斜紋夜蛾

1. 斜紋夜蛾寄主範圍極廣，發生時，須清除殘株及雜草，以減少本蟲之隱蔽場所。
2. 發現卵塊時，宜及時摘除及銷毀。
3. 利用性費洛蒙監測及誘殺雄蟲，以降低田間族群密度及利於掌控用藥時機。
4. 成蟲具有趨光性，可於夜間以誘蟲燈誘集。
5. 老熟幼蟲在土壤中化蛹，浸水可以降低成蟲之孵化率，而降低族群數量。
6. 發生時參考已登記藥劑清單，任選一種藥劑加以防除，施藥時須考慮下列因素：(1) 剛孵化的 1-3 幼蟲有群聚性，為最佳施藥防治時機；(2) 幼蟲晝伏夜出，黃昏及清晨施藥之防治效果較佳；(3) 由於幼蟲多出現於葉背，施藥時必須噴及葉背，特別是微生物農藥，多爲接觸性或胃毒劑，方可發揮藥效。

7. 建立整合管理策略：整合不同的防治方法，配合園區的實際發生狀況，評估可行的管理技術，選擇最符合當時的管理技術，加以應用，必要時將多種技術排定優先次序，加以整合後靈活應用。

（四）果實蠅

1. 物理防治：

(1) 釋放不孕性雄蟲：在室內大量繁殖果實蠅老熟蛹，以鈷 60 放射線處理成不孕性，羽化後分別以飛機或人工釋放於果園，降低田間果實蠅族群密度。但因技術門檻高且所須耗費的經費高，不易進行。

(2) 套袋：有效阻隔雌蟲產卵而達保護果實效果，但防治成本高且費工，特定作物或高經濟價值作物使用比率較高。

(3) 黃色黏紙：果實蠅類之成蟲對於黃色均有明顯偏好，可同時捕捉雌雄蟲，因屬短距離誘殺，且容易誘得其他非標的昆蟲，蟲口密度高時須常更換，以免因黏滿蟲體而失去效果。亦可使用黏蟲噴劑噴施於保特瓶或其他資材，懸掛於園區，亦可達防除效果。

2. 耕作防治：

(1) 清園：因被害果實中之幼蟲會跳入土中化蛹，繼續存在於果園中，若未清除，將持續成爲田間危害的族群。清除果園中掉落或被害之果實，以塑膠袋或廢棄之肥料袋盛裝後移除，可減少園中東方果實蠅的密度，切忌任意丟棄。

(2) 淹水：降低土壤中蛹的數量而達到減滅成蟲的效果，但坡地栽種時有困難度。

3. 誘殺法：夏梢萌發期、果實快速生長期加強預防。

(1) 滅雄處理：甲基丁香油主要是誘引東方果實蠅雄蟲，又稱爲性誘引劑。懸掛含毒甲基丁香油誘殺器可誘殺東方果實蠅雄蟲，降低自然界中的雄蟲數，減少雌蟲的交尾的機率，以達到降低族群的目的。此法雖然誘殺效果甚佳，且誘殺距離亦遠，惟僅能誘得雄蟲，對雌蟲無效。密度高時往往會有以誘殺器持續進行防治，但園中依然有雌蟲於成熟果實上產卵之情事發生。若將甲基丁香油誘殺器掛於田區外，將雄蟲誘引至果園外，亦可降低雌蟲的交尾的機率。

(2) 食物誘殺（蛋白質水解物、賜諾殺濃餌劑）：果實蠅類雌成蟲在卵成熟前，需攝取高蛋白的物質才能使卵完成發育，利用蛋白質水解物加上較無味道之農藥進行調製，於晨昏期間噴灑於灌木叢園邊之雜草上，或將酵母錠加水稀釋後懸掛於園區，可以有效誘引成蟲前來取食，進而殺死雌蟲及雄蟲，可明顯降低田間果實蠅之密度及果實的被害。

4. 生物防治：東方果實蠅除蛹在土壤中易受到蟻類等捕食性昆蟲及微生物的侵害，成蟲受到鳥類、捕食性天敵昆蟲捕食之外，卵期、幼蟲期及蛹期之寄生蜂類，可供爲生物防治上的利用。夏威夷學者先後釋放小繭蜂（*Diachasmimorpha tryoni*、*D. longicaudatus*、*Biosteres arisanus*、*B. vandenboshi*、*Phyttali aincisi*）。臺灣則有卵寄生蜂（*Fopius* (*Biosteres*) *arisanus* Sonan）、幼蟲寄生蜂（*Diachasmimorpha longicaudatus*）及蛹寄生格氏突瀾小蜂（*Dirhinus giffardii*）相關研究，但因生態環境變遷與化學藥劑大量使用，難以發揮效果。
5. 化學防治：於果實生長期至成熟期遇果實蠅密度持續增加時，以登記藥劑於園區全面噴施。
6. 區域性整合管理（area-wide IPM）：一般簡稱爲共同防治，在栽培區結合栽種農友，達成共識，建立共同的管理策略，共同執行，杜絕果實蠅在區域內遷移，較易達到管理效果（圖 13-1）。

（五）粉蝨類害蟲

1. 注意田間衛生，隨時清除落葉、剪枝及雜草。
2. 成蟲偏好黃色，配合黃色黏蟲板誘殺，可降低族群密度，黏板應設於生長點上方 10-50 公分處，方可發揮效果。
3. 此蟲偏好在通風不良與日照不足環境產卵，高溼可降低族群及減緩其活動性。
4. 釋放的捕食性天敵中，瓢蟲、草蛉、煙盲椿、小黑花椿象及大眼椿象等均可捕食若蟲及成蟲。寄生性天敵如東方蚜小蜂、淺黃恩蚜小蜂及艷小蜂。
5. 發生蟲害時依危害狀及生長期任選一登記藥劑防除，有機栽培或友善農業耕作者可採用油劑，但須避免高溫時噴施，以降低藥害風險。然因粉蝨多發生於葉背，施藥時藥液須噴及葉背，並在清晨露水乾之前噴施，效果較佳。

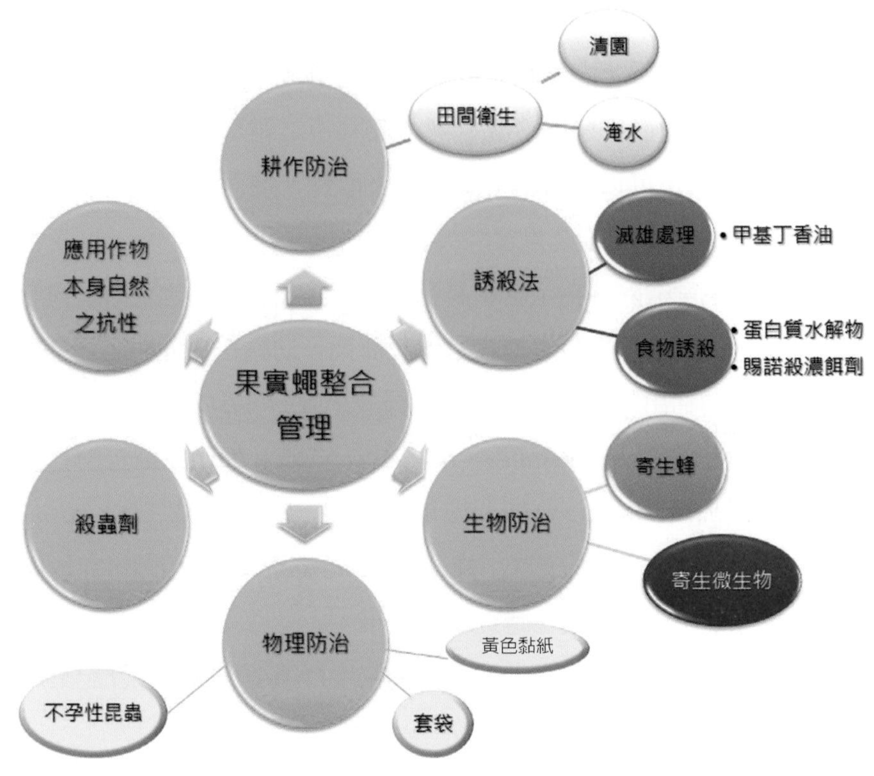

圖 13-1　果實蠅之整合管理

二、豆科蔬菜土壤傳播性病害整合管理之參考案例

夏季栽培豆科蔬菜時，易發生腐霉病、立枯病與萎凋病，三種病害之共同特徵爲：(1) 易發生於高溫、高溼季節，特別是連續陰雨後；(2) 均爲土壤傳播性病害；(3) 由地際部分開始出現病徵，阻礙水分輸送而造成植株萎凋。可行之整合管理策略爲：

（一）注重田間衛生，澈底清除罹病植株，降低感染源，清除時宜一併清除根系周圍土壤。

（二）適度控制土壤含水量，較乾燥的土壤條件下可降低病原菌傳播。

（三）合理化施肥，降低氮肥施用量，配合合理施用肥料，提升作物抗性，強化植株組織強韌度而增加抗性。

（四）施用矽酸鹽類，提升植株抗病性，施用 1-2 次後即可抑制病勢擴展。

（五）腐霉病除施用矽酸鈣外，可配合施用亞磷酸；立枯病與萎凋病，可視作物生長狀況與肥料施用種類，選用矽酸鈣、矽酸鉀或二氧化矽，但二氧化矽須轉化為矽酸方可被植物吸收，效果較慢，且使用二氧化矽時須做好安全防護。

（六）種植前、休耕期之土壤處理：浸水、施用稻殼、翻犁、曝晒，重複進行後種植。

三、雜草整合管理作業流程之參考案例

（一）水稻田雜草整合管理

水稻田雜草主要為稗草、鴨舌草、尖瓣花、螢藺、球花蒿草、野茨菰、水莧菜、紅骨草等，均對水稻生長具相當程度的影響，但因為不同種類雜草的防除方法不同，故須經整合，方可較有效防除。可採用之防除技術依不同時期可分為：

1. 敷蓋除草：收割後將稻草覆蓋於田間，可避免雜草生長，必要時浸水處理，加速稻草分解同時抑制雜草生長。
2. 休耕期輪作或種植綠肥：種植短期旱作作物，或種植綠肥作物，可降低雜草生長空間，再於整地時將殘株翻入土壤中，增加土壤有機質，若種植十字花科植物，翻入土壤中可藉生物熏蒸發揮消毒效果。
3. 應用除草機除草：以除草機割除地上部，配合整地將雜草翻入土壤中。
4. 整地：插秧前粗耕整地、田區保持溼潤促使雜草種子發芽；第二次細耕整地，將已發芽雜草掩埋入土壤中，減少生長機會。
5. 湛水處理：當水稻田注滿灌溉水而不流失，稱為湛水，可抑制雜草種子發芽，降低雜草生存機會。
6. 依實際況選擇、施用萌前除草劑；若雜草已被有效控制，則不須施用。
7. 物理防除：於進水口設置紗網，阻隔雜草種子隨灌溉水進入田區，降低雜草族群密度。
8. 敷蓋除草：於插秧成活後，田區撒施稻殼，待稻殼吸水下沉後可覆蓋田區土壤，抑制雜草種子發芽。
9. 高溫耗氧法：生育初期施用未經腐熟發酵細微粒子之植物性有機物質（米糠等），利用微生物快速分解，消耗土壤中殘存的氧氣，使雜草種子無法獲得足

夠氧氣發芽，進行時不宜湛水太深，方可配合陽光提高水溫以達到抑制雜草的效果。

10. 種植滿江紅：滿江紅（Azollapinnata）爲浮游於水面之多年生、水生蕨類植物，在適合的光照及溫度下生長極爲迅速，可於極短時間迅速繁殖，加以覆蓋性強，對水稻田雜草抑制效果極強，且對大部分的水田雜草均有抑制作用。滿江紅葉片內側有許多黏液空腔，含有共生的固氮藍綠藻，固氮能力極強，翻犁至土壤後可提供大量氮素，減少化學氮肥的施用量而節省施肥成本，爲水田優良綠肥，在環境條件許可下，可加以應用。水田翻犁時可將滿江江培育於水池或盆缽，待水稻種植後再移入田間。
11. 生物防治：水田放養鴨子除可除草，排出之糞便可成爲肥料的來源。水稻田養鴨防除雜草主要有四種防除方式，分別爲 (1) 直接將雜草吃掉；(2) 直接將埋在土壤中的雜草種子吃掉；(3) 游動時將未發芽的種子耙出水面，而將小草踩踏、埋入土壤中；(4) 不間斷地耙地，使田水混濁而降低陽光透明度，妨害雜草的光合作用。插秧後十天左右，當鴨子的大小與秧苗的大小成正比時放養的效果最爲明顯，如果放養數過多，可能導致食物量不足而損傷稻苗，危及水稻生長；放養太少，則除草效果及肥效可能降低。
12. 除草劑防除：施用已登記使用的選擇性除草劑，除去濶葉草。
13. 人工除草：幼苗期或田區雜草數量較少時可考慮以人工除草方式防除。

（二）果園雜草整合管理

果園雜草之理想管理模式，必須考量多項因素，包括園區之地形、土壤因素、氣候之季節性變化及果樹之生長期等。

1. 不同園區之管理方式

(1) 栽植於坡面的果園：可採草生栽培，選留低矮、匍匐性雜草，避免表土之沖刷、侵蝕；以割草方式管理雜草，割草時可保留離地約 10 公分左右高度，避免土壤流失；必要時，依所發生的雜草種類，選用已登記的選擇性藥劑，協助管理及抑制雜草生長。

(2) 栽植於地勢平坦果園時，可採耕除、覆蓋、草生栽培等多重選擇，管理方式則需配合季節及作物生長時期而定。

(3) 栽植於砂質土壤之果園，避免使用易淋洗或殘效期長之萌前除草劑。

2. 不同季節之管理模式

(1) 春季氣候回升後，植物代謝及輸導作用旺盛，部分果樹亦爲開花及果實發育期，皆需供給充足之養分，此時園區內宜減少雜草之競爭，可依雜草種類選用已登記使用除草劑使用，或以機械除草。

(2) 雨季期間應適當保留雜草，避免或減少使用除草劑，若遇果實成熟至採收期，須降低耕除次數，並避免不當使用除草劑，避免土表裸露，進而減少表土沖刷。

(3) 乾旱期間，應用合適之灌溉設施補充土壤水分，除可提供果樹水分外，亦有利於雜草生長、覆蓋土面，減少土壤水分流失。

(4) 冬季期間氣溫低，雜草生長緩慢，可放任雜草自然生長。

3. 不同生長期之管理模式

(1) 幼齡期果樹，爲減少雜草與其競爭養分和水分，根系分布範圍內之雜草應儘量清除。

(2) 快速生長期或在花芽分化期前，可以機械割草降低雜草高度，植株行間可行草生栽培，具保水與保土作用，必要時，以割草方式管理。

(3) 結果株因植株均經修剪，修剪後樹冠下方因日照充足，雜草生長快速，於果實採收後宜全園除草。

四、病蟲草害整合管理作業流程之參考案例

（一）十字花科蔬菜病蟲草害整合管理

1. 栽培田區與土壤之管理

(1) 選擇土層深厚、排水良好之土壤種植。

(2) 輪作其他作物：十字花科蔬菜種類極多，且病蟲害種類相同，故病蟲害嚴重發生的地區宜改種其他非十字花科作物，如莧菜、空心菜等，可減少病蟲害發生。

(3) 清除十字花科雜草：田區周圍之十字花科雜草，亦爲病蟲害的寄主植物，必須

加以清除以減少病蟲害感源。

(4) 田間衛生管理：前一期作病蟲害發生嚴重的田區，在採收後必須澈底清除殘株，並將殘株集中加以適當處理。

(5) 田區雜草及殘株處理：為清除雜草與殘株，可噴施尿素與氯化鉀各 10-15% 稀釋混合液，噴施後覆蓋透明塑膠布，除可清除雜草外，亦可增加土壤溫度，同時藉由尿素所產生的氨氣，提高殺蟲及殺菌效果。但必須等氨氣完全揮發後再種植作物，避免對作物產生肥傷現象。若禾本科草旺盛，則可再加施選擇性除草劑，但不宜多次施用，以免影響作物生長。

(6) 田區翻犁後浸水或曝晒：種植前先行全區浸水，或深耕、翻犁、曝晒，待土壤乾後再整地，可將土壤中的蟲體及土壤傳播性病害之病原菌淹死，有效降低土壤中的病蟲害密度。淹水前可在畦面覆蓋防蟲網，避免害蟲於淹水期間自土壤中爬出，必要時先噴施殺蟲劑再將防蟲網移開。

(7) 土壤化學性質測定與調整：種植十字花科適宜之土壤酸鹼值（pH）為 5.8-6.8，種植前宜測定土壤之酸鹼值及鹽基，若可測定相關之營養成分更佳。依據土壤中之肥料成分並參考作物之營養需求，施用合理的肥料量。若酸鹼值在 5.5 以下者，可添加適量農用石灰加以調整，每分地可施用石灰為 100-300 公斤。

(8) 施用基肥：肥料估算用量時需扣除上述第五項之尿素與氯化鉀施用量，避免施肥過多。基肥包括化學肥料及有機質肥料，依土壤狀況調整施用量。缺硼土壤可於施用基肥時，視實際需要每分地施用 500 克至 1 公斤硼砂。

(9) 土壤傳播性害物之殺滅

① 黃條葉蚤蟲體殺滅：由於黃條葉蚤將卵產於根上或根附近土中，粒粒分散，幼蟲棲息在土中危害根部表皮，成熟後在土壤中化蛹，故前期作發生嚴重田區土壤中可能存活大量蟲體，宜於種植、播種前先進行處理，以降低其族群。

種植前撒布 6% 培丹粒劑，每公頃 30-40 公斤（每分地 3-4 公斤），並充分混拌入土壤中。藥劑混拌後灌水，以利藥劑溶解於土壤中而發揮藥效，之後再行種植，若施用、混拌後立即播種或種植，藥劑未充分釋入土壤中而殺蟲，則防治效果會受影響。

② 斜紋夜蛾蟲體殺滅：斜紋夜蛾之老熟幼蟲會鑽入土壤中化蛹，待成蟲再鑽出土面產卵危害，故種植前殺滅土壤中之蟲體可降低危害。可以粒劑於整地施用基肥時一併施用，並充分混入土壤中以達滅蟲效果，但避免施用後立即種植，乃因藥劑施用後需經一段時間待藥劑釋出後方可發揮殺蟲效果，此外，亦可以防治藥劑之稀釋液澆灌土壤。

③ 根瘤病防除：根瘤病發生於酸性、缺鈣土壤，且病勢隨土壤之酸鹼值及交換性鈣含量增加而逐漸減少，當酸鹼值（pH）超過 6.7 或交換性鈣含量超過 1,210 ppm 時，根瘤病即不會發生，因此最簡單的防除方法爲調整田區之土壤酸鹼值。移植前，測定土壤酸鹼值（pH value），再根據酸鹼值，施用適量熟石灰，以提高土壤酸鹼值。

④ 土壤傳播性病害之防除：休耕期間浸水處理，種植前依病害種類選擇合適之殺菌劑進行土壤處理。

(10) 建置排灌水系統：爲避免肥料流失及根系因長時間浸水受傷而易發生土壤傳播性病害，採用滴灌供水系統或裝設其他水分供應系統，同時設置排水系統，避免田區浸水，降低土壤傳播性病害發生率。

(11) 隧道式管理：播種前土壤經翻犁、浸水或曝晒，播種後立即以防蟲網覆蓋，避免成蟲入侵，可減少作物受害，但若播種前未妥善處理土壤中的蟲體，則土壤中的幼蟲仍會於覆蓋後造成嚴重危害。防蟲網需緊密覆蓋，並避免頻繁掀網，杜絕侵入管道，方可澈底防蟲。防蟲網雖可阻隔雜草種子，但原已掉落在田區土壤的雜草種子仍會持續發芽，此時可於覆蓋防蟲網後供水，待殘存於土壤中的雜草種子萌芽、生長後，採行人工除草，之後再定植或播種。種植後若雜草發生嚴重時，可小面積掀網除草，但需避免蟲體入侵。

(12) 網室栽培：網室雖覆蓋防蟲網阻隔害蟲入侵，但若密閉性不足時，害蟲仍可由缺口或破損處入侵；若設施設置前未將土壤中蟲體澈底滅除，則網室反而成爲養蟲室，更有利於蟲害大發生，故種植前仍需先行滅除土壤中蟲體，同時杜絕設施外害蟲入侵，方可有效防止蟲害大發生。此外，宜設置雙重門，並於種植期間隨時關閉，工作人員進出時，宜關閉一扇門後，再開另一扇，避免害蟲隨工作人員進入設施。

2. 種子或種苗處理

(1) 種子處理：爲預防露菌病、土壤傳播性病害之發生與種子受病原菌汙染，可以系統性藥劑拌種，拌種之倍數可應用田間噴施之藥劑，如稀釋倍數爲 1,000 倍，即每公斤種子加入 1 克藥劑，置於容器中充分混合，使種子表面均勻沾滿藥劑後再播種。但小葉菜類需考量安全採收期後再行選用藥劑。

(2) 小葉菜類採直播方式播種於田間，之後再灌水或噴水處理。

(3) 包葉菜類採育苗盤育苗，播種後採隧道式管理，或於溫網室內育苗，同時視實際生長勢補充液肥及噴施防治用藥劑。

3. 肥培管理

(1) 土壤施用追肥：發芽或定植後分 3 次施用追肥，但需視土壤實際狀況酌予調整施肥量。

(2) 葉面施肥：爲增進作物的品質及補足土壤施用肥料之不足，可適時、適量噴施葉面液肥。以易溶肥於發芽或定植一星期後稀釋 2,000 倍噴施，每星期噴施一次，可逐次提高濃度，但稀釋倍數以不低於 1,000 倍爲宜。易溶肥之成分及含量爲：全氮：水溶性磷酐：水溶性氧化鉀：水溶性氧化鎂 = 16.0：8.0：16.0：3.0。必要時可混合微量要素，稀釋濃度爲 3,000 倍，稀釋濃度可逐次提高至 1,000 倍，連續三、四次後，可改爲每二星期噴施一次。微量要素之成分及含量爲：氧化鎂：鐵：錳：銅：鋅：硼 = 5.0：3.0：1.0：1.5：2.0：2.0。

4. 病蟲害管理

(1) 定期巡視田區，觀察並監測害物發生狀況、作物生長狀況及市場價格，配合氣候資料，參考歷年之銷售價格，估算經濟界線與經濟危害水平，作爲採取防治措施之參考。

(2) 懸掛斜紋夜盜蟲性費洛蒙誘殺器，每公頃 5-10 支，並定期 1.5-2 個月添加或更換新的性費洛蒙。

(3) 播種或種植後懸掛黃色黏板誘殺成蟲，可降低田區中小型昆蟲蟲口密度，亦可以懸掛於畦面兩側。

(4) 爲防除黃條葉蚤，播種或定植後依推薦使用倍數噴施系統性藥劑，或播種後 2

片本葉長出後噴施。生長期以接觸性藥劑噴施，生長中期選用中安全容許量之藥劑，越接近採收期越需選擇、噴施安全採收期短之藥劑。

(5) 易發生季節，爲預防露菌病發生，播種發芽或定植成活後每隔 7 天以亞磷酸 1,000 倍稀釋液噴施一次，連續 2-3 次。但亞磷酸爲預防性藥劑，必須連續噴施 2-3 次後方可表現藥效，故發病後噴施，藥效不甚理想。

(6) 害蟲或病害發生時，選擇合適的藥劑施用，但需注意安全採收期與藥劑適當輪用，以避免抗藥性產生。

5. 採收後處理

(1) 在清晨或傍晚採收，採收後置於通風陰涼處，避免曝晒，避免失水及累積熱而加速劣變。

(2) 若欲進行貯藏者，採收後儘速預冷，在強風壓差在風量 0.5-2.0cfm/lb 下預冷 4 小時後分級包裝。

(3) 貯藏前，冷藏庫內置放乙烯吸收劑清除乙烯。裝箱包裝的甘藍，箱內放置乙烯吸收劑，隔層間放置吸水墊，箱外套以 PE 塑膠袋，可維持較高溼度；貯藏條件以 0-2℃、相對溼度（RH）98% 最佳，約可貯藏約 3 個月。

6. 採收後之田間管理

(1) 清園：採收後的植株殘體常成爲害物繁殖的溫床，爲降低下一期作病蟲害發生，採收後宜儘速清除植株殘體及廢棄物。

(2) 輪作：輪作非十字花科作物，降低病蟲害發生。此外，不同作物所利用的肥料種類不同，若輪作不同營養需求的作物，可將前期作殘留在土壤的多餘的養分吸收，逐漸減少鹽基累積而減少連作障礙。

(3) 採收後預備栽植第二期作時，除需依據前一期作肥料利用狀況，適量添加有機質肥料及化學肥料外，同時需充分了解病蟲害發生之概率，適時、適量加以預防。

(4) 休閒期間：適當管理以避免雜草叢生，或種植綠肥植物，增加土壤肥份並防止土壤流失，但切勿種植病蟲害之共同寄主植物，如休耕期種植田菁或油菜反而造成斜紋夜蛾大發生。爲避免雜草叢生而施用除草劑，造成地表裸露，因而導致土壤及肥料流失，不利於地力，若能選留合適的草種覆蓋，對於土壤的保護較爲有利（楊秀珠，2011）。整合管理流程圖如圖 13-2 所示。

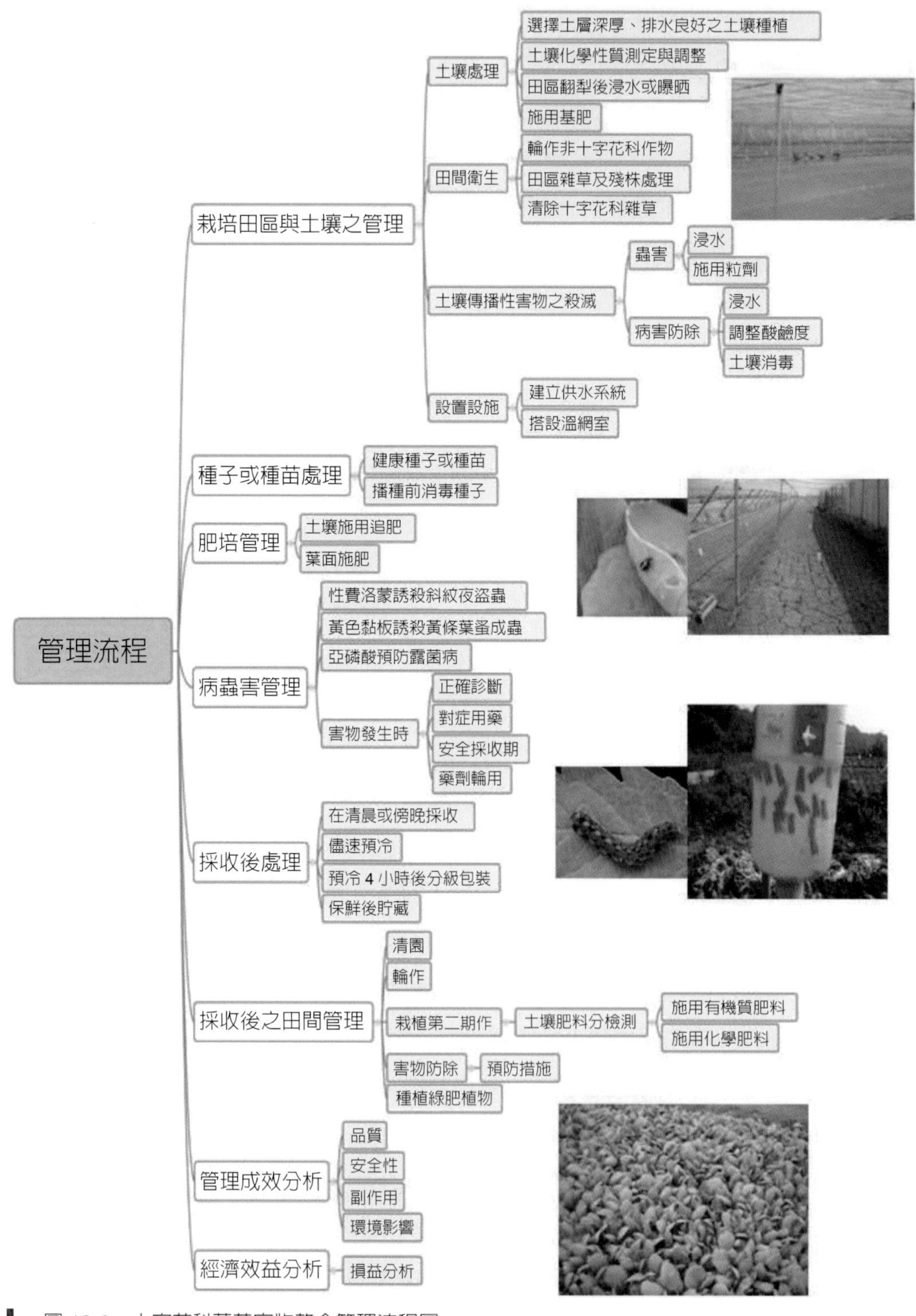

圖 13-2　十字花科蔬菜害物整合管理流程圖

（二）豆科蔬菜病蟲害整合管理

規劃豆科蔬菜之害物整合管理策略時可依不同生長期著手，分別擬定種植前、種子、幼苗期、生長期、開花結果期與採收期之管理策略，再依據季節與栽培地區之環境條件加以調整，使管理策略趨於合理化。

1. 種植前之管理策略：首重預防，可應用土壤處理、田間衛生與覆蓋銀色塑膠布。
   (1) 土壤處理方法：包括浸水、曝晒、合理化施肥、輪作與土壤消毒等。休耕時田區浸水，可降低土壤傳播病害、線蟲之感染源而減少感染；至於夜蛾、斑潛蠅等蟲害之成蟲或蛹多棲息於土壤中，浸水可殺滅成蟲或蛹而降低其族群。曝晒可藉陽光之輻射與熱量殺滅害物。必要時，可利用土壤消毒劑及蒸氣進行土壤消毒，亦可施用粒劑防治蟲害。
   (2) 合理化施肥：種植前調查土壤中之肥料成分，配合作物生長之營養需求，施用適量的肥料，避免過多與不足。
   (3) 輪作：可因應作物的營養需求不同，而將土壤中的不同肥料加以利用，避免連作障礙。此外，輪作可減少線蟲及土壤病害的發生，尤其是和水稻輪作的效果最為顯著。
   (4) 田間衛生與廢棄物處理：田間衛生與廢棄物處理影響田間防治效果極巨，然往往未受重視，主要乃因其損失於無形，且防治效益不易評估，同時廢棄物不易處理。田間衛生除將受害組織、採收後殘株等廢棄物清除外，如何避免將害物帶入田間亦為管理重點，包括清潔水源、乾淨未受汙染土壤與肥料及人員與工具之清潔等。
2. 種植時：
   (1) 種子：宜向有信用的種苗商購買，選擇抗性品種或健康不帶菌種子，可減少管理費用；為防治土壤傳播病害，可採用拌種，而易種子帶菌之病害，則可於播種前消毒種子。為維持最佳生長勢，宜選擇最適當之種植時機。
   (2) 種植健康種子、種苗時，若前期作採收後未進行清園致病原菌仍存活於田間土壤，種植後必然再次感染，而感染的植株如仍未清除，則病原菌隨灌溉水、植株接觸或人為傳播而迅速蔓延，嚴重者甚至全園感染而致血本無回，倘於發病初期及時清除病株並加以處理，則可抑制病害大發生。

(3) 建立良好的排灌水系統，避免採用溝灌，可降低土壤傳播性病害藉水傳播。

(4) 於畦面覆蓋銀色塑膠布，藉反射光驅除害蟲，可降低蟲害發生，間接預防病毒病傳播。

3. 苗期：

(1) 主要及最佳之防治時期。

(2) 常見之病害爲立枯病與疫病，宜加強土壤水分控制，同時清除罹病株，必要時配合藥劑防治。

(3) 主要之蟲害爲番茄斑潛蠅與銀葉粉蝨。除可懸掛黃色黏板與加強藥劑防治外，銀葉粉蝨可釋放天敵加以捕殺。至於根潛蠅與莖潛蠅發生時，除加強肥培管理增加植株之抗性外，亦可於土壤中施用粒劑，以發揮防除效果。

4. 生長期：

(1) 主要之病害爲病毒病，除避免機械傳播外，須加強媒介昆蟲之滅除，同時應拔除病株，以降低感染源。

(2) 主要之蟲害爲夜蛾類，防治策略包括清除雜草、清除卵塊、性費洛蒙誘殺、微生物防治（蘇力菌）及藥劑防治；由於幼蟲均晝伏夜出，故防治時以清晨或黃昏爲宜。銀葉粉蝨亦極爲常見，可懸掛黃色黏板、釋放天敵或藥劑防治。此一時期因距離採收期較久，亦爲重點防治時期，可選用較長效或安全採收期較長之防治藥劑。

5. 開花結果期：

(1) 開花結果期因距離採收期較短，若採用化學藥劑防治時，宜選用殘效較低、安全性較高之藥劑，避免殘留量過高。

(2) 常見之病害爲白粉病、銹病、角斑病、煤黴病、白絹病、萎凋病及病毒病。白粉病除藥劑防除外，可於近中午時利用噴霧提升空氣溼度降低孢子散播、噴施枯草桿菌及礦物油；銹病發生時，除施用低殘留之藥劑外，可加強整蔓、加強通風以降低病勢擴展；防除角斑病時，可加強肥培管理、加強田區通風外，以低殘留藥劑防治；煤黴病可藉合理肥培管理與加強田區通風降低病勢擴展，並配合低殘留藥劑防治；白絹病則須藉藥劑防治，但須特別考量殘留量；萎凋病發生時，除控制土壤水分避免擴散外，加強液肥噴施，可增加植株抵抗力；病毒病則除拔除病株與防除媒介昆蟲外，無有效之防治方法。

(3) 主要之蟲害爲豆莢螟與薊馬。豆莢螟主要發生於開花結果期，防治策略包括清除雜草減少庇護場所、清除卵塊降低族群密度、性費洛蒙誘殺、蘇力菌及化學藥劑防除；薊馬可利用懸掛藍色黏板、釋放天敵降低密度，並配合低殘留藥劑防除。其次爲蚜蟲與葉蟎；蚜蟲可藉增加田區空氣溼度而降低族群，同時加強肥培管理，增加植株抗性，而適量釋放天敵，可發揮捕殺效果，藥劑防治亦可適度應用。合理化施肥可降低葉蟎密度，此外，清除雜草減少其他寄主可降低族群，釋放捕植蟎加以捕殺效果極佳，至於藥劑防治，可於土壤中施用粒劑或於植株上噴施。至於番茄斑潛蠅，亦會發生於此一時期，除懸掛黃色黏板外，可噴施低殘留之藥劑。

6. 採收期：

(1) 由於豆科蔬菜多爲連續採收，爲避免引發產品安全問題，採收期應避免施用化學農藥，以耕作防治、物理防治爲主要防治策略，必要時採用生物農藥或無殘留疑慮之防治資材。

(2) 由於結莢期消耗大量養分，致植株易處於營養失調狀況，此時宜加強肥培管理，液肥可迅速爲植體吸收，可多加應用。

(3) 易發生之病蟲害亦常見於採收期之外，炭疽病常見於果莢，由於炭疽病菌爲弱寄生菌，好發生於老化或衰弱植株，可加強肥培管理，必要時配合噴施含鈣液肥，提升植株之抗性；增加田區通風改善栽培環境，可降低病勢擴展，同時須清除罹病果莢，並攜出田區以減少感染源；若發生根瘤線蟲時，可增加液肥施用次數，提供植株生長必要之養分，同時於土壤中施用含幾丁質之有機質肥料，配合施用拮抗菌，以降低土壤中之線蟲族群，採收後則可於休閒期間種植孔雀草，並將植株翻犂至土壤中殺滅線蟲。相關流程如圖 13-3 所示。

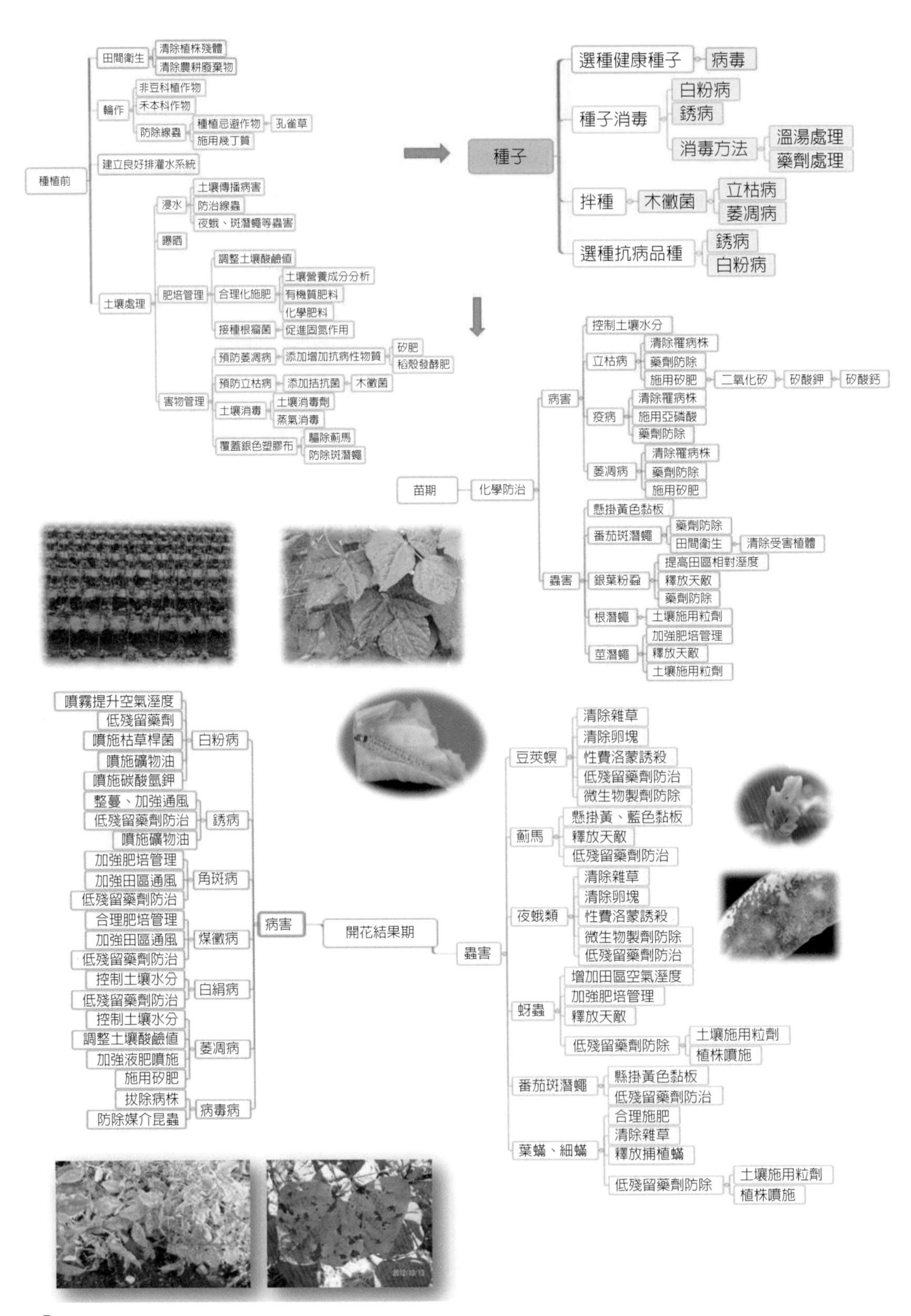

圖 13-3 豆科蔬菜不同生長期之害物管理流程

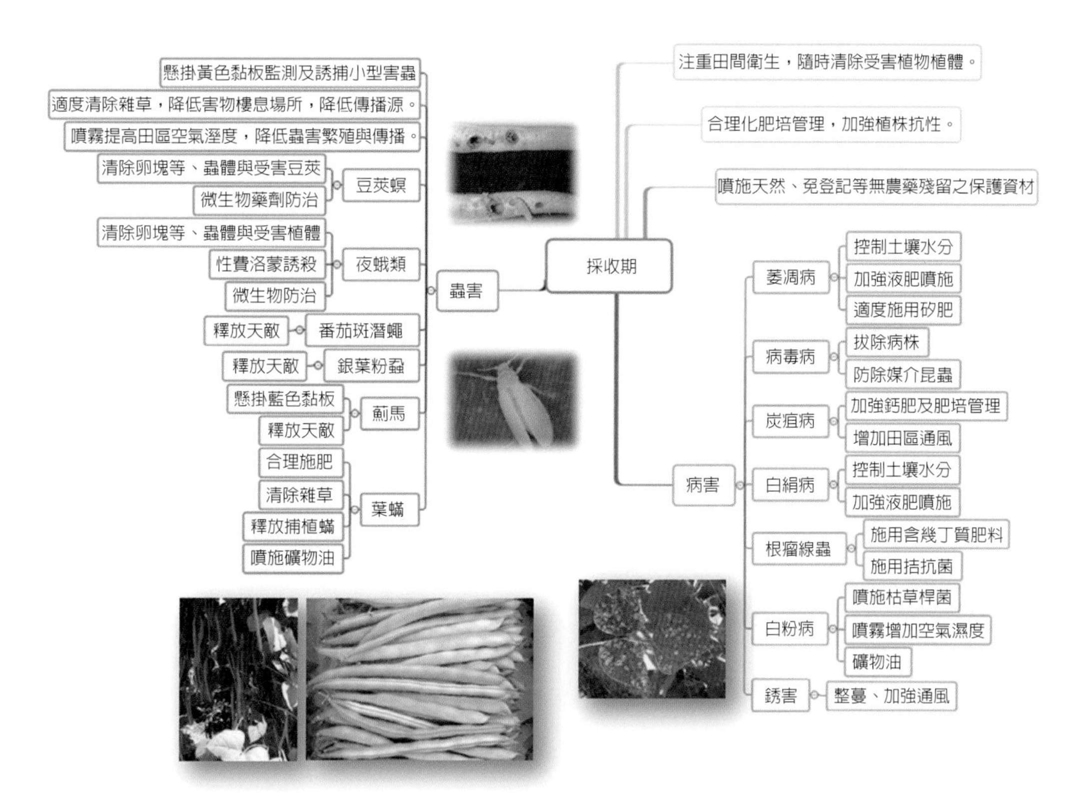

圖 13-3　豆科蔬菜不同生長期之害物管理流程（續）

筆記欄

CHAPTER 14

害物整合管理之效益評估

IPM 是植物保護重要的一環，以融洽的方式協調及搭配所有適用技術，使成一多面向、富彈性與適應性的管理系統，俾降低害物族群，並維持族群於經濟危害水平之下，以確保作物產量與品質的穩定，同時將對人、畜、野生動植物及環境的負面影響降至最低，以期兼顧個體與總體經濟、社會大眾及環境生態等三方面的最大綜合效益，促使農業可永續發展。在考量生態平衡時，有三因素是不可忽略的，分別爲：(1) 收支平衡，生態系統的物質輸出與輸入維持平衡；(2) 結構平衡，生物與生物之間、生物與環境之間，以及環境各組成分之間，保持相對穩定的比例關係；(3) 功能平衡，由植物、動物、微生物所組成的生產、加工、分解、轉化的代謝過程和生態系統和生物圈之間的物質循環系統保持正常運行，亦即維持動態平衡。是以害物整合管理體系係涵蓋害物 P（pest）、環境生態 E（environmental ecology）、社會生態 S（socio-economics）及技術 T（technology）四項因素而整體考量的農業生態系管理系統之一。

IPM 策略整合預防和治療措施，有效防止害物造成重大問題，從而將對人類和環境組成部分的風險或危害降至最低，是一靈活的動態策略，隨時評估並參考管理成效而更新管理措施。由於 IPM 策略可持續發展、提高生產力和減少害物發生所引起的損害，而提供的選項使完全依賴化學農藥的防治策略成爲過去，並已證明可顯著降低農藥風險和相關風險，同時改善環境的品質、健康和福祉。因此，採用 IPM 策略在經濟上受益，從長遠眼光看，每個人都能通過更健康的環境而受益。

一、害物整合管理系統流程

任何作物種植前須先了解作物之生理及生態，以決定採用之栽培管理措施，害物整合管理系統規劃時，亦須先探討害物之生理及生態，以決定需要採取之防治措施，二者均充分掌握後，方進行種植系統規劃，同時建立監測系統，監測系統宜包括作物、害物與環境。種植後定期監測、診斷所發生害物或作物異常現象並作成決策，決定是否採取進一步之害物管理；害物管理系統進行後須定期觀察作物與害物的反應，如作物之健康度是否提升，害物的擴散是否已受限制，依據累積的作物與害物反應資料進行管理成效分析，分析結果顯示成效顯著，則進行綜合效益分析。

管理成效不顯著，則須再監測、診斷並作成新的決策，並重新規劃新的害物管理系統；若綜合效益不佳時，則須重新檢視監測系統，依新的監測結果規劃新的診斷與決策系統。此外，作物與害物之生理、生態往往受環境影響而出現不同的表現，因此，作物栽培系統、監測系統、診斷與決策系統是動態的，隨時因作物、害物與環境之變化而改變，亦須不斷反覆來回檢視、修正，促使達到最佳之管理成效（圖14-1）。

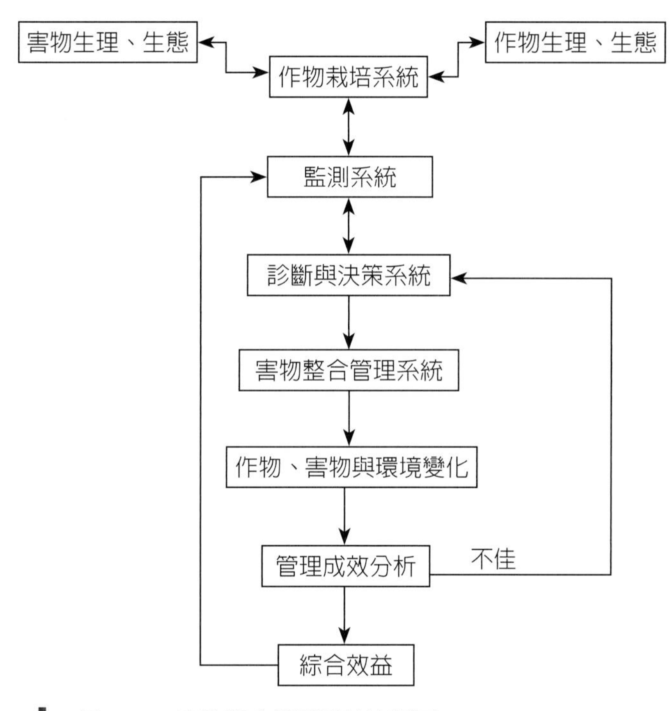

圖 14-1　害物整合管理系統流程圖

二、害物整合管理系統之效益評估

IPM 效益評估一般是經由害物管理成效及農藥使用與時間相關性的分析，在國外此類調查評估中，IPM 策略都已被證明能大大減少農藥的使用和相關風險。而害物防治技術不斷改進與開發，IPM 策略也因應防治技術而持續改善，目前已被認爲有助於降低農業生產成本，減少農藥的使用，並顯著降低因使用農藥所造成的風險。IPM 的管理成效分析可由害物發生評估、作物評估與對環境影響三方面進行，分析內容詳列於圖 14-2。

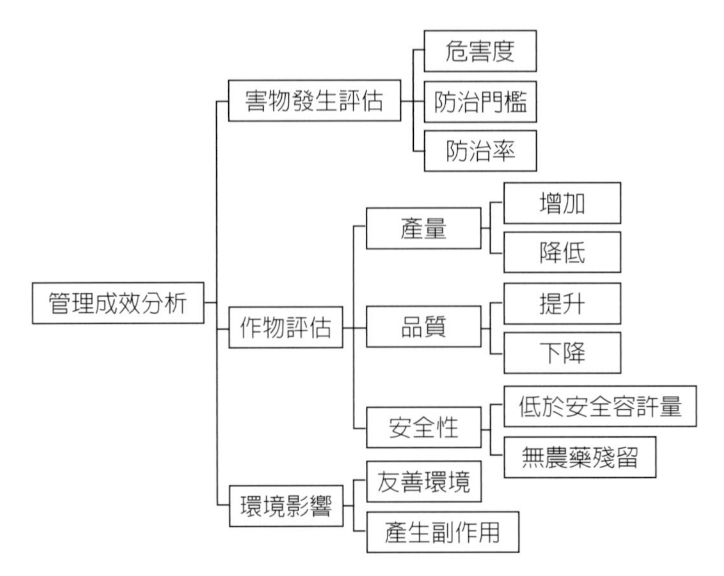

圖 14-2　IPM 之管理成效分析

數十年來，經濟學家和 IPM 研究人員一直努力開發方法，評估 IPM 技術應用對經濟的效益。若僅考慮化學農藥的成本及其應用時的資源消耗，減少一次施藥可以減少害物防治成本。儘管農業從業人員普遍認爲執行 IPM 所節省的經費是顯著的，但迄今仍難以就節省的成本準確評估經濟效益。一般可由生產成本、管理成本、環境成本與社會成本四面分析，除了經費因素之外，IPM 概念對於維護健康環境的價值也是無可爭議的。雖然對保護環境的貢獻是無價的，但是要重視環境保護，仍是相當困難的。IPM 的管理效益除田間管理成效掌握田間實際成效外，尚須分析其綜合效益，以了解管理後各方面之成效，一般可簡單的由三方面進行分析，分別爲經濟效益、環境效益與社會效益。

（一）經濟效益

IPM 策略實施後之經濟效益可由直接效益、間接效期及潛在效益評估。直接效益主要是評估生產者的純效益，也就是生產者採收、販賣後之實際賺款，而計算時須先計算投入產出比。投入成本包括固定成本與變動成本；固定成本包括土地、設施、器械及稅金等固定支出，並不會因害物管理措施而有變動，而變動成本則因管理措施不同而隨時變動。由於 IPM 策略是使用多種害物管理方法以減少對農藥的需求，僅在必要時才使用農藥，化學農藥、人工、消耗性資材等成本相對降低，但其他非化學農藥防治資材等成本會增加，然多數 IPM 預防措施是改變栽培管理模式，降低害物發生，僅少數技術需要應用資材，相對而言管理成本大多不會增加，加以優化使用之資材而降低生產成本，因此，害物管理之成本特別農藥成本是降低的。而實施 IPM 策略後，因害物危害度降低，品質與產量增加，甚至因害物所造成的損失減少，農產品產值均增加；生產者的純效益 = 農產品產值－投入成本，由於成本降低而產值增加，生產者的純效益增加；若因降低害物危害度，產量與品質固定，產值固定而管理成本降低，生產者純效益仍爲增加，明顯可見生產者的直接效益是增加的，而生產穩定、可靠和優質的農產品，更可以提高作物的經濟價值。

間接效益可由二方面評估，一爲因生態效益增加，投入管理成本降低，另一爲社會效益增加，而產品售價提高，間接提高生產者的直接效益。IPM 的技術往往因持續使用及改進，增進使用價值與延續性，而增加潛在效益，此外，在推廣效益方面，往往因經濟之直接效益提高，鼓勵更多農業經營者採用。至於其他經濟效益，實施 IPM 減少使用農藥可節省農藥製作與應用過程中之能源消耗，並降低農藥進口與製造之成本，同時可降低地方爲防治害物所增加之財政負擔，可視爲整體地區性或地方政府的潛在效益。圖 14-3 簡單描述 IPM 之經濟效益。

D. B. Ahuja 等學者於 2008-2009 年和 2009-2010 年的晚冬季節，在印度北部進行花椰菜害物整合管理（IPM）的田間試驗，目的在評估其管理成效和經濟效益。透過訪談農民，最初有 5 戶農民願意合作，並在輔導後擴大至 25 戶，形成 IPM 組。另外，選取 25 戶無意願合作農民，設爲慣行農法（非 IPM，non-IPM）組。每個農戶參與的試驗田區大小爲 0.4 公頃，每組各有 10 公頃，總計 20 公頃。慣行農法組（非 IPM 組）採用傳統的化學防治方法，而 IPM 組在種植前採取耕作防治管理土壤，並配合使用生物農藥拌種，以及藥劑防治黑斑病和蚜蟲。

研究結果顯示，IPM 組的蚜蟲、猝倒病和黑斑病發生率均較非 IPM 組低，並且達到顯著差異，同時 IPM 組的天敵數量也明顯增加。研究結果顯示，IPM 組的

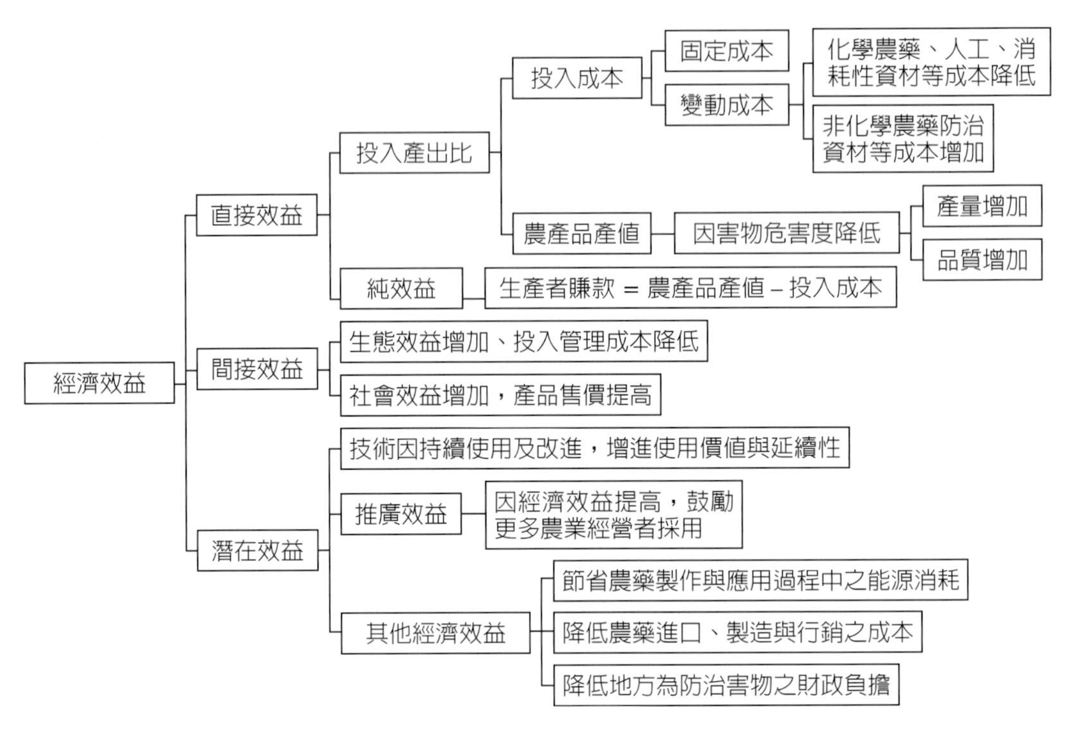

圖 14-3　IPM 實施後之經濟效益

花椰菜產量達到每公頃 24 噸，較非 IPM 組產量平均高達 10%，亦達顯著差異；IPM 組的淨收益每公頃達到 1,410 美元，成本效益比爲 1：3.6，高於慣行組 1,152 美元淨收益和 1：2.9 的成本效益比。相較於非 IPM 組，IPM 組減少 63.8% 的農藥用量（有效成分／公頃），並且農藥的施用次數減少 50% 以上。此外，IPM 組也使用較爲安全的生物農藥和低風險農藥來替代較危險的化學農藥。綜而言之，此試驗證明在晚冬季節以 IPM 管理花椰菜，可以降低病蟲害發生、減少農藥使用次數及使用量，但是產量增加、收益增加，成本效益比增加，同時天敵族群增加，且因使用友善資材，對環境的風險降低，不失爲一可多加推廣應用之害物管理策略。表 14-1 簡單摘要成果。

（二）環境效益

IPM 是對環境友善的害物管理策略，可減少害物管理所造成的影響，保護生態環境與非目標生物，持續應用後相關環境風險隨之逐一降低。當 IPM 應用於更大範圍時，對環境的效益可不斷增加，而環境效益提升時，經濟效益隨之提升。因

表 14-1　花椰菜經濟效益分析

項目	2008-2009 年		2009-2010 年		2008-2010 年平均值	
	IPM	Non IPM	IPM	Non IPM	IPM	Non IPM
產量（噸）／公頃	24	21	24	23	24	21
總成本（美元）	518	612	551	632	535	618
病蟲害防治成本	87	170	97	172	92	171
防治成本占總成本之比率	16.71	27.71	17.63	27.19	17.18	27.64
總收入（美元）	1,755	1,537	2,126	1,993	1,945	1,765
淨利（美元）	1,237	925	1,575	1,361	1,410	1,152
收益提升率（%）	33.72		15.72		24.45	
平均農藥施用次數	2.5	6.5	2.1	4.4	2.3	5.5
農藥用量（a. i. 公斤／公頃）	0.697	1.894	0.674	1.887	0.685	1.890
利：本比	3.4：1	2.5：1	3.9：1	3.2：1	3.6：1	2.9：1

此，在採取任何害物管理措施之前，均優先考慮對環境的影響。對環境效益進行量化評估是困難的，因爲大多數的環境是多樣化的，市場價格取決於區域與消費者的喜好，是波動的，通常需要經過多年的資料收集與分析，方可獲得較爲客觀的結論。

實施 IPM 策略對生態的效益可由農業生態系統的穩定性及環境生態效應二方面評估。

1. 農業生態系統的穩定性

(1) 農藥應用技術層面：IPM 策略影響農業生態系統的重要關鍵因素之一爲農藥應用技術，因使用選擇性藥劑替代廣效性藥劑，降低對有益生物的影響；有節制地使用農藥，僅在必要時施用，可減少施用次數，有效降低農藥使用量，同時減少或降低農藥殘留相關問題，也因爲減少藥劑使用，害物接觸機率與接觸量減少，避免及延緩害物抗藥性產生，更促使藥劑之有效性可持續更長時間。減少農藥使用後，使用者接觸的農藥量減少，減少或消除重新進入間隔限制，增加使用者的安全性，亦可避免因農藥施用設備頻繁進出田區所造成之土壤壓實問題。

(2) 害物層面：IPM 實施田區基本上漸趨於生物多樣性，有害生物的數量會逐漸減少，族群數量與殘存量會逐漸降低，次要害物之族群數量與主要害物達平衡狀態時，則不致發展爲主要害物；至於抗藥性害物之族群比率因藥劑刺激降低，而不致增加。

(3) 作物層面：在 IPM 策略中除減少農藥使用外，亦考量肥料之合理施用，降低肥料使用量，促進作物生長勢，藉以提升作物之抗性及增加產量，並降低生理障礙之發生。減少農藥使用可降低藥害發生的風險，但減少農藥使用並不會影響土壤肥力，是可以確定的。

(4) 有益生物層面：應用及保護天敵，發揮制衡能力，並增進或維持其種類與族群發展，促使生物多樣性，生態環境亦日趨於多樣化，而有益生物（天敵與有益菌等）之保護與繁衍必須持續進行，方可將效益發揮至極致。

(5) 生產者層面：生產者在實施 IPM 策略前，往往須接受 IPM 之田間實務訓練或輔導，增進害物與管理技術，具備相關管理技術，可獨立判斷及管理田區，相關之實務訓練循序爲：加強害物的認識與管理技術、了解問題並在必要時採取行動、有能力修改管理措施以符合特定的需求，以及建立短、中、長期管理策略，降低害物危害危機（圖 14-4）。

2. 環境生態效益

IPM 策略實施後對環境生態的效益可包括：(1) 降低空氣、水源、土壤等環境汙染的風險；(2) 減少人類、食品及生活物質受汙染的風險；(3) 減少對土壤微生物之影響，可促進作物生長，並減少土壤傳播性病害發生機率；(4) 對非目標生物之安全性提高：對動物如鳥類、水生生物、授粉昆蟲及其他野生動物等之安全性提高，而對作物及鄰近植物之安全性亦相對提高；(5) 營造優良的農作環境，有利於農業永續經營；而最重要的是 (6) 爲後代保存良好的農作環境（圖 14-5）。

（三）社會效益

害物整合管理的社會效益可分別爲社會貢獻與心理效應兩方面。

1. 社會貢獻：對社會的貢獻可分別由七面向評估。(1) 產品貢獻：施行 IPM 後，生產健康、安全及衛生之優質農產品，因產品品質與安全性提升，增進社會大眾的

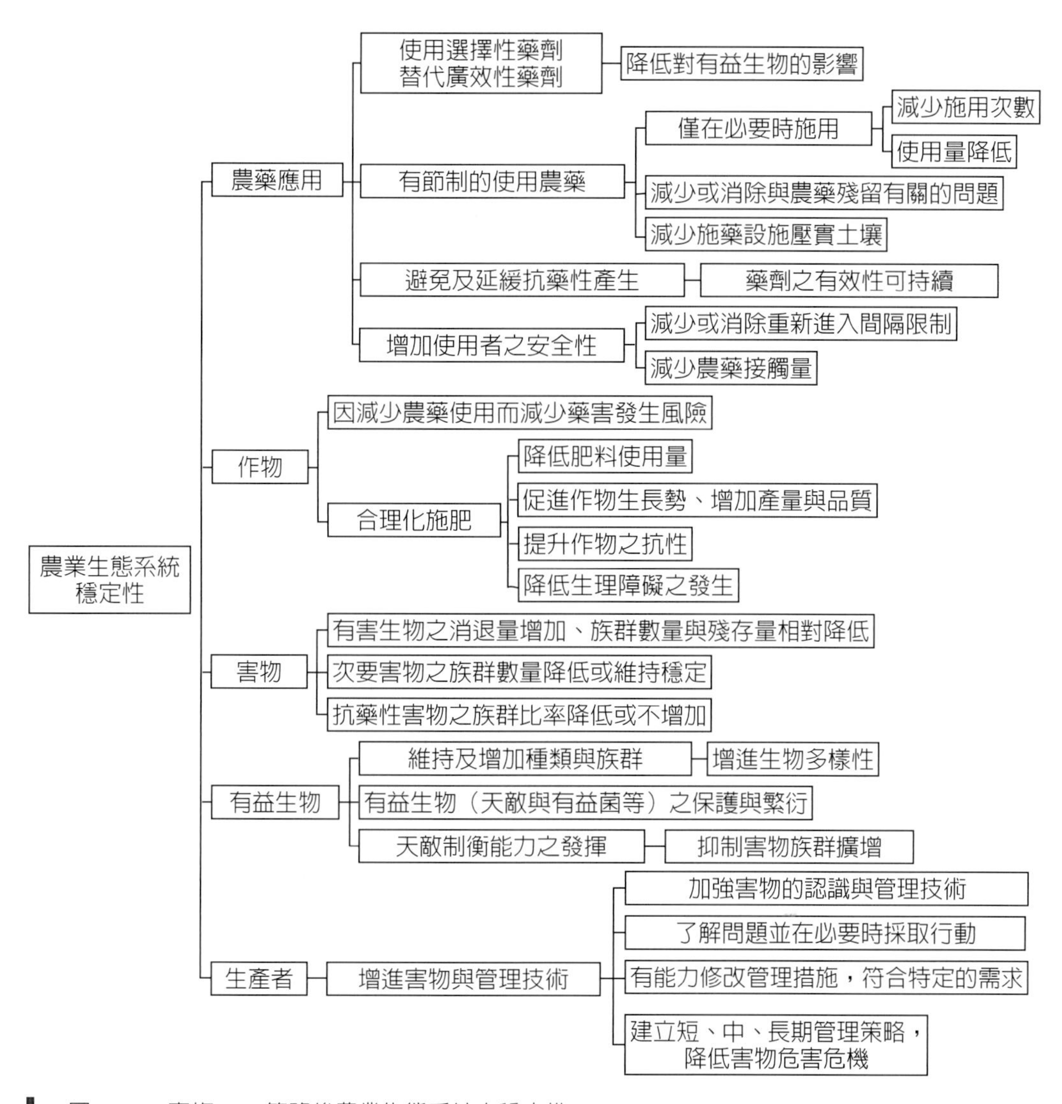

圖 14-4　實施 IPM 策略後農業生態系統之穩定性

滿意度，包括肯定與安心。(2) 維護公眾健康：在 IPM 作業流程中，大量減少農藥的使用，將農藥殘留的危害降至最低，增進主、副農產品之安全性，維護消費者食的安全，同時因減少農藥暴露量，而維護生產者、居民與廣大民眾的健康。(3) 害物管理人員與組織：因 IPM 應用普及率增加，進而加強研究開發，制定低風險的害物管理策略，並擴展到專業市場。創造新的、創新的、可應用的產品和服務的需求，進而應用與擴大低風險之管理策略，並推廣創新技術，提高害物管

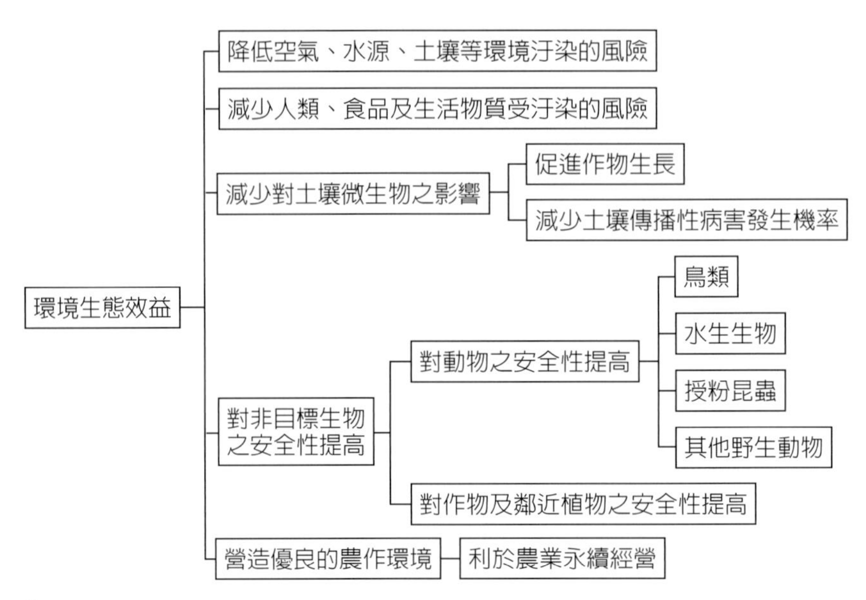

圖 14-5　實施 IPM 策略後之環境生態效益

理效率，從而提高客戶滿意度，降低客戶投訴風險。(4) 植物保護資材供應商：將 IPM 原則整合至其產品的行銷和客戶支援中，亦可獲得其他效益，包括供應多元化的防治資材，維持銷售市場穩定，限制或撤銷登記的風險降低，維持既有產品、技術和服務或創造新的機會，延長產品生命週期，減少害物對植物保護產品和生物技術的抗拒力，進而增加公眾的信心及農作物保護產業的信譽。(5) 為公眾提供有益和最佳的防除措施：雖然植物病蟲草害防治大多影響農作物，僅少數可能影響社區景觀作物，一旦景觀植物受害時，亦須加強防除。建立社區害物整合管理而提供公共場所、社區及住家安全的害物防除措施，而且是安全、可靠、低成本的措施，除降低公共設施之害物防治成本，對公眾而言是安全、實惠的。(6) 減少能源消耗，優化環境：藉減用管理資材，減少能源消耗，以及減少生產、運輸之能源消耗而達優化環境目標。(7) 活化市場、繁榮經濟：由於農產品具有更高的價值和 / 或更高的可售性的潛力，施行 IPM 策略間接可活化市場。圖 14-6 以圖示說明 IPM 執行後對社會之貢獻。

2. 心理效應：實施 IPM 後之心理效應可分別由農民層面與消費者層面評估。在 IPM 技術推廣之初，往往面臨農民在心理上無法於短時間改變習慣而接受管理策

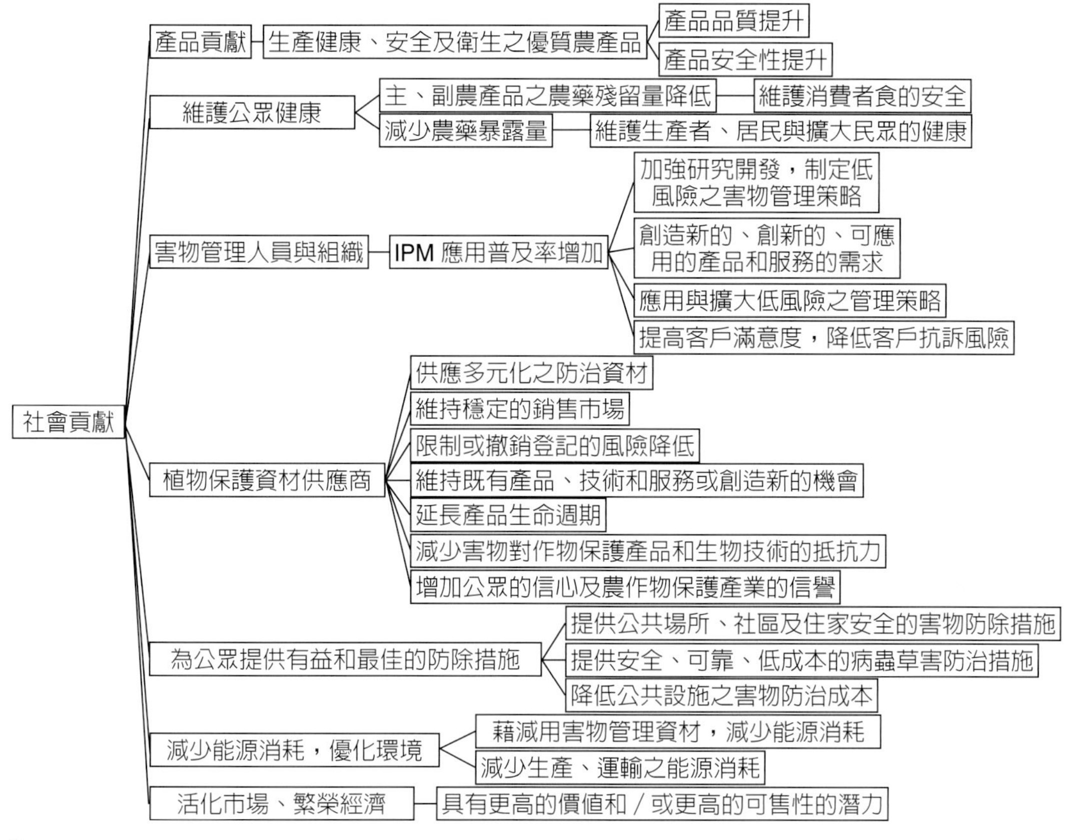

圖 14-6　實施 IPM 策略後之社會效益－社會貢獻

略，當農民於小規模實施後，因經濟及其他效益增加，相對地管理風險降低，對管理技術的接受度增加，無形中技術推廣度因而提高，之後更會藉由農民之相互討論與推薦而擴大到農民群體間應用。而在消費者層面，最大效益爲意識到種植者正在使用更好的技術管理害物，減少農藥使用，並保護水資源和環境，減少與害物管理相關的環境風險，減少空氣和地下水汙染的可能性，緩解公眾對害物和農藥的顧慮，消除消費者的安全疑慮後，對農產品的信心增加，更願意購買甚至願意支付更多費用購買減少農藥使用的農產品。由於消費者心理改變更促使農民積極避免未來的害物管理危機，針對潛在的短期、中期和長期風險進行研究，促進最佳管理策略的開發，在降低農民、消費者及環境的健康風險中，形成一良性循環。心理效應詳如圖 14-7。

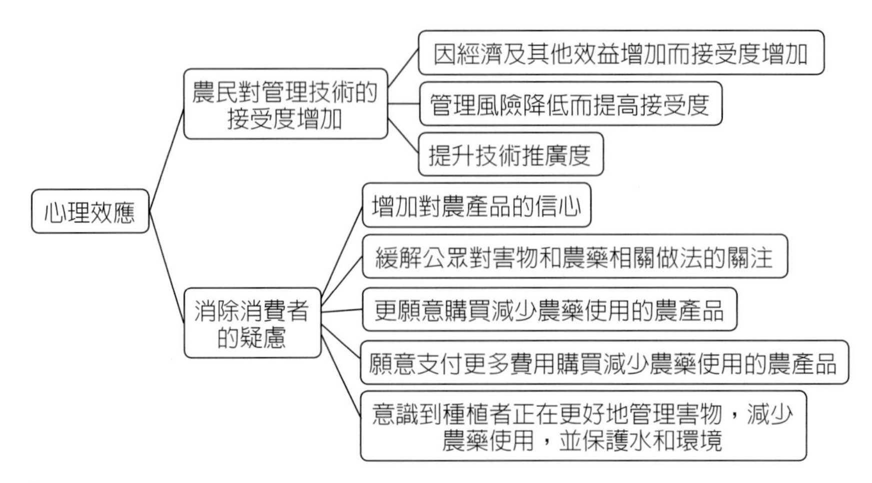

圖 14-7　實施 IPM 策略後之社會效益—心理效應

三、害物整合管理的省思與挑戰

IPM 不斷在植物保護與農藥使用的範疇上談論，但隨著世界潮流與脈動，IPM 的管理思維已逐漸趨近於生態保護型，強調如何應用自然力，一方面促使作物健康，而另一方面藉生物多樣性降低害物對作物的影響，此時，該如何省思與訂定進行的方向？

（一）減少農藥使用頻率和對環境影響是評估 IPM 策略是否成功的重要指標，但不一定要用農藥用量和減少使用更多高毒性農藥爲主要指標。如何精確用藥，考量農藥的施用技術，仍是不可輕忽的。

（二）IPM 代表「藥劑整合管理」（integrated pesticide management）或「害物整合管理」？是值得不斷省思與調整的方向。減少農藥使用不應是執行 IPM 唯一的目標與評估指標，而是由不同環境指標評估成效與目標。

（三）可持續的害物整合管理該如何進行才能達到預定的目標？由於全球對農作物產量的需求不斷增加，氣候變化的加劇以及其他不可預知的因素，IPM 將更加重要，需要加入更多新的指導方針和技術。害物整合管理（IPM）是長期的工作計畫，必須抱持防疫永遠是不足夠的態度，除因應個人的不同需求與作業習慣擬定計畫外，作物、害物與環境均是重要考量因素，澈底執行可減少害物發生與作物損失，同時擁有衛生的園區。

（四）農業從業人員的認知是不足的。IPM 爲田間作業密集的管理系統，是應用學術研究成果爲基礎，開發田間可行的管理技術，進而在田間實際應用與改善，需要研發人員、農民與其他相關人員密切合作與配合，在許多情況下，IPM 策略針對少數農民時，可提高產量和減少農藥使用，若執行層面擴大至更廣泛的寬廣區域時，則成效往往不如預期，甚至除少數國家外，大多數國家在實施 IPM 後農藥總體使用量並沒有減少。因此，必須針對 IPM 研究和推廣方案進行評估，制定農民易於進行的策略，克服農民的心理障礙，方可獲得顯著的成效。

（五）IPM 的挑戰：

1. IPM 的實施策略是因時、因地、因人及因氣候而隨時變動，因此執行人員與生產者往往需要具備豐富的相關知識與經驗，當執行人員缺乏對害物足夠與專門研究，是難以規劃出合適管理策略的，而此等能力須經長期培訓與輔導，啟始時須耗費相當的資源進行此類培訓工作，稍一不愼立即面臨財政拮据，或不輕易進行，因此，缺乏政府的政策規劃與財政支援，成功邁進 IPM 的田間實際實施，是相當困難的。在仍然實行傳統耕作的國家或區域，生產者對 IPM 的概念並未充分了解，已日積月累的習慣與心理障礙，導致 IPM 難以實踐。
2. 在多年的推廣與輔導下，多數農民對於 IPM（害物整合管理、病蟲草害綜合管理）已耳熟能詳，預防監測治療（干預）也都朗朗上口，但是如何實際施行呢？答案都是耕作防治、物理防治、生物防治、化學防治等方法，但是在田間出現問題時，如何選擇適用的方法呢？完全由管理人員依個人習慣與認知而決定，精準度難以評估，成功的概率因而下降。預防監測治療是害物整合管理的原則與概念而不是執行方法，要能精準執行是需要系統性規劃的。國外爲有效執行，會依據作物生長期、當期最可能發生的重要病蟲害及可行的防治方法，擬定年度（或期作）計畫書與查核表，照表操課與機動調整後查核執行程度與效果，可以有系統地完成相關作業，並獲得預期成效。加以近年來爲建立良好的生產制度，良好農業規範（GAP）已積極推行，臺灣亦已施行臺灣農業規範（TGAP）多年，且建立產銷履歷制度，而環球良好農業規範（GGAP）更將害物整合管理納入其害物管理規範。因此，如何建立系統化的 IPM 執行策略，並與良好農業規範接軌，除可強化害物管理，亦可促進良好農業規範落實，促使農產品品質提升及保護農業生態環境，將會是須面對的挑戰。

參考文獻

朱盛祺、許育慈、楊秀珠、張訓堯（2011）。**杭菊病蟲害之發生與管理**。行政院農業委員會動植物防疫檢局、農業藥物毒物試驗所編印，23 頁。

余思葳、楊秀珠（2011a）。**害物整合管理（瓜類篇）**。行政院農業委員會動植物防疫檢局、農業藥物毒物試驗所編印，80 頁。

余思葳、楊秀珠（2011b）。**害物整合管理（葡萄篇）**。行政院農業委員會動植物防疫檢局、農業藥物毒物試驗所編印，31 頁。

余思葳、楊秀珠（2013）。**枇杷害物整合管理**。行政院農業委員會農業藥物毒物試驗所編印，30 頁。

呂理燊、郭克忠、章加寶、高清文（1991）。葡萄病蟲害綜合防治。**中華民國雜草學會會刊，12**，155-175。

邱德文（2007）。**植物免疫與植物疫苗——研究與實踐**。科學出版社，204 頁。

徐桂平、張紅燕（2014）。設施植物病蟲害防治。**高職高專教育十一五規劃建設教材**。中國農業大學出版社，292 頁。

袁秋英（2010）。生物性除草劑介紹——研發現況與應用障礙。**農地雜草管理與除草劑安全使用研習會專刊**，63-77。行政院農委會農業藥物毒物試驗所編印。

袁秋英（2015）。植物相剋化合物於雜草管理之應用。**藥毒所專題報導，121**，20。

袁秋英（2018）。從「寸草不留」到「雜草管理」，生物除草劑成潛力股。**豐年雜誌，68**(8)，46-52。

高清文、蔡勇勝（1989）。利用蟲生真菌防治甜菜夜蛾。**中華昆蟲特刊，4**，214-225。

高鳳菊（2018）。**食用豆病蟲草害綜合防治技術**。中國農業科學技術出版社，222 頁。

張大琪、顏冬冬、方文生、黃斌、王獻禮、王曉寧、李雄亞、王倩、靳茜、李園、歐陽燦彬、王秋霞、曹坳程（2020）。生物薰蒸——環境友好型土壤薰蒸技術。**農藥學學報**（*Chinese Journal of Pesticide Science*），**22**(1)，11-18。doi:

10.16801/j.issn.1008-7303.2020.0017
張汶肇、吳建銘、吳昭慧（2010）。果園草生栽培管理。**臺南區農業改良場技術專刊，149**，82。
張素敏、劉春雨、徐少鋒（2014）。**園林植物病害發生與防治**。中國農業大學出版社，369 頁。
許如君（2017）。**農藥這樣選就對了！抗藥性管理必備手冊**。五南出版社，87 頁。
陳文雄，張煥英（1989）。甜菜夜蛾之生態與藥劑防治。**中華昆蟲特刊，4**，161-198。
陳任芳（2008）。非農藥防治資材——亞磷酸之防病機制及應用。**花蓮區農業專訊，63**，5-8。
陳秋男（1975）。蟲害管理策略與農藥評選。**科學農業，23**(7-8)，317-324。
陳秋男、蘇文瀛（1993）。整合性作物保護之理論與實踐。**中華農化學會農藥安全研討會論文集**，149-173。
黃文達（2010）。有機栽培之雜草管理。**農地雜草管理與除草劑安全使用研習會專刊**，55-62。
黃莉欣（2018）。作物重要蟲害與防治概論。**農業群新課綱——植物保護實習課程研習**，1-57。
黃莉欣、林美雀、蘇文瀛、陳秋男（2016）。害蟲蟎類共食群在茄株上之空間分布型及最適取樣數。**臺灣農藥科學**（*Taiwan Pesticide Science*），**1**，143-177。
黃莉欣、蘇文瀛（2004）。植物蟲害及防治概論。**藥毒所專題報導，74**，1-15。
黃逸湘、楊秀珠（2008）。**作物保護資材安全、有效應用準則**。行政院農業委員會農業藥物毒物試驗所、中華植物保護學會編印，作物永續發展協會經費贊助，55 頁（翻譯自 CropLife International AISBL (2006). *Guidelines for the safe and effective use of crop protection products*, 62 pages. Retrieved from http://www.croplife.org）。
楊志雄、簡禎佑、林孟輝（2016）。北部水稻田水稻有機栽培技術。**桃園區農技報導，71**。
楊秀珠（1999）。**花卉病害圖鑑**。茂立有限公司出版，501 頁。

楊秀珠（2004）。**植物病害及管理概論**。行政院農業委員會農業藥物毒物試驗所編印。

楊秀珠（2007）。**柑桔整合管理**。行政院農業委員會農業藥物毒物試驗所編印，178 頁。

楊秀珠（2011）。**十字花科蔬菜病蟲害之發生與管理**。行政院農業委員會動植物防疫檢局、農業藥物毒物試驗所編印，58 頁。

楊秀珠（2012a）。果樹常見病害之診斷鑑定要領與案例分析。**植物疫病蟲害診斷案例分析研討會專刊**，85-102。

楊秀珠（2012b）。**農藥之合理與安全施用技術**。行政院農業委員會動植物防疫檢局、農業藥物毒物試驗所編印，36 頁。

楊秀珠（2015）。作物整合管理理念與在農業經營上之應用。**農業世界**，**383**，15-49。

楊秀珠、余思葳、黃裕銘（2012）。**番茄之病蟲害發生與管理**。行政院農業委員會動植物防疫檢局、農業藥物毒物試驗所編印，50 頁。

楊秀珠、劉興隆（1999）。病害之發生與防治。**菊花綜合管理**，73-86。臺灣省農業藥物毒物試驗所編印，176 頁。

蔡東纂（1994）。臺灣花卉線蟲病害。**興大農業**，**15**，8-20。

蔣永正（2000）。有機栽培之雜草防治技術。有機農業產品之產銷策略專輯，**永續農業**，**12**，36-43。

鄭允、蘇文瀛、陳秋男、林文庚、林瑞芳、蔡湯瓊（1989）。蔥田甜菜夜蛾性費洛蒙之應用。**中華昆蟲特刊**，**4**，199-213。

魏妙楹、羅久格、莊益源、張念台（2011）。黏板對檬果園內小黃薊馬（*Scirtothrips dorsalis* Hood）誘捕效能評估。**台灣昆蟲**，**31**，339-349。

Ahuja, D. B., Ahuja, U. R., Singh, S. K., & Singh, N. (2015). Comparison of Integrated Pest Management approaches and conventional (non-IPM) practices in late-winter-season cauliflower in Northern India. *Crop Protection*, *78*, 232-238. https://doi.org/10.1016/j.cropro.2015.08.007 (https://www.sciencedirect.com/science/article/pii/S0261219415300831)

Annex CB 2 GLOBALG.A.P. (2017). Guideline: Integrated Pest Management Toolkit. *Integrated Farm Assurance*. All Farm-Crop Base-Fruit and Vegetables. Control Points and 378 Compliance Criteria, pp.84-96. https://www.globalgap.org/170630_GG_IFA_CPCC_FV_V5_1_en

Anonymous (2004). *Integrated pest management-the way forward for the plant science industry*. CropLife International. 28 pages. https://croplife.org/wp-content/uploads/2014/04/IPMThe-way-forward-for-the-plant-science-industry.pdf

Anonymous (2009a). *Development of guidance for establishing Integrated Pest Management (IPM) principles*. European Commission, Brussels. 119 pages. http://ec.europa.eu/environment/archives/ppps/pdf/final_report_ipm.pdf

Anonymous (2009b). *Draft Guidance Document for establishing IPM principles*. European Commission, Brussels. 50 pages. http://ec.europa.eu/environment/archives/ppps/pdf/draft_guidance_doc.pdf

Anonymous (2010). Environmental benefits of IPM. *Endure IPM training guide sheet A8*. Endure Network. http://www.endure-network.eu/content/download/5818/44496/file/A8_Ecological%20benefits.pdf

Anonymous (2018). *Integrated Pest Management (IPM): Principles, Advantages and Limitations-Public Health Notes*. https://www.publichealthnotes.com/integrated-pest-management-ipm-principles-advantages-and-limitations/

Anonymous (2019). *Benefits of IPM*. Texas Pest Management Association. http://www.tpma.org/_organizational/ipm_benefits.htm

Anonymous. *Benefits of IPM*. http://www.extento.hawaii.edu/IPM/othersites/lessontw.htm

Anonymous. *What IPM is not*. Texas IPM Program. https://ipm.tamu.edu/about/notipm/

Bajwa, W. I., & Kogan, M. (2002). *Compendium of IPM Definitions (CID): What is IPM and how is it defined in the Worldwide Literature?*. IPPC Publication No. 998. Integrated Plant Protection Center (IPPC), Oregon State University, Corvallis, OR 97331, USA.

Barzman, M., Bàrberi, P., Birch, A. N. E., Boonekamp, P., Dachbrodt-Saaydeh, S., Graf,

B., Hommel, B., Jensen, J. E., Kiss, J., Kudsk, P., Lamichhane, J. R., Messéan, A., Moonen, A. C., Ratnadass, A., Ricci, P., Sarah, J. L., & Sattin, M. (2015). Eight principles of integrated pest management. *Agron. Sustain. Dev.*, *35*, 1199-1215.

Bateman, R. (2014). Application of bioPesticides. In Matthews, G., Bateman, R., Miller, P., *Pesticided Application Methods* (4th ed.), 411-427. John Willey & Sons Ltd. 517 pages.

Bateman, R. (2015). Pesticide use in cocoa. *A Guide for Training Administrative and Research Staff*. Published online by: International Cocoa Organization (ICCO). 109 pages.

Brown, G. C. (1991). Research and Extension Roles in development of Computer-Based Technologies in Integrated Pest Management. *Environ. Entomol.*, *20*(5), 1236-1240.

Bukart, M., Kohler, K., & Sandell, L. (2003). Managing weeds by integrating smother plants, cover crops and alternative soil management. *Leopold Center Completed Grant Reports*. http://lib.dr.iastate.edu/leopold_grantreports/202

Cheng, E. T., Lu, W. T., Lin, W. G., Lin, D. F., & Tsai, T. C. (1988). Effective Control of Beet Armyworm, *Spodoptera exigua* (Hübner), on Green Onion by the Ovicidal Action of Bifenthrin. *Agric. Res. China*, *37*, 320-327.

Church, G. Master Gardener Training Plant Pathology. *AgriLife Estension*, Texas A&M System. https://slideplayer.com/slide/6324877/

Cook, R. J. (1988). Biological control and holistic plant-health care in agriculture. *American Journal of Alternative Agriculture*, *3*, 51-62. Cambridge University Press.

Croplife International Home Page. http://www.ccroplife.org/"IPM Resposible Case Studies"

Datnoff, L. E., Elmer, W. H., & Huber, D. M. (2007). *Mineral nutrition and plant disease*. The American Phytopathology Society. 278 pages.

Davis, P. M. (1994). Statistics for describing populations. In Pedigo, L. P., & Buntin, G. D. (ed.), *Handbook of sampling methods for arthropods in agriculture*, 33-54. CRC Press, Boca Raton, FL, USA. 714 pages.

Devakumar, C. (2016). *Crystal Ball Gazing: The Future of Plant Protection*. Scientific Figure on Research Gate. Available from https://www.researchgate.net/figure/Key-external-and-internal-drivers-of-integrated-management-approaches-for-crop-pests_fig1_310458419

Flint, M. L. (2012). *IPM in practice: Principles and methods of integrated pest management* (2nd ed.). University of California Publication 3418.

Fungicide Resistance Action Committee (2019). *FRAC Code List 2019: Fungal control agents sorted bu cross resistance pattern and mode of action (including FRAC Code numbering)*. https://www.frac.info/docs/default-source/publications/frac-code-list/frac-code-list-2019.pdf?sfvrsn=98ff4b9a_2

Gaines, R. C. (1942). Effect of boll weevil control and cotton aphid control on yield. *J. Econ. Entomol*, *35*, 493-495.

Geier, P. W. (1970). Organizing Large-scale Projects in Pest Management. In *Meeting on Cotton Pests*. Panel of Experts on Pest Control, FAQ, Rome.

Glass, E. H. (1976). Pest Management: Principles and Philosophy. In *Integrated Pest Management*, 39-57. Plenum Press, New York & London.

Greenberg, S. M., Adamczyk, J. J., & Armstrong, J. S. (2012). Principles and Practices of Integrated Pest Management on Cotton in the Lower Rio Grande Valley of Texas. In *Integrated Pest Management and Pest Control - Current and Future Tactics*.

Heath, R. R., Coffelt, J. A., Sonnet, P. E., Proshold, F. I., Dueben, B., & Tumlinson, J. H. (1986). Identification of sex pheromone produced by female sweet potato weevil, *Cylas formicarius elegantulus* (Summer). *J. Chem, Ecol*, *12*, 1489-1503.

Huffaker, C. B. (1980). *New Technology of Pest Control*. John Wiley and Sons, New York. 500 pages.

Hwang, J. S., & Hung, C. C. (1991). Evaluation of the Effect of Integrated Control of Sweetpotato Weevil, *Cylas formicarius* Fabricius, with Sex Pheromone and Insecticide. *Chinese J. Entomol.*, *11*, 140-146. International Code of Conduct on the Distribution and Use of Pesticides (Revised version) Food and Agriculture organization of the United Nations. Rome, 2002.

Kodandaram, M. H., Saha, S., Rai, A.B., & Naik P. S. (2013). Compendium on Pesticide Use in Vegetables. *Extension Bulletin*, No. 50. Indian Institute of Vegetable Research. 133 pages.

Maloy, O. C. (2005). Plant Disease Management. *The Plant Health Instructor*. doi: 10.1094/PHI-I-2005-02 01

McKinney, H. H. (1929). Mosaic diseases in the Canary Islands, West Africa and Gibraltar. *J. Agricultrual Res.*, *39*, 557-578.

Mitchell, E. R., Sugie, H., & Tumlinson, J. H. (1983). Spodoptera exigua: Capture of eral males in traps baited with blends of pheromone components. *J. Chem. Ecol.*, *9*, 95-104.

Myers, J. H. (1978). Selecting a measure of dispersion. *Environment Entomology*, *7*, 619-621.

Norgaard, R. B. (1976). Integrating Economics and Pest Management. In *Integrated Pest Management*, 17-27. New York & London: Plenum Press.

Norris, R. F., Caswell-Chen, E. P., & Kogan, M. (2003). *Concepts in Integrated Pest Management*. Prentice Hall. 586 pages.

Odum, E. P. (1969). The Strategy of Ecosystem Development. *Science*, *164*, 262-270.

OEPP/EPPO (2003). Good plant protection practice. OEPP/EPPO Standards PP 2/1(2). *OEPP/EPPO Bulletin*, *33*, 91-97.

Pedigo, L. P. (1999). *Entomology and Pest Management*. Simon & S/A Viacom. Co. 691 pages.

Pedigo, L. P., & Buntin, G. D. (1994). *Handbook of Sampling Methods for Arthropods in Agriculture*. Boca Raton, FL: CRC Press.

Philips, C. R., Kuhar, T. P., Hoffmann, M. P., Zalom, F. G., Hallberg, R., Herbert, D. A., Gonzales, C., & Elliott, S. (2014). Integrated Pest Management. In *eLS*. John Wiley & Sons, Ltd: Chichester. doi: 10.1002/9780470015902.a0003248.pub2

Pickett, J. A., Woodcock, C. M., Midega, C. A. O., & Khan, Z. R. (2014). Push–pull farming systems. *Current Opinion in Biotechnology*, *26*, 125-132. Published by Elsevier Ltd. http://dx.doi.org/10.1016/j.copbio.2013.12.006

Prokopy, R. J. (1993). Stepwise progress toward IPM and sustainable agriculture. *The IPM Practitioner*, *15*(3), 1-4.

Radcliffe, E. B., Hutchison, W. D., & Cancelado, R. E. (2009). *Integrated pest management*. Cambridge University Press. 529 pages.

Reddy, P. P. (2011). *Biofumigation and Solarization for Management of Soil-Borne Plant Pathogens*. India: Scientific Publishers. 431 pages.

Rodrigues, F. A., & Datnoff, L. E. (2015). *Silicon and plant disases*. Springer International Publishing Switzerland. 148 pages.

Sadia, S., Khalid, S., Qureshi, R., & Bajwa, A. A. (2013). *Tagets minuta* L., a useful underutilized plant of family asteraceae: A review. *Pak. J. Weed Sci. Res.*, *19*(2), 179-189. https://www.researchgate.net/publication/258050086

Schonbeck, M. (2011). *Principles of Sustainable Weed Management in Organic Cropping Systems*. https://www.clemson.edu/cafls/research/sustainableag/pdfs/weedmanagement.pdf

Smith, R. F., Apple, L., & Bottrol, D. G. (1976). The Origins of Integrated Pest Management Concept for Agricultural Crops. In *Intrgrated Pest Management*, 1-14. New York & London: Plenum Press.

Soloneski, S., & Larramendy, M. (2013). Weed and pest control. In Ehi-Eromosele, C. O., Nwinyi, O. C., & Ajani, O. O., *Integrated Pest Management*. https://www.intechopen.com/books/weed-and-pest-control-conventional-and-new-challenges

Southwood, T. R. E. (1978). *Ecological Methods, with Particular Reference to the Study of Insect Populations*. London: The English Language Book Society and Chopan-Hall. 524 pages.

Stern, V. M., & van den Bosch, R. (1959). The integration of chemical and biological control of the spotted alfalfa aphid. Field experiments on the effects of insecticides. *Hilgardia*, *29*, 81-101.

Szmedra, P. I., Wetzotein, M. E., & McClendon, R. W. (1990). Economic threshold under risk: A case study of soybean production. *Econ. Entomol.*, *83*, 641-646.

Whetzel, H. H. (1929). The terminology of plant pathology. *Proc. Int. Cong. Plant Science*, *1926*, 1204-1215. Ithaca, NY.

Wilson, M. F. (2003). Optimising Pesticide Use. *Wiley Series in Agrichemicals and Plant Protection*. John Wiley & ons Ltd., gland. 214 pages.

國家圖書館出版品預行編目資料

害物整合管理原理／楊秀珠，許如君，黃莉欣，陳秋男編著．——二版．——臺北市：五南圖書出版股份有限公司，2023.10
面；　公分
ISBN 978-626-343-527-8（平裝）

1.CST：植物病蟲害　2.CST：農作物　3.CST：文集

433.407　　111018705

5N23

害物整合管理原理

作　　者— 楊秀珠、黃莉欣、許如君、陳秋男
發 行 人— 楊榮川
總 經 理— 楊士清
總 編 輯— 楊秀麗
副總編輯— 李貴年
責任編輯— 何富珊
封面設計— 姚孝慈
出 版 者— 五南圖書出版股份有限公司
地　　址：106台北市大安區和平東路二段339號4樓
電　　話：(02)2705-5066　　傳　　真：(02)2706-6100
網　　址：https://www.wunan.com.tw
電子郵件：wunan@wunan.com.tw
劃撥帳號：01068953
戶　　名：五南圖書出版股份有限公司
法律顧問　林勝安律師
出版日期　2021年1月初版一刷
　　　　　2023年10月二版一刷
定　　價　新臺幣550元